Mastercam 数控加工自动编程入门到精通

第 2 版

葛文军　主　编

龚俊杰　秦永法　金亦富　主　审

机械工业出版社

本书分为2篇共7章，第1篇（第1～5章）为初、中级编程知识及技巧；第2篇（第6～7章）为高级编程知识及技巧。全书融合了车削加工和铣削加工的生产实践技术技巧，介绍了典型零件和复杂零件的加工方法，以大量的应用实例为基础，系统地讲解了数控加工自动编程的知识，使读者能深入理解和掌握Mastercam X自动编程的操作要点、技术技巧、工艺关键窍门与加工经验；从简单的二维轮廓零件、典型三维零件、复杂双面零件到配合精度要求高的零件、典型曲面零件的加工；Mastercam X自动编程刀具路径编辑技巧，由浅入深，循序渐进，能够让学习者很快了解数控编程的工艺和加工的特点，领悟到自动编程操作的精髓，达到事半功倍的效果。随书赠送多媒体光盘，包含了书中的所有实例操作，读者可以在学习过程中参考练习。

　　本书可供从事数控加工的技术人员以及大中专院校、培训学校的相关专业教师和学生使用。

图书在版编目（CIP）数据

Mastercam数控加工自动编程入门到精通/葛文军主编. —2版.
—北京：机械工业出版社，2018.12

ISBN 978-7-111-61426-5

Ⅰ. ①M⋯　Ⅱ. ①葛⋯　Ⅲ. ①数控机床—加工—计算机辅助设计—应用软件
Ⅳ. ①TG659-39

中国版本图书馆CIP数据核字（2018）第267289号

机械工业出版社（北京市百万庄大街22号　邮政编码100037）
策划编辑：周国萍　　　责任编辑：周国萍　李含扬
责任校对：王明欣　　　封面设计：马精明
责任印制：孙　炜
北京玥实印刷有限公司印刷
2019年1月第2版第1次印刷
184mm×260mm・20.5印张・504千字
0 001—3 000册
标准书号：ISBN 978-7-111-61426-5
　　　　　 ISBN 978-7-89386-192-5（光盘）
定价：59.00元（含1CD）

凡购本书，如有缺页、倒页、脱页，由本社发行部调换
电话服务　　　　　　　　　　　网络服务
服务咨询热线：010-88361066　　机工官网：www.cmpbook.com
读者购书热线：010-68326294　　机工官博：weibo.com/cmp1952
　　　　　　　010-88379203　　金书网：www.golden-book.com
封面无防伪标均为盗版　　　教育服务网：www.cmpedu.com

前　言

CAD/CAM 技术对工业界的影响有目共睹，它极大地提高了产品质量和生产率，降低了设计制造成本，大大减少了人们重复和烦琐的简单劳动，使人们最大程度地运用自己的头脑来完成设计和生产工作，使设计和生产成为一种创造艺术品的过程。当前能进行 CAD/CAM 工作的软件已有很多，不少软件功能非常强大，Mastercam 就是其中之一。在当前的几款热门软件中，Mastercam 因其操作灵活，易学易用而备受青睐，它能使企业很快见到效益，是工业界和学校广泛采用的 CAD/CAM 系统，尤其在模具制造业应用最多。

本书在第 1 版的基础上进行了实例的更新，并增加了多轴加工实例的讲解。本书"实用而且耐看"，融入了编者在学习、教学和生产中积累的经验和教训。本书内容翔实，实例丰富。书中的内容不是简单的罗列，而是以图文并茂、结合实例的方法来介绍的。这样能让初学者或 Mastercam 的老用户尽快掌握 Mastercam X 的基本知识和技巧，并对软件操作技能的提升带来极大的帮助和启发。书中介绍了典型零件和复杂零件的加工方法，融合了车削加工和铣削加工的生产实践技术技巧；以典型零件实例展示生产操作中的要点、技术关键、工艺窍门与加工经验，可指导生产实际操作过程的自动编程。

编者长期从事 CAD/CAM 技术研究、教学和生产员工培训工作，对教学资料的优劣有切身的体会，通过长期的培训，深谙学员的学习心理。对学员而言，除了需要经验丰富的教师指点，更需要一本实用、结合生产的参考书。

第 1 篇（第 1～5 章）为初、中级编程知识及技巧，主要介绍基本操作要领，帮助读者熟悉和掌握 Mastercam X 自动编程技术的基础和必要的技巧。

第 2 篇（第 6、7 章）为高级编程知识及技巧，主要介绍复杂的二维、三维空间曲面加工，以及多轴曲面等复杂零件的加工实例。

随书赠送的光盘，内容包含书中所有实例操作，读者可以在学习过程中参考练习。

本书由扬州大学机械工程学院葛文军主编并完成第 1 篇和第 2 篇第 6 章的编写，扬州江海职业技术学院刘峻，扬州大学机械工程学院张燕军、袁世杰、张纯编写第 2 篇第 7 章；全书由扬州大学龚俊杰、秦永法、金亦富主审。

最后，编者感谢国内外编写了 Mastercam 相关书籍的同行和前辈的引领。

由于时间仓促，加上编者水平有限，书中难免有不妥甚至错误之处，敬请读者指正。联系 QQ：2668020629。

编　者

目　　录

第 2 篇 高级编程知识及技巧

第1篇　初、中级编程知识及技巧

第1章　Mastercam X 的基础知识

Mastercam 是美国 CNC Software Inc.公司开发的基于 PC 平台的 CAD/CAM 一体化软件，是既经济又有效的全方位软件系统。自 1984 年诞生以来，Mastercam 就以其强大、稳定而快速的加工功能闻名于世。由于具有较好的性价比（对硬件的要求不高，操作灵活，易学易用，能使企业很快见到效益），Mastercam 很快成为工业界和学校广泛采用的 CAD 和 CAM 系统。Mastercam 不论是在设计绘图还是在 CAM 加工制造中，都能获得极佳的效果。其 CAD 设计模块 Design 主要包括二维和三维几何设计功能，它提供了方便直观的设计零件外形所需的理想环境，造型功能强大，可方便地设计出复杂的曲线和曲面零件，并可设计复杂的二维、三维空间曲线；其 CAD 设计模块采用 NURBS 数学模型，可生成各种复杂曲面，同时，对曲线、曲面进行编辑和修改都很方便。

Mastercam 自问世以来已经过多次改版，在国内应用的有 V3.0、V4.0、V7.0、V8.0、V9.0、V9.1、V10.0、VX2、VX3、VX4 及 VX6 等，从 Mastercam V9.0 版本到 Mastercam X 版本的变化是一个质的改变，其工作界面让人耳目一新。Mastercam X 在 Mastercam V9.0 基础上辅以新的功能，使用户的操作更加合理、便捷、高效并支持 2～5 轴加工程序编制。

Mastercam X 系列版本继承了 Mastercam X 的一贯风格和绝大多数的传统设置，目前的版本为 Mastercam VX6。在不断升级的版本中，功能不断更新，使 Mastercam X 更加贴近生产实际，更加受到编程者的欢迎，但工作界面没有根本性改变，其新版本的风格与其他大型软件（如 UG、Pro/E NGINEER 等）一样趋于窗口式界面。

Mastercam X 可用于金属切削加工中的数控铣床、铣削加工中心及数控镗床等进行铣镗削加工，也可用于标准数控车床、斜导轨反刀架数控车床及车削加工中心等进行车削；还可用于特种加工如线切割、雕刻机床的加工。本书主要介绍如何应用 Mastercam X 进行金属的切削加工。

1.1　Mastercam 的主要用途及功能

1.1.1　Mastercam X 的主要用途

1）Mastercam X 在机械制造行业、模具行业及汽车、摩托车制造行业中得到了广泛应用，特别是在珠江三角洲、长江三角洲一带应用极为普遍。例如，一些中小企业购置十几台加工中心，聘请几名编程设计师，十几名数控工人，应用 Mastercam X 就可以组建一个比较完美的小型加工厂，可以接受复杂工件和模具的加工任务，因此可以认为这是一个现代化企业的雏形。

2）Mastercam X 是一款新型软件，包括 CAD 模块和 CAM 模块。其中 CAD 主要用于辅助图形设计，包括二维和三维造型技术；CAM 主要用于辅助制造。Mastercam X 的工作流程如图 1-1 所示。

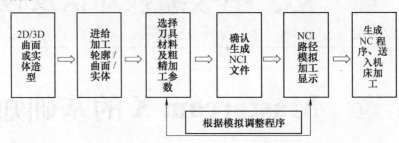

图 1-1　Mastercam X 的工作流程

1.1.2　Mastercam X 的功能

1. CAD 部分功能

1）可绘制二维和三维图形，并可进行尺寸标注等各种编辑功能。

2）提供图层的设定，可隐藏和显示图层，使绘图变得简单，显示更清楚。

3）提供字形设计，对各种标牌的制作提供了更好的方法。

4）可构建各种曲面，如举升曲面、昆氏曲面、圆角曲面、偏置曲面、修剪/延伸曲面及熔接曲面。

5）图形可导出至 AutoCAD 或其他软件中，其他软件也可导入 Mastercam X 中。

2. CAM 部分功能

（1）铣削模块

1）分别提供 2D、3D 模组，并提供外形铣削、挖槽及钻孔加工。

2）提供曲面粗加工方法，如平行式、径向式、投影式、曲面流线式、等高外形式、挖槽式和插入下刀式。

3）提供曲面精加工方法，如平行式、平行陡坡式、径向式、投影式、曲面流线式、等高外形式、浅平面式、交线清角式、残料清角式和环绕等距式。

4）提供直线曲面、旋转曲面、昆氏曲面、扫描曲面、举升曲面的加工，并提供多轴加工。

5）提供重绘刀具路径，绘制的 NC 程序可以显示运行情况，估计加工时间。

6）提供实体模型刀具路径，显示实体加工生成的产品，避免到达车间加工时发生错误。

7）提供多种后处理程序，以供各种数控系统使用。

8）可建立各种管理，如刀具管理、操作管理、串连管理以及工作设置和工作报表。

（2）车削模块

1）它可将加工过程的各种操作（如主轴的变速、自动进退刀、开车停车、自动换刀及自动开关冷却水等）通过数字化的代码编制成程序控制表，经过计算机的运行处理后，由计算机发出各种指令来控制机床的伺服系统和其他执行元件，使机床完成对各个工件的加工。

2）Mastercam X 车削模块专门用于数控车床加工，能完成内、外圆柱体、圆锥体、圆弧体及曲面体加工，还可以进行钻孔、镗孔、车螺纹、倒角及切断等加工；在车削加工中心还可以完成铣削加工和多轴联动加工。首先绘制进行车削加工工件的几何图形；然后定义刀具，进行工件设置，进行车削加工刀具路径设置，对后处理程序进行编辑和修改。

1.1.3　Mastercam V9.0 和 Mastercam X 的比较

1）Mastercam X 提供了更快、更便捷的操作，采取了窗口化的操作，如图 1-2 所示。这样可以在同一窗口中了解更多的信息。

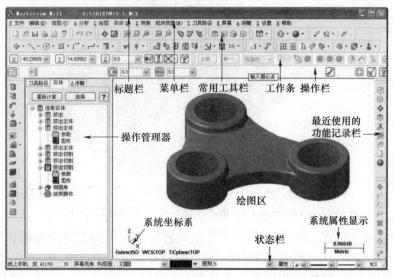

图 1-2　操作窗口

2）效能显著提升，但对硬件要求并不高。

3）图形运行效果明显不同。图 1-3 和图 1-4 所示为两种版本的图形运行效果。可以看出，与 V9.0 版本相比 VX2 版本的图形运行效果显著提高，运行时间大大缩短。

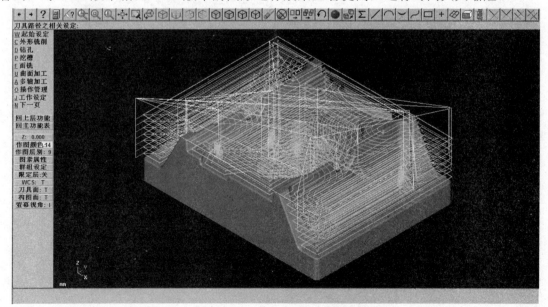

图 1-3　Mastercam V9.0 版本图形运行效果（运行时间 78s）

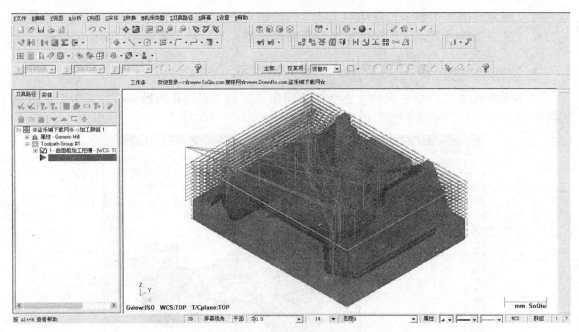

图 1-4　Mastercam VX2 版本图形运行效果（运行时间 32s）

　　4）应用全新整合式的视窗界面，使工作更迅速。直觉化的工具栏使操作更方便、更快捷（见图 1-5），可以在工具栏中或鼠标右键栏中自行定义常用的工具，（见图 1-6），也可依据个人不同的喜好，调整屏幕外观及工具列。

图 1-5　直觉化的工具栏

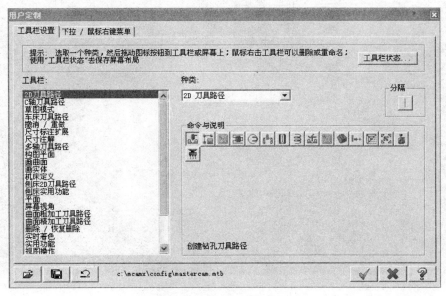

图 1-6　自行定义工具栏

5）在建立 2D 的图形档案时，V9.0 版本操作步骤需要使用的按键次数（包含文字输入）超过 77 次（包含输入错误删除的次数）；VX2 版本操作步骤需要使用的按键次数（包含文字输入）超过 35 次（含两次画错修改图素的次数），X 版本之后新增功能如下：

① 提供无限次数的回复功能。

② 新的抓点模式，简化操作。

③ 属性图形改为"使用中的（live）"，便于以后的修改。

④ 曲面的建立新增"围离曲面"。

⑤ 昆式曲面改为更方便的"网状曲面"。

⑥ 增加"面与面倒圆"这一实验项目。

⑦ 直接读取其他 CAD 文档，包含 DXF、DWG、IGES、VDA、SAT、Parasolid、SolidEdge、SolidWorks 及 STEP 文件。

⑧ 增加机器定义及控制定义，明确规划 CNC 机器的功能。

⑨ 外形铣削形式除了 2D、2D 倒角、螺旋式渐降斜插及残料加工外，新增"毛头"的设定。

⑩ 外形铣削、挖槽及全圆铣削增加"贯穿"的设定。

⑪ 增强交线清角功能，增加"平行路径"的设定。

⑫ 将曲面投影精加工中的两区曲线熔接独立成"熔接加工"。

⑬ 改用更人性化的路径模拟界面，可以更精确地观看及检查刀具路径。

6）增加了更加先进的 3D 曲面高速加工。挖槽粗加工、等高外形及残料粗加工采用新的快速等高加工技术（FZT），大幅缩短计算时间。同样的图形文件，同样的切削参数，使用高速的加工方式，加工时间可以缩短 1/3 以上，如果配合高速加工机床，更可以缩短 1/2。其采取了如下的措施：

① 曲面高速加工参数选项，如图 1-7 所示。

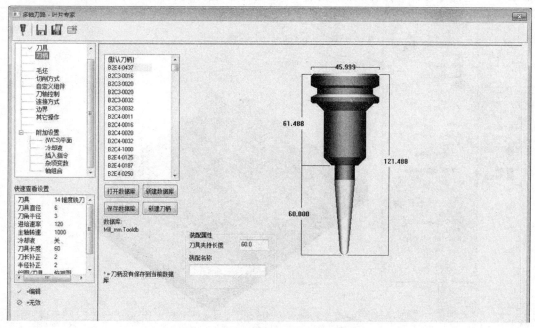

图 1-7　曲面高速加工参数选项

② 在曲面高速加工的刀具路径中，采用了更为节省的刀具位移和路径，如图 1-8 所示。

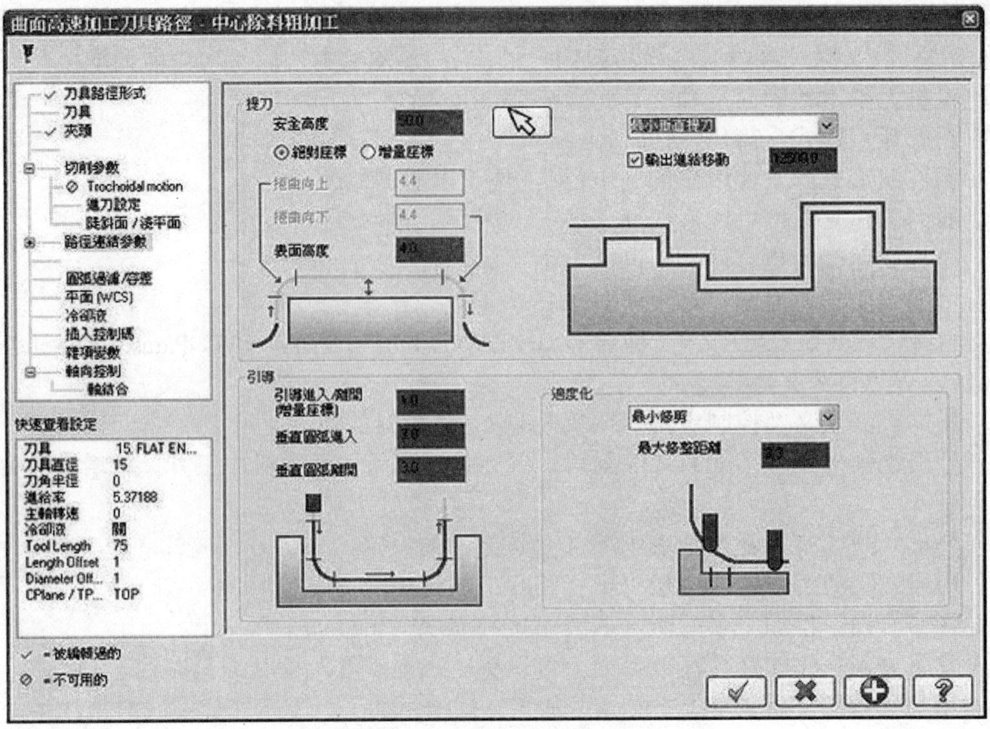

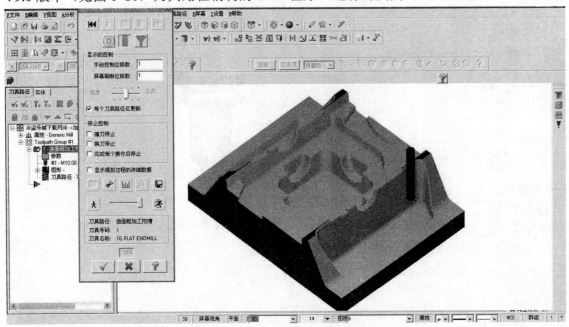

图 1-8 刀具位移和路径

③ 曲面高速加工刀具路径的效率提高。在同样的零件、切削条件和参数下，VX2 版本（见图 1-9）采用曲面高速加工刀具路径编制的 CNC 程序，运行时间为 51min3s，而采用 V9.0 版本（见图 1-10）刀具路径编制的 CNC 程序，运行时间为 1h30min52s。

图 1-9 Mastercam VX2 CNC 程序（运行时间 51min3s）

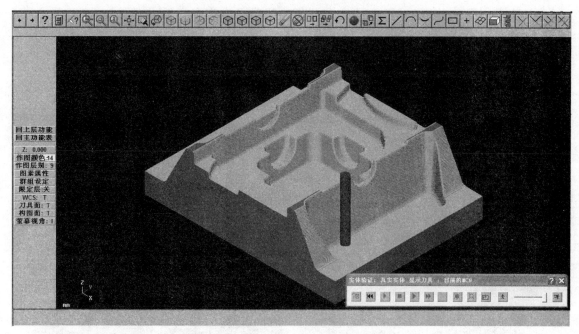

图 1-10 Mastercam V9.0 CNC 程序（运行时间 1h30min52s）

7）Mastercam V9.0 与 Mastercam VX3 的效率比较。如图 1-11 所示，Mastercam VX3 的运行速度是 Mastercam V9.0 的 3 倍，绘图速度可达两倍，加工时间则缩短了 1/3 以上，所以 Mastercam X 版本的优势是显而易见。

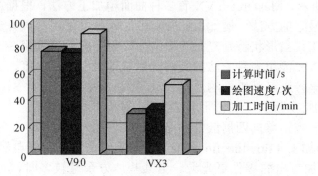

图 1-11 Mastercam V9.0 与 Mastercam VX3 的效率比较

8）Mastercam VX 的铣削功能（2～5 轴加工）特点。

① 操作管理。Mastercam VX 的任务管理器（operations manager）把同一加工任务的各项操作集中在一起，管理器的界面简单、清晰。加工使用的刀具以及加工参数等在管理器内，编辑、校验刀具路径也很方便。在操作管理中很容易复制和粘贴相关程序。

② 刀具路径的关联性。在 Mastercam VX 系统中，挖槽铣削、轮廓铣削和点位加工的刀具路径与被加工零件的模型是相关联的。当零件几何模型或加工参数修改后，Mastercam VX 能迅速准确地自动更新相应的刀具路径，无须重新设计和计算刀具路径。用户可把常用的加工方法及加工参数存储于数据库中，适合随时调用存储于数据库的任务，这样可以大大提高数控程序的设计效率及计算的自动化程度。

③ 挖槽、外形铣削及钻孔。Mastercam VX 提供了丰富多变的 2D、2.5D 加工方式，可迅速编制出优质可靠的数控程序，极大地提高了编程者的工作效率，同时也提高了数控机床的利用率。

如图 1-12 所示，挖槽加工时下刀方法很多，如直接下刀、螺旋下刀和斜插下刀等。挖槽铣削还具有自动残料清角、螺旋渐进式加工方式、开发式挖槽加工及高速挖槽加工等。

图 1-12　挖槽铣削的进给方式

④ 数控加工中，在保证零件加工质量的前提下，应尽可能地提高粗加工时的生产率。Mastercam VX 提供了多种先进的粗加工方法。如图 1-13 所示，曲面挖槽时，Z 向深度进给确定，刀具以轮廓或型腔铣削的进给方式粗加工多曲面零件。在机器允许的条件下，可进行高速曲面挖槽。

图 1-13　曲面挖槽进给方式

⑤ 如图 1-14 所示，Mastercam VX 有多种曲面精加工方法，根据产品的形状及复杂程度，可以从中选择最好的方法。例如，比较陡峭的地方可采用等高外形加工，比较平坦的地方可采用平行加工；当形状特别复杂、不易分开加工时，可采用 3D 环绕等距的方法。

a．Mastercam VX 能用多种方法控制精铣后零件表面的粗糙度，如通过程式过滤中的设置及步距的大小来控制产品表面的质量等。

b．根据产品的特殊形状（如圆形），可用放射状进给方式精加工（radial finishing），即刀具由零件上任一点沿着向四周散发的路径加工零件。

c．流线进给精加工（flowline finishing）即刀具沿曲面形状的自然走向产生刀具路径，用这样的刀具路径加工出的零件更光滑。当某些地方余量较多时，可以设定一范围单独加工。

图 1-14　曲面精加工进给方式

d．图 1-15 所示为多轴联动加工的零件。Mastercam VX 的多轴加工功能为零件的加工提供了更多的灵活性，应用多轴加工功能可方便、快速地编制高质量的多轴加工程序。Mastercam VX 的五轴铣削方法包括曲线五轴、钻孔五轴、沿边五轴、曲面五轴、沿面五轴和旋转五轴。

图 1-15　多轴联动加工的零件

1.2　Mastercam X 的安装

1.2.1　运行硬件环境

Mastercam X 对硬件环境要求不高，其最低配置如下：

CPU：Intel 1.5GHz。

内存：512MB 以上。

显卡：64MB 以上。

硬盘空间：1GB。

显示器分辨率：1024×768。

CD-ROM 光驱。

下面以 Windows XP 操作系统为例，对 Mastercam X 的安装过程进行详细的介绍。

1.2.2　安装 Mastercam X

1）将 Mastercam X 安装光盘插入光驱，打开安装程序，屏幕显示如图 1-16 所示。选择 data→Mastercam X 文件夹，双击 Setup，自动弹出安装界面（Mastercam X-InstallShield Wizard 对话框），如图 1-17 所示。在对话框中单击 Next 按钮。

2）弹出 InstallShield Wizard 对话框第 1 步（许可证接受），如图 1-18 所示。在对话框中选择 Yes，…单选按钮，单击 Next 按钮。

图 1-16　Mastercam X 的安装程序

图 1-17　Mastercam X-Install Shield Wizard 对话框　　图 1-18　InstallShield Wizard 对话框第 1 步

3）弹出 InstallShield Wizard 对话框第 2 步（用户信息），在对话框的文本框中输入用户名称和公司名称，如图 1-19 所示。单击 Next 按钮。

4）弹出 InstallShield Wizard 对话框第 3 步（选择选项），如图 1-20 所示。选择 HASP 和 Inch 单选按钮，单击 Next 按钮。

图 1-19　InstallShield Wizard 对话框第 2 步　　图 1-20　InstallShield Wizard 对话框第 3 步

5）弹出 InstallShield Wizard 对话框第 4 步（安装目录位置），如图 1-21 所示。单击 Browse 按钮，选择该软件安装路径，确定安装目录后，单击 Next 按钮。

6）弹出 InstallShield Wizard 对话框第 5 步（文件选项），如图 1-22 所示。单击 Next 按钮。

7）弹出 InstallShield Wizard 对话框第 6 步（确认安装），如图 1-23 所示。单击 Install 按钮，开始安装该软件。

8）安装完毕后，弹出图 1-24 所示的 Mastercam X-InstallShield Wizard 对话框。在对话框中单击 Finish 按钮。

9）弹出图 1-25 所示的提示框，提示插入 HASP HL key 完成安装，单击"确定"按钮，完成软件全部安装。

图 1-21 InstallShield Wizard 对话框第 4 步   图 1-22 InstallShield Wizard 对话框第 5 步

图 1-23 InstallShield Wizard 对话框第 6 步   图 1-24 Mastercam X-InstallShield Wizard 对话框

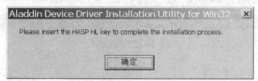

图 1-25 提示框

1.3 Mastercam X 窗口

1.3.1 Mastercam X 的操作界面

双击桌面上的图标 X，或者选择"开始"→"程序"→Mastercam X 运行程序，进入 Mastercam X 的操作界面，或者选择"开始"→"程序"→"Mastercam X"→"Mastercam X"选项也可进入操作界面。

Mastercam X 的操作界面由下列几个主要部分组成（见图 1-26）。界面上方第一行是标题栏，其下方是菜单栏（"文件""编辑""视图"等），菜单栏下方是标准工具栏/绘图工具栏以及目前所使用功能所对应的工作条。操作界面左侧为操作管理器，包括刀具路径管理器与实体管理器。绘图区位于操作界面中间。操作界面下方是状态栏、图层/图素设定栏等辅助菜单项。操作界面右侧为最近使用的指令工具栏。

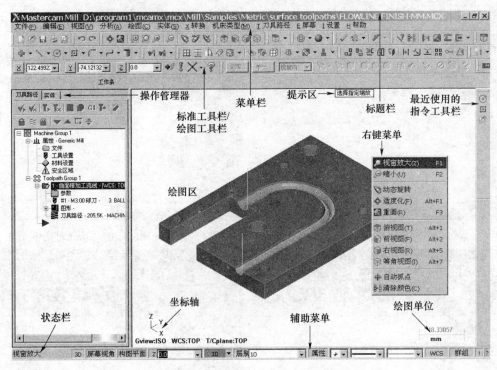

图 1-26　Mastercam X 的操作界面

1.3.2　Mastercam X 的工具栏

1. 标题栏

图 1-27 所示的标题栏显示了当前使用的模块、打开文件的路径及文件名称。在标题栏中可控制 Mastercam 的关闭、移动、最大化、最小化和还原。

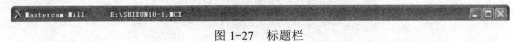

图 1-27　标题栏

2. 菜单栏

菜单栏共有 12 个选项，基本上包含了 Mastercam 的全部功能，如图 1-28 所示。

文件(F)　编辑(E)　视图(V)　分析(A)　绘图(C)　实体(S)　X 转换　机床类型(M)　I 刀具路径　E 屏幕　I 设置　H 帮助

图 1-28　菜单栏

1）文件（file）菜单：包含文件的打开、新建、保存和打印以及导入、导出文件路径的设置和退出等命令。

2）编辑（edit）菜单：包含取消、重做、复制、剪切、粘贴、删除以及一些图形命令，如修剪、打断和 NURBS 曲线的修改转化等命令。

3）视图（view）菜单：包含用户界面以及图形显示的相关命令，如视点的选择、图像的放大缩小、视图的选择以及坐标系的设定等。

4）分析（analyze）菜单：包含分析屏幕上图形对象各种相关信息的命令，如位置和尺寸等。

5）绘图（create）菜单：包含绘制各种图素的命令，如点、直线、圆弧和多边形等。

6）实体（solide）菜单：包含实体造型以及实体的延伸、旋转、举升和布尔运算等命令。

7）转换（xform）菜单：包含图形的编辑命令，如镜像、旋转、比例和平移等。

8）机床类型（machine type）菜单：用于选择机床，并进入相应的 CAM 模块。其中的 machine definition manager 选项为机床设置。

9）刀具路径（toolpaths）菜单：包含产生刀具路径，进行加工操作管理，编辑、组合 NCI 文件或后置处理文件，管理刀具和材料等命令。

10）屏幕（screen）菜单：包含设置与屏幕显示有关的各种命令。

11）设置（settings）菜单：包含设置快捷方式、工具栏和工作环境等命令。

12）帮助（help）菜单：提供各种帮助命令。

3．工具栏

工具栏上的每一个图标就是一个命令，只需把鼠标光标停留在工具图标按钮上，即可出现功能提示。下面对各工具栏进行简要说明。

：文件管理输出、输入图示。

：取消重复。

：图形显示、更新、放大、缩小、旋转。

：视角控制。

：构图平面设定。

：图形显示方式、彩显。

：删除与恢复。

：分析、清除颜色、C-HooK 应用程序、再生、统计图素、隐藏。

：绘图工具栏，提供基本几何图形建立指令，包括点、直线、弧、曲线、倒角、倒圆和基本实体。

：修整工具栏。

：图素编辑工具栏。

：尺寸标注与批注工具栏。

：曲面绘图工具栏。

：自动抓点（点坐标）显示工具栏。

：图素选择方式工具栏。编辑图素时选择图素的方式。

：工作条。当使用某一命令时，工作条会被激活，它提供完成该命令的所有步骤及命令的编辑功能。

指定第一点 ：系统提示区。当使用一个指令，需要输入项是选择图素、点或者串连时，在提示区会提供一个简要的操作提示（见图 1-26）。

4．辅助菜单

辅助菜单中的状态栏、图层、图素设定栏位于绘图区下方，各选项的含义如下：

线上求助，按 Alt+H ：状态提示栏。

2D：2D、3D 图切换按钮，该功能用于对绘图区中的对象进行二维或三维显示的切换。

屏幕视角：用于设置图形视角。单击该按钮，弹出图 1-29 所示的"屏幕视角"子菜单，选择其中的选项即可设置图形的视角方向。

构图平面：用于设置构图平面。单击该按钮，弹出图 1-30 所示的"构图平面"子菜单，选择其中的选项即可设置图形的构图平面方向。

Z 0.0 ▼：用于设置工作深度。

10 ▼：用于进行颜色设置。单击该按钮，弹出图 1-31 所示的"颜色"对话框。双击其中任意一种颜色，或选择颜色后单击按钮 ✓ 即可。

  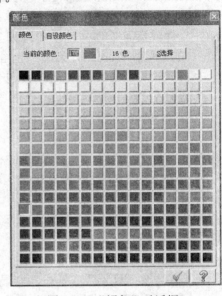

图 1-29 "屏幕视角"子菜单　图 1-30 "构图平面"子菜单　　图 1-31 "颜色"对话框

5. 操作管理器

操作管理器如图 1-32 所示。它包括"刀具路径"管理器和"实体"管理器。

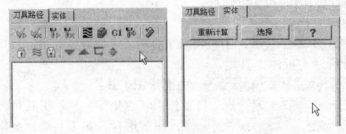

图 1-32 操作管理器

6. 最近使用的指令工具栏

该栏把最近使用的指令图标排列出来，需要再次使用时，直接单击相应图标即可进行命令操作。

7. 坐标轴

坐标轴图标随着"屏幕视角"的设置而相应地发生改变。在图标下方分别是"屏幕视角""工作坐标系"和"构图平面"的设定面的界面区域，如果改变其设置，那么相应的显示也会发生改变。

1.3.3　Mastercam X 界面的其他操作选项

1. 显示、隐藏工具栏

在标准工具栏/绘图工具栏中可以设置显示和隐藏。在菜单栏中选择"设置"→"工具栏设置"选项，弹出图 1-33 所示的"工具栏状态"对话框。在对话框的"显示如下的工具栏"列表框中选择或去除选择相关工具名称前的复选框，即可增加显示或者隐藏显示相应的工具栏。

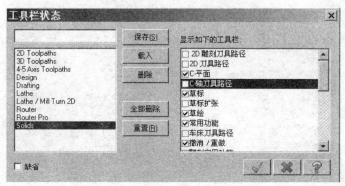

图 1-33 "工具栏状态"对话框

2．系统配置设定

Mastercam X 安装完成以后，其基本设置都存储在公制配置文件中，当新建文件或打开文件时，可以根据需要对其基本设置进行修改。

在菜单栏中选择"设置"→"系统规划"选项，弹出图 1-34 所示的"系统配置"对话框。在该对话框中，可以对公差、文件、转换、屏幕及颜色等配置进行修改。

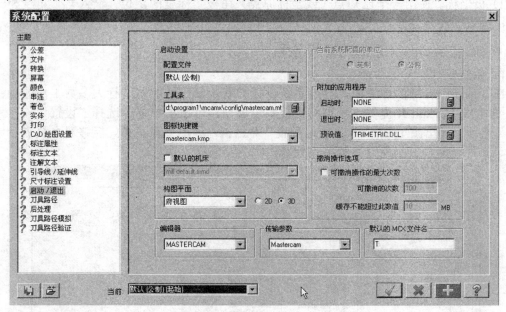

图 1-34 "系统配置"对话框

3．鼠标右键菜单

将光标放在绘图区，单击鼠标右键（右击），弹出如图 1-35 所示的快捷菜单，可用于 Mastercam X 的全部工作。

4．显示设置

用于设置图素的显示方式，除了可以在辅助菜单中设置图形的属性外，还可以通过菜单栏栏中"屏幕"菜单的子菜单（见图 1-36）进行图素的统计、隐藏及显示等操作。

图 1-35　快捷菜单　　　　　　　图 1-36　"屏幕"子菜单

5．坐标系统

在绘图区中进行绘图定位时，Mastercam X 提供两种坐标系统，即直角坐标和极坐标。

1）直角坐标。直角坐标（XYZ）以构图原点（X0，Y0）和工作深度（Z）为基础在构图空间定位一个点，X 坐标表示构图原点的水平距离，构图原点右侧为正值，左侧为负值；Y 坐标表示构图原点的垂直距离，构图原点上方为正值，下方为负值。Z 坐标垂直于 X 和 Y 坐标，正负方向由右手定则确定。

2）极坐标。使用一个已知点（或坐标原点）在极坐标空间定位，输入一个角度和一个长度，系统在经过已知点的正水平轴 0°逆时针方向计算角度和长度，构建一个新点。

1.3.4　Mastercam X 系统与环境设置

1．系统规划

在 Mastercam X 的环境中，通过系统设置的默认参数就能够进行大多数工作的操作。如果要对 Mastercam X 提供系统重新进行系统规划，可在主菜单中选择"设置"→"系统规划"选项，弹出图 1-37 所示"系统配置"对话框。利用该对话框，能够对系统进行诸如公差、文件、屏幕、颜色等参数的设置。

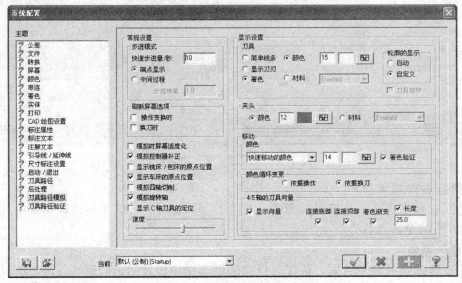

图 1-37　"系统配置"对话框

2．用户自定义设置

选择"设置"→"用户自定义"选项，将弹出"自定义"对话框。在"工具栏"选项卡中可对其他工具栏进行添加、删除操作，如图 1-38 所示。

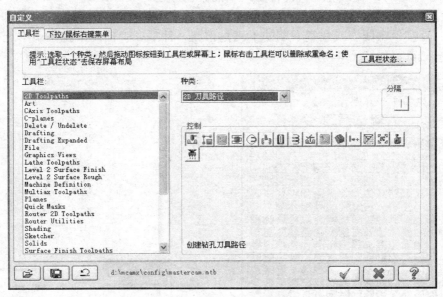

图 1-38　用户自定义设置

3．栅格设置

当用户在视图中设置了栅格并显示时，可以帮助用户提高绘图的精度和效率，但所显示的栅格并不会被打印出来。选择"屏幕"→"栅格参数"选项，弹出"栅格参数"对话框，可以进行栅格的颜色、大小等设置，如图 1-39 所示。

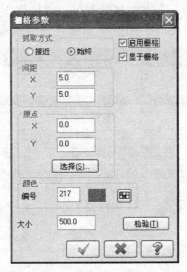

图 1-39　栅格设置

4．图素设置

1）设置属性。在 Mastercam X 的辅助菜单中单击"属性"按钮，弹出"特征"对话框。在该对话框中可以一次性设置图素的颜色、线型、点样式、层别、线宽及曲面密度等，从

17

而使下次所绘制的图素按照所设置的属性来显示。

2）设置颜色。在 Mastercam X 的状态栏中单击"颜色"框，弹出"颜色"对话框，如图 1-40 所示。利用该对话框可以设置要绘制图素的颜色。

3）设置线型和线宽。在 Mastercam X 的辅助菜单栏中可以单独设置所要绘制图素的线型或线宽。直接单击线型或线宽右侧的下三角按钮，然后在弹出的下拉菜单中选择相应的线型或线宽即可，如图 1-41 所示。

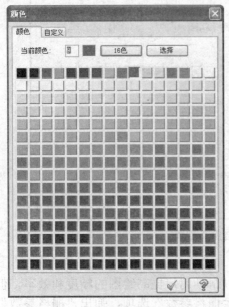

图 1-40　"颜色"对话框

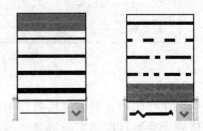

图 1-41　设置线型和线宽

4）层别设置。在 Mastercam X 的状态栏中单击"层别"按钮，弹出"层别管理"对话框，如图 1-42 所示。在上方的表格中列出了当前视图中所设置的层别情况。

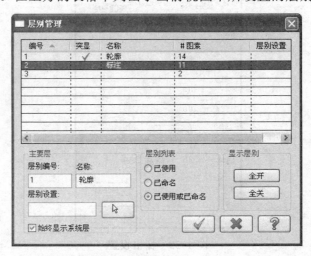

图 1-42　"层别管理"对话框

5．其他设置

1）屏幕统计。选择"屏幕"→"屏幕统计"选项，弹出"当前统计"对话框，显示了每种图素的数量，如图 1-43 所示。

2）消除颜色。当用户对图素进行平移、旋转或镜像等转换操作时，Mastercam X 将新生成的图素以另一种颜色显示出来，且被转换的轮廓图素也以另外一种颜色显示，从而加以区分。选择"屏幕"→"清除颜色"选项，可以将这些转换的图素颜色恢复为原来的颜色。操作步骤如下：①选择"屏幕"→"隐藏图素"选项；②选择"屏幕"→"恢复隐藏的图素"选项。

图 1-43　屏幕统计

3）着色设置。在设计三维实体时，用户可通过着色设置来显示不同模式的实体。在 Mastercam X 的 Shading 工具栏中，可以对视图中的三维实体进行不同模式的显示，如图 1-44 所示。

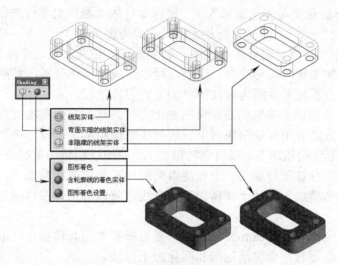

图 1-44　未着色和着色图形的效果

1.4　Mastercam X 应用难点分析

Mastercam X 应用难点主要是数控铣削加工典型复杂零件时数控加工工艺的分析，清晰曲面粗加工方式和曲面精加工方式的自动编程过程。尽量运用二维铣削加工刀具路径解决典型复杂形状零件的加工，特别是曲面的加工，避免运用曲面铣削加工的刀具路径，这样既简化了自动编程的操作步骤，又降低了自动编程的复杂程度。减低难度、节约编程时间，是应用 Mastercam X 时主要难点之一。

1.4.1　数控车削加工应用 Mastercam X 的难点分析

数控车床加工零件时可自动无级变速，具有车削加工精度高的特点，特别适合车削加工特形面的零件。数控车床车削的特点是工件做旋转主运动，刀架做移动进给运动，通过工件与刀具之间的相对运动使刀具车削工件，因此数控车床主要用于加工以下特点的零件：

1）轮廓形状复杂的回转体零件，如车削端面、切槽、钻孔、镗孔、倒角、滚花、攻螺纹和切断工件等，也包括表面粗糙度和尺寸精度要求较高的回转体零件。

2）车削非圆曲线插补切削加工，车削任意曲线轮廓组成的回转体零件。

3）带有特殊螺纹的回转体零件。特殊螺纹指特大螺距（或导程）圆柱螺纹、变螺距螺纹、等螺距螺纹、变螺距螺纹、圆锥螺旋面的螺纹以及高精度的模数螺纹。

数控车削加工时应用 Mastercam X 的难点：与 Mastercam V8.0 及以前版本相比，新版本增加了比较成熟的四轴（含五轴）加工模块，可多轴车削加工复杂零件，扩大了加工范围，提高了加工效率和加工精度，满足了加工要求和种类越来越复杂、多样化的要求。

1.4.2　数控铣削加工应用 Mastercam X 的难点分析

应用功能强大的 Mastercam X 进行自动编程时，其应用结果与数控加工工艺的分析、工艺设计有直接的关系，与技术人员的丰富经验有决定性的关系。数控加工工艺的分析与处理是数控加工编程的前提和依据，因此数控加工工艺的重要性被提到了更高的位置。

1）零件工艺分析首先是先从图纸入手，根据零件的二维图对零件进行图样分析（尺寸精度分析、几何精度分析）、结构分析及毛坯尺寸等方面分析。

2）针对铣削加工特点，进行外形铣削、型腔加工、钻孔加工、平面加工、曲面加工、实体加工以及多轴加工等的图形绘制、建模、程序生成等操作分析，根据分析结果，通过对零件加工工艺的分析将其分解为多次简单加工的刀具路径。

3）Mastercam X 提供了丰富的曲面铣削加工方法，包括曲面粗加工方法和曲面精加工方法。曲面粗加工方法有平行铣削粗加工、放射状铣削粗加工、投影铣削粗加工、流线铣削粗加工、等高外形铣削粗加工、残料铣削粗加工、挖槽铣削粗加工和钻削式铣削粗加工，曲面精加工方法有平行铣削精加工、平行陡斜面精加工、放射状精加工、投影精加工、流线精加工、等高外形精加工、浅平面精加工、交线清角精加工、残料精加工、环绕刀具精加工和熔接精加工。

数控铣削加工应用 Mastercam X 的难点：要分析零件的具体特点，根据以上介绍的加工方法合理安排，必要时需要灵活运用和简化加工方法。

第2章　一般零件车削加工
自动编程实例

本章通过典型的加工实例，介绍车削加工时应用 Mastercam X 进行自动编程的基础知识、应用知识和操作技巧等。

2.1　螺纹锥度轴的车削加工实例

加工螺纹锥度轴是数控车中级考核最常见的工件之一，图 2-1 所示为螺纹锥度轴。其涉及数控车削加工中的内容有车端面、粗车、精车、车螺纹及特性面轮廓等方法，通过 Mastercam X 进行绘图、建模、工艺分析以及刀具路径、刀具、切削参数的设定，还可以通过软件中的工件毛坯设置、刀具设置检验车削加工中是否会互相干涉，最后后处理形成 NC 文件，通过传输软件或直接输入机床进行加工。

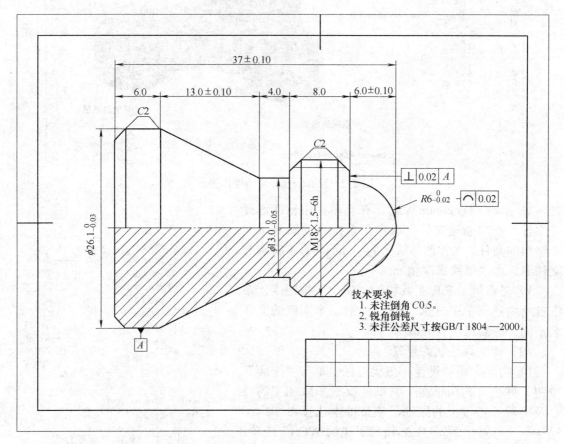

图 2-1　螺纹锥度轴

下面进行具体步骤的分析说明。

2.1.1　螺纹锥度轴的绘图与建模

1. CAD 模块绘图

（1）打开 Mastercam X

1）选择"开始"→"程序"→"Mastercam X"→"Mastercam X"选项。

2）或者在桌面上双击 Mastercam X 的快捷方式图标。

（2）建立文件

1）打开软件，Mastercam X 的操作界面如图 2-2 所示。

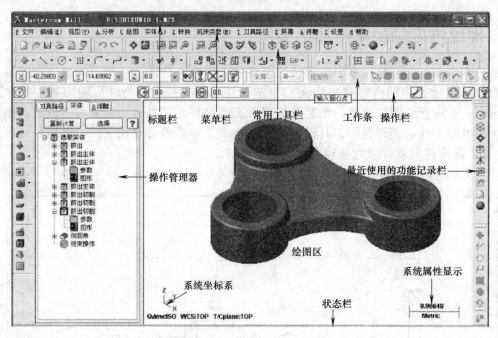

图 2-2　Mastercam X 的操作界面

2）启动 Mastercam X 后，在菜单栏中依次选择"文件"→"新建文件"选项，系统自动新建了一个空白的文件，文件的后缀名为".mcx"。本实例的文件名定为"螺纹锥度轴.mcx"。

3）或者单击 File 工具栏的"新建"按钮，系统自动新建一个空白的".mcx"文件。本实例的文件名定为"螺纹锥度轴.mcx"。

（3）相关属性状态设置

1）构图平面的设置。在状态栏中单击"平面"按钮，弹出"构图平面"菜单。根据车床加工的特点及编程原点设定的原则，从菜单中选择"车床半径"→"设置平面到+X-Z 相对于您的 WCS"选项，如图 2-3 所示。

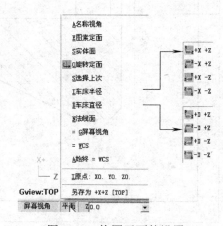

图 2-3　构图平面的设置

2）线型属性的设置。在状态栏的线型下拉菜单中选择"中心线"线型，在线宽下拉菜单中选择表示粗实线的线宽，颜色设置为黑，如图 2-4 所示。

3）工作深度和图层的设置。在状态栏中设置工作深度为 0，图层设置为 1，如图 2-5 所示。单击对话框中的"确定"按钮 ✓ 。

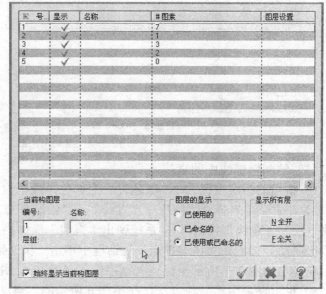

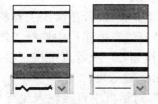

图 2-4　线型属性设置　　　　　　　　图 2-5　图层属性设置

（4）绘制中心线

1）激活绘制直线功能。

① 在主菜单中选择"绘图"→"直线"→"绘制任意线"选项。

② 或者在绘图工具栏中单击"绘制任意线"按钮 ，系统弹出"直线"操作栏。

2）输入点的坐标。

① 第一种方法，在图 2-6 所示的"自动抓点"对话框中输入 X、Y、Z 的坐标数值，按 Enter 键即可。

图 2-6　"自动抓点"对话框

② 第二种方法，在图 2-6 所示的"自动抓点"对话框中单击"快速绘点"按钮 ，弹出图 2-7 所示坐标输入框。在坐标输入框中输入"X0 Z6"（表示 X=0，Z=6），按 Enter 键即可。

图 2-7　坐标输入框

3）在图 2-8 所示的"直线"操作栏中"长度" 文本框中设置直线段的长度为 41.0，在"角度" 中输入角度为 0。

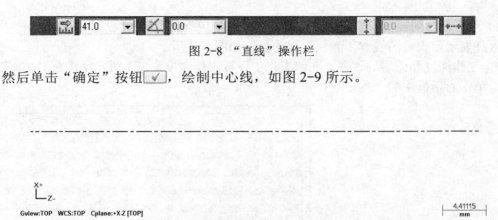

图 2-8 "直线"操作栏

然后单击"确定"按钮 ☑，绘制中心线，如图 2-9 所示。

Gview:TOP WCS:TOP Cplane:+X-Z [TOP]

视角：俯视图 WCS：俯视图 绘图平面：+X–Z（俯视图）

图 2-9 绘制中心线

（5）绘制轮廓线中的直线

1）将当前图层设置为 2，颜色设置为黑色，线型设置为实线。

2）在主菜单选择"绘图"→"直线"→"绘制任意直线"选项，或者在绘图工具栏中单击"绘制任意线"按钮 ↘，系统弹出"直线"操作栏。在"直线"操作栏中选择"连续线"选项 ☒，接着在"自动抓点"对话框中单击"快速绘点"按钮 ❖，或者直接按空格键，然后在弹出的图 2-7 所示坐标输入框中输入（0，0），并按 Enter 键即可。

3）也可以采用第二种方法，在图 2-6 所示的"自动抓点"对话框中直接输入坐标值，并按 Enter 键即可。

4）按照上述坐标输入的方法，依次指定其他点的坐标（X，Z）来绘制连续的直线。其他点的坐标依次为（6，–6）、（9，–6）、（9，–14）、（6.5，–14）、（6.5，–18）、（13，–31）和（13，–35），即可绘制如图 2-10 所示轮廓线中的直线。按 Esc 键，退出绘制直线功能。

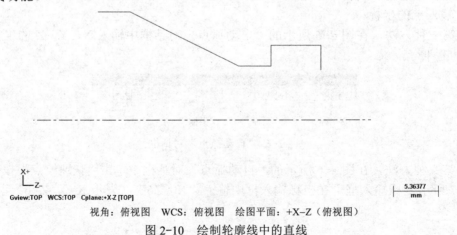

Gview:TOP WCS:TOP Cplane:+X-Z [TOP]

视角：俯视图 WCS：俯视图 绘图平面：+X–Z（俯视图）

图 2-10 绘制轮廓线中的直线

（6）绘制圆

1）在菜单选择"绘图"→"画圆弧"→"圆心点画圆"选项，或者在绘图工具栏中单击"画圆"按钮 ◎，系统弹出"画圆"对话框。

2）在弹出的"画圆"对话框设置圆心坐标为（0，–6），输入半径值为 6。

① 按"捕捉临时点"的方法确定圆心。在"自动抓点"工具栏中单击"特征点"复选框，从弹出的列表中选择某一类型的特征点即可，此时可以在绘图区中选择图形图素，捕捉该类型的特征点，如图 2-11 所示。

② 输入坐标点确定圆心。用户在绘制图形时，系统将提示用户指定点的位置，此时用户可将鼠标移动到已有图素特征附近，系统将自动在该图素特征附近处显示特征符号（如圆心），表示当前位置即在该处，使用鼠标单击该处即可捕捉该点。

在自动抓点工具栏中单击按钮 🗊，弹出"光标抓点设置"对话框，如图 2-12 所示。

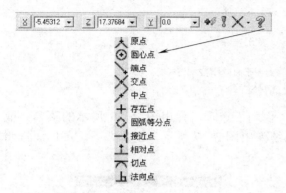

图 2-11　捕捉特征点　　　　　　　　　　　　　图 2-12　光标自动抓点设置

或者在"自动抓点"对话框中的 X、Y、Z 文本框中依次输入坐标值，按 Enter 键即可确定点的具体坐标位置，如图 2-13 所示。

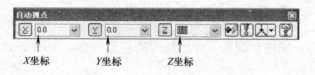

X坐标　　　　　　　Y坐标　　　　　　　Z坐标

图 2-13　输入坐标值确定点

3）然后单击"确定"按钮 ✅，绘制圆，如图 2-14 所示。

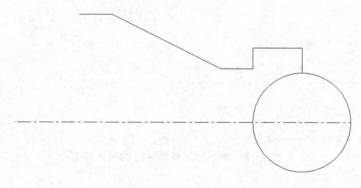

图 2-14　绘制圆

（7）修剪图素　在"编辑"菜单中选择"修剪"选项，或者在绘图工具栏中单击单击"单一修剪"按钮 📎，系统弹出"修剪"操作栏，选择需要修剪的图素，按照图样要求修剪轮廓线，如图 2-15 所示。

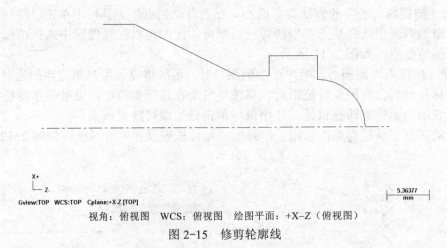

视角：俯视图　WCS：俯视图　绘图平面：+X–Z（俯视图）

图 2-15　修剪轮廓线

（8）倒角　在主菜单中选择"构图"→"倒角"选项，弹出图 2-16 所示的菜单。或者在绘图工具栏中单击"倒角"按钮 ，系统弹出图 2-17 所示"倒角"下拉菜单。按照操作提示进行倒角。

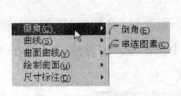

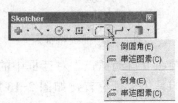

图 2-16　"倒角"菜单　　　　　　　　　　　　　图 2-17　"倒角"下拉菜单

倒角操作完成后，完成车削加工外形轮廓的粗车轮廓，如图 2-18 所示。

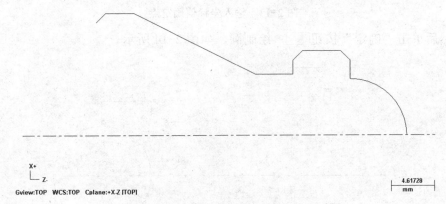

图 2-18　车削加工外形轮廓的粗车轮廓

2．建模

建模是给加工零件建立实体模型，有利于直观地检验零件的正确性，一般按下列步骤完成。

（1）完善 CAD 图　在绘图工具栏中单击"绘制任意线"按钮 ，系统弹出"直线"操作栏。补全轮廓线，使轮廓线闭合，如图 2-19 所示。

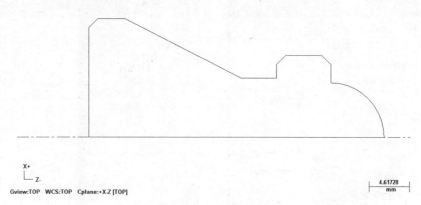

图 2-19 闭合轮廓线

（2）实体建模

1）在菜单栏中选择"实体"→"旋转实体"选项。

2）系统弹出图 2-20 所示的"串连选项"对话框。在对话框中单击按钮 ⬭⬭⬭，选择要进行旋转操作的串连曲线，选择后轮廓图素上出现箭头，如图 2-21 所示。单击对话框中的按钮 ⬄，可以改变箭头方向，单击"确定"按钮 ✓，完成串连曲线的选择。

图 2-20 "串连选项"对话框

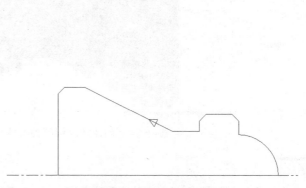

图 2-21 选择轮廓图素

3）在绘图区中选择水平线图素作为旋转轴，同时系统弹出"方向"对话框，如图 2-22 所示。在图形窗口中用箭头显示出旋转方向，可以通过该对话框来重新选取旋转轴或改变旋转方向，单击"确定"按钮 ✓，完成旋转轴的选取。

4）系统同时弹出"旋转实体的设置"对话框，如图 2-23 所示。该对话框中有"旋转"和"薄壁"两个选项卡，可以通过该对话框进行旋转参数的设置。

图 2-22 "方向"对话框

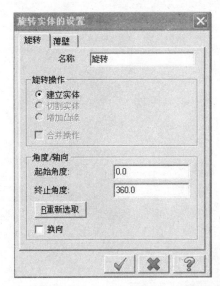 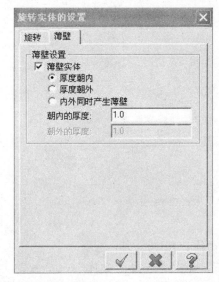

图 2-23 "旋转实体的设置"对话框

5）设置完参数后，单击"确定"按钮 ✓，完成螺纹锥度轴实体模型的创建，如图 2-24 所示。

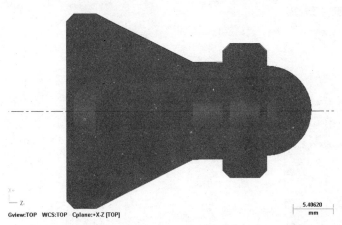

图 2-24 创建螺纹锥度轴实体模型

技巧提示

选择"旋转实体的设置"对话框中的选项时应该注意以下事项："旋转实体的设置"对话框与"实体挤出的设置"对话框相似，角度/轴向选项组用于指定旋转实体的起始角度和终止角度。其他选项的含义参见"实体挤出的设置"对话框。

2.1.2 螺纹锥度轴加工自动编程的具体操作

1. 加工工艺流程分析

零件加工前的准备包括对零件结构、精度及工序进行分析，以便制订合理的正确的工艺。

（1）零件图分析 如图 2-1 所示，该零件主要由 $\phi 26.1_{-0.03}^{0}$ mm 和 $\phi 13_{-0.05}^{0}$ mm，的两个外圆柱，长度为 13mm 的圆锥体，M18×1.5 的螺纹以及一个 R 为 $6_{-0.02}^{0}$ mm 的外圆弧组成；

（2）配合要求分析 如图 2-1 所示，该零件有几何公差要求。装配时以零件上 $\phi 26.1_{-0.03}^{0}$ mm 的圆柱面为基准面，M18×1.5 的外螺纹与内螺纹配合；加工时要求保证长度尺寸为（6.0±0.10）mm，锥度长度为（13.0±0.10）mm 及总长为（37±0.10）mm，R 为 $6_{-0.02}^{0}$ mm 的圆弧应保证其尺寸及圆弧曲率的正确。

（3）工艺分析

1）结构分析。由于零件上存在外圆弧、宽直槽、锥度、螺纹高台阶等结构，因此在加工时应考虑刚性、刀尖圆弧半径补偿、切削用量等问题，尤其重点考虑加工锥度时刀具不与螺纹圆柱发生干涉现象。

2）精度分析。在零件上有 R6mm 的外圆弧、$\phi 26.1_{-0.03}^{0}$ mm 的外圆柱及 M18×1.5 螺纹等精度尺寸；螺纹配合精度 6h 的配合长度为 8，总长保证为 37mm±0.10mm，还有垂直度、线轮廓度等几何公差；关键表面要求 Ra=1.6μm 等。因此，在加工时，不但应考虑工件的加工刚性、刀具的中心高、刀具刚性及加工工艺等问题，还要考虑刀具的锋利程度问题。

3）定位及装夹分析。由于工件毛坯材料的长度较短，因此零件采用自定心卡盘装夹，不需要顶尖（"一夹一顶"）进行定位和装夹。工件装夹时的夹紧力作用于工件上的轴向力要适中，要防止工件在加工时的松动。

4）加工工艺分析。经过以上分析，考虑到零件螺纹与宽环槽直径相差较大，形成高台阶车削加工，所以车削刀具的副偏角要大，采用啄式尖车刀，副偏角以保证刀具不碰撞螺纹外圆为准。加工顺序是首先车削加工端面；加工大直径 $\phi 26.1_{-0.03}^{0}$ mm 外圆，粗加工螺纹外圆柱直至圆锥位置处，粗、精加工圆弧；加工宽槽 $\phi 13_{-0.05}^{0}$ mm 后用啄式尖车刀精加工圆锥；其次加工螺距为 1.5mm 的螺纹；最后切断。保证零件调头车削端面的余量为 0.2mm。

（4）零件加工刀具安排 根据以上工艺分析，车削加工图 2-1 所示的螺纹锥度轴时所需的刀具安排见表 2-1。

表 2-1 刀具安排

产品名称或代号		锥度螺纹轴	零件名称	锥度螺纹轴		零件图号		HDJG-1
刀具号	刀具名称	刀具规格名称		材料	数量	刀尖半径/mm	刀杆规格（mm）	备注
T0101	外圆机夹粗车刀	刀片	WNMG040404	GC4125	1	0.4		
		刀杆	DWLNR2525M08				25×25	
T0202	外圆啄式精车刀	刀片	VNMG160202	GC4125	1	0.2		
		刀杆	MVJNR2525M08				25×25	
T0303	外圆沟槽刀	刀片	N123H2-0200-002-GM	GC4125	1	0.2		B=3mm
		刀杆	RF123H25-2525BM				25×25	
T0404	外圆螺纹刀	整体车刀	W6Mo5CrV2	GC4125	1	0.2		
							25×25	

（5）工序流程安排 根据车削加工工艺分析，加工图 2-1 所示的螺纹锥度轴时所需的工序流程安排见表 2-2。

表 2-2 加工螺纹锥度轴的工序流程安排 （单位：mm）

单位名称		产品名称及型号	零件名称	零件图号
××学院		配合零件	锥度螺纹轴	001
工序	程序编号	夹具名称	使用设备	工件材料
	Lathe-01	自定心卡盘、尾座顶尖	CK6140-A	45 钢
工步	工步内容	刀号	切削用量	备注	工序简图

工步	工步内容	刀号	切削用量	备注	工序简图
1	车端面	T0101	n=600r/min f=0.2mm/r a_p=1	三爪装夹	
2	粗车 ϕ26.1 和 M18 外圆	T0101	n=800r/min f=0.2mm/r a_p=2		
3	粗车 $R6$ 圆弧外轮廓及精车加工螺纹外径 ϕ17.9. 精车 $R6$ 圆弧	T0101	粗车 n=600r/min f=0.02mm/r a_p=1.6 精车 n=1000r/min f=0.02mm/r a_p=0.3		
4	粗、精车加工宽槽 $\phi13^{0}_{-0.05} \times 4$	T0101	粗车 n=500r/min f=0.1mm/r 精车 n=1000r/min f=0.06mm/r	B=3 外圆切槽刀	
5	精车加工圆锥体，保证公差尺寸	T0202	n=1000r/min f=0.02mm/r a_p=0.3	啄式尖车刀	

（续）

工步	工步内容	刀号	切削用量	备注	工序简图
6	粗、精车加工螺纹 M18×1.5	T0303	n=600r/min f=1.5mm/r	60°螺纹车刀	
7	切断	T0404	n=600r/min f=0.08mm/r	B=3 切断刀	
8	调头装夹 ϕ26.1 外圆，车削加工零件左端面	T0101	n=1000r/min f=0.02mm/r a_p=0.3	铜皮保护装夹，校调跳动	

注：n—工件转速；f—进给量；a_p—背吃刀量。

2．自动编程前的准备

（1）确定加工轮廓线 打开"锥度螺纹轴.mcx"文件，在 Mastercam X 绘图区下方单击"图层"按钮，系统弹出"图层管理器"对话框。选择零件轮廓线图层 1，关闭其他图素的图层，即可得到粗加工外轮廓线，如图 2-25 所示。

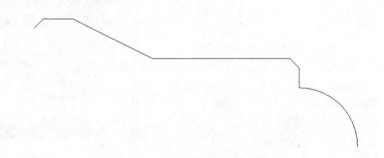

图 2-25 粗加工外轮廓线

（2）选择机床加工系统 在 Mastercam X 系统中，从菜单栏中选择"机床类型"→"车床"→"系统默认"选项，选择车床加工系统，如图 2-26 所示。也可采用系统默认的车床加工系统。

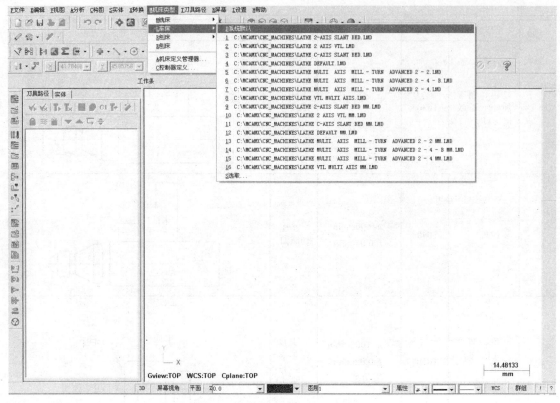

图 2-26 选择机床加工系统

（3）设置加工群组属性 在"加工群组"→"属性"列表中包含材料设置、刀具设置、文件和安全区域四项内容。文件设置一般采用默认设置，安全区域根据实际情况设定，本实例主要介绍刀具设置和材料设置。

1）打开设置对话框。选择"机床系统"→"车床"→"系统默认"选项后，在"刀具路径"管理器（见图 2-27）中弹出"加工群组 1"树节菜单，如图 2-28 所示。

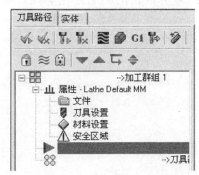

图 2-27 "刀具路径"管理器　　图 2-28 "加工群组 1"树节菜单

在"加工群组 1"→"属性"中选择"材料设置"选项，系统弹出"加工群组属性"对话框，如图 2-29 所示。

2）设置材料参数。在"加工群组属性"对话框中选择"材料设置"选项卡。在该选项卡中可以设置如下内容：

① 工件材料视角：采用默认设置 TOP 视角，如图 2-29 所示。

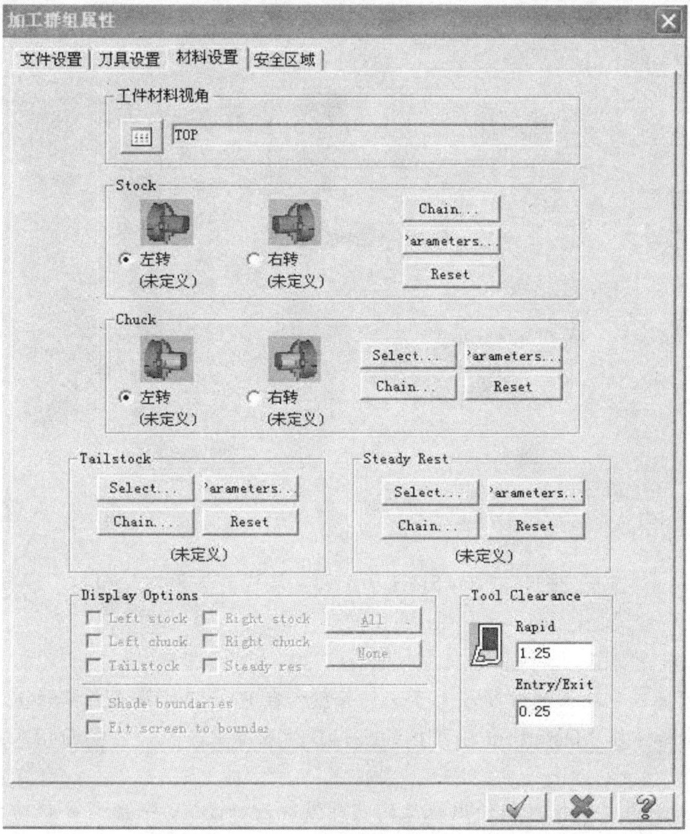

图 2-29　"加工群组属性"对话框

② 设置"Stock（素材）"选项组：在该选项组选择"左转"单选按钮，如图 2-30 所示。单击"Parameters（信息内容）"按钮，系统弹出图 2-31 所示的"Bar Stock（工件毛坯设置）"对话框。

③ 在该对话框中设置毛坯材料的形状为 ϕ 32.0mm×44.0mm。在 OD 文本框中输入 32.0mm，在"Length（长度）"文本框中输入 44.0，在"Base Z（基线 Z）"文本框中输入–6.0，选择基线在毛坯的右端面处 ○ On left face ⦿ On right face 。单击该对话框中的"确定"按钮 ，完成材料形状的设置。

④ 从"图形"选项卡的"图形"下拉列表中选择"圆柱体"选项，单击"Make from 2 points（由两点产生）"按钮，在提示下依次指定点 A（X=16，Z=44）和点 B（X=0，Z=0）来定义工件外形，设置效果如图 2-31 所示；然后单击"Bar Stock"对话框中"确定"按钮 ，返回图 2-29 所示的"加工群组属性"对话框。

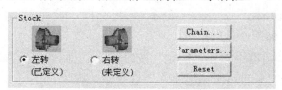

图 2-30　"Stock"（素材）选项组

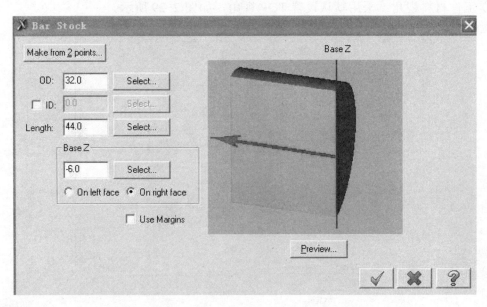

图 2-31 "Bar Stock（工件毛坯设置）"对话框

　　为了保证毛坯装夹，毛坯长度设置应大于工件长度；在 Base Z 处设置基线位置，文本框中的数值为基线的 Z 轴坐标（坐标系以 Mastercam 绘图区的坐标系为基准），左、右端面指基线放置于工件的左端面处或右端面处。

　　"左侧主轴"的判断原则要根据所使用机床的实际情况进行设置，一般斜导轨转塔式数控车床和水平导轨四方刀架数控车床的主轴转向不一样，总之要根据数控车床具体特点正确设定。

　　⑤ 在"材料设置"选项卡的"Chuck（夹爪设定）"选项组中选择"左转"单选按钮，如图 2-32 所示。

图 2-32 "Chuck（夹爪设定）"选项组

　　单击该选项组中的 Parameters 按钮，系统弹出"Chuck Jaw（机床组件夹爪的设定）"对话框，如图 2-33 所示。在"Position（夹持位置）"选项组中选择"从素材算起" From stock 复选框和"夹在最大直径处" Grip on maximum diameter 复选框，设置卡爪的形状、尺寸、位置与工件大小匹配的参数，如图 2-33 所示。

　　⑥ 在 Chuck Jaw 对话框中单击"确定"按钮，返回"加工群组属性"对话框的"材料设置"选项卡，选择"Tailstock（尾座）"选择组。在"Tailstock（尾座）"对话框中设置尾座，如图 2-34 所示。

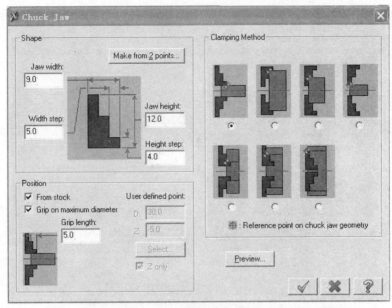

图 2-33　"Chunk Jaw（机床组件夹爪的设定）"对话框

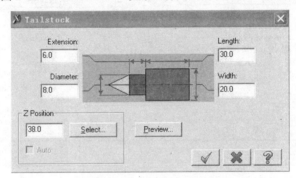

图 2-34　设置尾座

在"Steady Rest（中心架）"选项组中设置中心架，如图 2-35 所示。在此实例加工中不需要尾座和中心架工艺辅助点，所以无须设置。

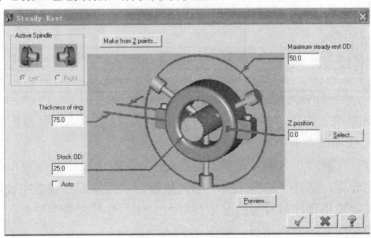

图 2-35　设置中心架

在"Display Options（显示选项）"选项组中设置图 2-36 所示的显示选项。

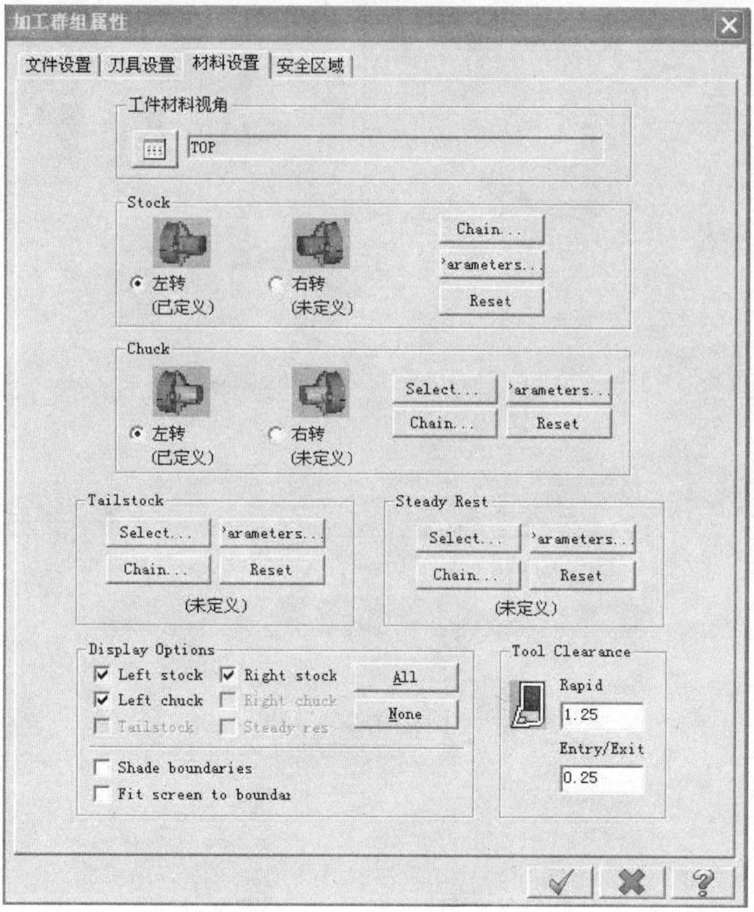

图 2-36　设置显示选项

技巧提示 〇 --

"Display Options（显示选项）"中各选项的含义如下：

选项	含义	选项	含义	选项	含义	选项	含义
Left stock	左侧素材	Right Stock	右侧夹头	Left ckuck	左侧夹头	Right ckuck	右侧夹头
Tailstock	尾座	Steady res	中心架	Shade bonudaries	设置范围着色	Fit screen to bonudar	显示适度化范围

3）设置刀具参数。在图 2-36 "加工群组属性"对话框中选择"刀具设置"选项卡，如图 2-37 所示。在该选项卡中可以设置如下内容：

① 程序编号：在此"程序编号"文本框中输入 1，输出程序名称为 0001。

② 进给率的计算：选择"来自刀具"单选按钮，系统从刀具参数中获取进给速度。

③ 行号：设定输出程序时行号的起始行号为 10.0，行号增量为 2.0。

④ 其他参数采用系统默认设置，如图 2-37 所示。

设置完成后，单击该对话框中的"确定"按钮 ☑ 。完成实例零件的工件毛坯和夹爪的设置，如图 2-38 所示。

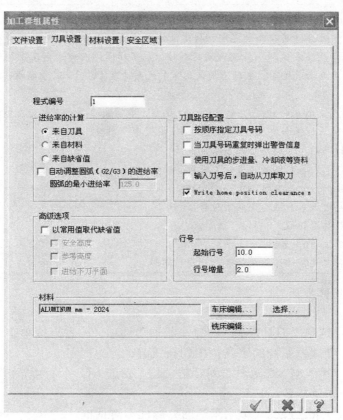

图 2-37　"刀具设置"选项卡

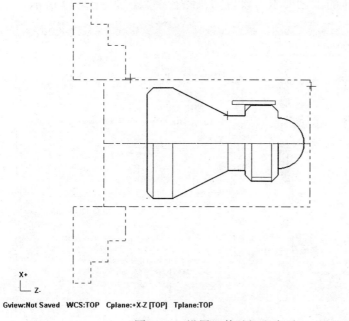

图 2-38　设置工件毛坯和夹爪

加工技巧 Q

切削速度和进给率的确定。

"车床材料定义"对话框可以为新毛坯材料定义切削速度和进给率，并改变现存毛坯材料的速度和进给率。当定义一种新程序或编辑一种现存的材料时，你必须懂得在普通车床上操作的基本知识，才能正确定义材料的切削速度和进给率，主轴速度使用常数表面速度（CSS）用于编程，刀具的切削速度总是保持不变。

除钻削和车螺纹外，都用转速/每分钟（r/min）编程，车螺纹进给率不包括在材料定义中，必须用螺纹车刀定义。当调整缺省材料和定义新材料时，必须设置下列参数：

① 设置使用该材料的所有操作和基本切削速度。

② 设置每种操作形式基本切削速度的百分率。

③ 设置所有刀具形式的基本进给率。

④ 设置每种刀具形式基本进给率的百分率。

⑤ 选用加工材料的刀具形式和材料。

⑥ 设定已定的单位（in、mm、m）。

⑦ 对"车床材料定义"对话框中的各选项进行解释。

3. 自动编程具体步骤

（1）车端面

1）在菜单栏中选择"刀具路径"→"车端面"选项，或者直接单击 Mastercam X 操作界面"刀具路径"管理器左侧的工具栏中的按钮 **III** 。

2）系统弹出"输入新 NC 名称"对话框。输入新的 NC 名称为"车削加工综合实例一锥度螺纹轴"，单击"确定"按钮 ✓ 。

3）系统弹出"Lathe Face（车床车端面）属性"对话框。

① 在"Toolpath parameters（刀具路径参数）"选项卡的列表框中选择 T0101 外圆车刀，并按照以上工艺分析的工艺要求，设置刀具路径参数，如图 2-39 所示。

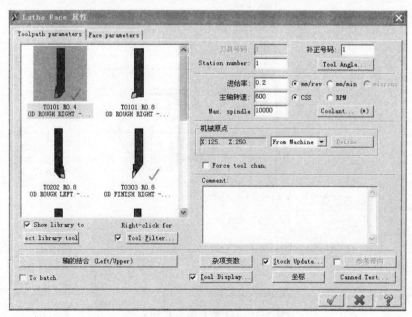

图 2-39　选择车刀和设置刀具路径参数

② Toolpath parameters 选项卡中部分选项的含义如下：

选项	含义	选项	含义
Select library tool	选择库中刀具	☑ Tool Filter...	设置刀具
☑ Stock Update...	素材更新	☑ Tool Display...	刀具显示
Canned Text...	插入指令		

4）设置"Face parameters（车端面参数）"选项卡。

① 在图 2-39 中选择"Face parameters（车端面参数）"选项卡，在选项卡中设置"Stock to leave（预留量）"为 0，根据工艺要求设置车端面的其他参数，并在选项卡中选择"Select Points（选点）"单选按钮，如图 2-40 所示。

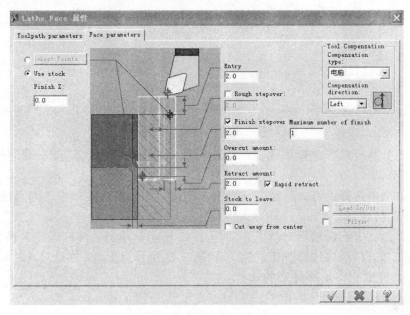

图 2-40　设置车端面的参数

② Face parameters 选项卡中部分选项的含义如下：

选项	含义	选项	含义
Entry 2.0	进刀时距工件的距离	☐ Rough stepover: 2.0	粗车端面宽度
☑ Finish stepover 2.0	精车步进量	Maximum number of finish 1	精车次数
Overcut amount: 0.0	X 方向过切量	Retract amount: 2.0 ☑	回缩量
☑ Rapid retract	快速提刀	Stock to leave: 0.0	精车预留量
☐ Cut away from center	由中心线向外车削	☐ Lead In/Out...	进/退刀向量
☐ Filter...	过滤		

5）在绘图区中分别选择车削端面区域对角线的两点坐标来定义，确定后返回 Face parameters 选项卡。

6）在"Lathe Face 属性"对话框中单击"确定"按钮 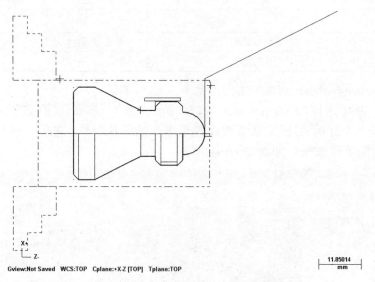，完成车端面刀具路径的创建，如图 2-41 所示。

图 2-41　创建车端面的刀具路径

7）在"刀具路径"管理器中选择车端面操作，单击按钮 ≋，隐藏车端面的刀具路径。

（2）粗车外圆

1）在菜单栏中选择"刀具路径"→"粗车"选项，或者直接单击"刀具路径"管理器左侧工具栏中的按钮 。

2）系统弹出"串连选项"对话框，如图 2-42 所示。单击"部分串连"按钮，并选择"等待"复选框，按顺序选择加工轮廓，如图 2-43 所示。在"串连选项"对话框单击"确定"按钮，完成粗车轮廓外形的选择。

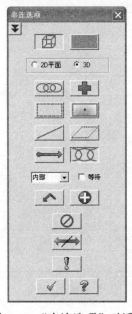

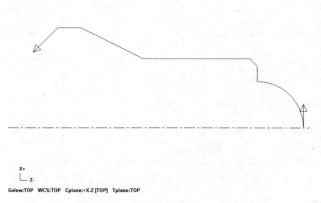

图 2-42　"串连选项"对话框　　　　　图 2-43　粗车轮廓外形的选择

3）系统弹出"Lathe Quick Rough（车床粗加工）属性"对话框。

① 在"Quick tool parameters（刀具参数）"选项卡中选择 T0101 外圆车刀，并根据工艺分析要求，设置相应的进给率和主轴转速等参数，如图 2-44 所示。

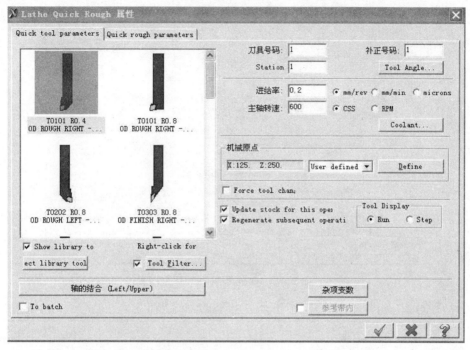

图 2-44　"Quick tool parameters（刀具参数）"选项卡

② 根据零件外形选取刀具，如果没有合适的刀具，可双击相似刀具，进入图 2-45 所示"Define Tool（刀具设置）"对话框，根据需要自行设置刀具。

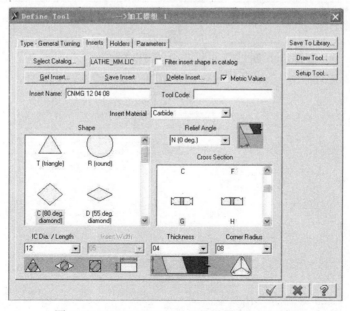

图 2-45　"Define Tool（刀具设置）"对话框

4）在图 2-44 中选择"Quick rough parameters（粗车参数）"选项卡。

① 根据工艺分析，设置图 2-46 所示外圆粗车参数。

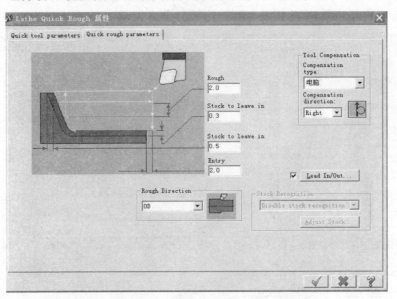

图 2-46 设置外圆粗车参数

② Quick rough parameters 选项卡中部分选项的含义如下：

选项	含义	选项	含义
Rough 2.0	粗车被吃刀量	Stock Recognition Disable stock recognition ▼	素材（材料）识别
Stock to leave in 0.2	精车预留量	Tool Compensation Compensation type: 电脑 ▼	刀具补偿形式
Rough Direction OD ▼	粗车外圆/内圆	Compensation direction: Right ▼	刀具补偿方向

5）在"Lathe Quick Rough 属性"对话框中单击"确定"按钮 ✓，完成粗车外圆刀具路径的创建如图 2-47 所示。

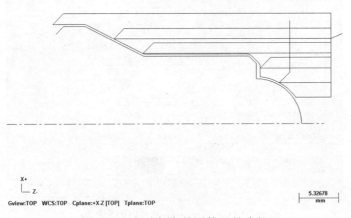

图 2-47 创建粗车外圆的刀具路径

6）在"刀具路径"管理器中选择该粗车操作，单击按钮 ≋，隐藏车削外圆的刀具路径。

（3）车削宽槽

1）在菜单栏中选择"刀具路径"→"径向车槽"选项，或者直接单击"刀具路径"管理器左侧工具栏中的按钮 ⊞。

2）系统弹出"Grooving Options（选择切槽方式）"对话框，如图 2-48 所示。

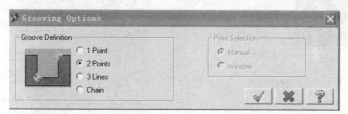

图 2-48 "Grooving Options（选择切槽方式）"对话框

选择"2points（两点方式）"单选按钮，在 Grooving Options 对话框中单击"确定"按钮 ✓，完成切槽方式的选择。

在零件图车削加工轮廓线中依次选择车削槽区域的对角线的点，按 Enter 键。

3）系统弹出"车床开槽 属性"对话框，如图 2-49 所示。在 Toolpath parameters 选项卡中选择 T2323 外圆车刀，并根据工艺分析要求设置相应的进给率为 0.1mm/r、主轴转速为 400r/min、Max. spindle（最大主轴转速）为 1000r/min 等。

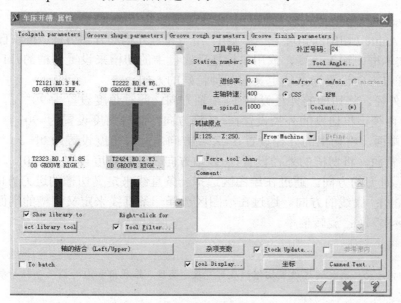

图 2-49 "车床开槽 属性"对话框

技巧提示

切槽的加工速度一般比车削外圆的小，一般为正常外圆加工速度的 2/3 左右。进给率一般选择 mm/rev（mm/r）。

4）在图 2-49 中选择"Groove shape parameters（径向车削外形）"选项卡。

① 根据工艺分析要求设置图 2-50 所示径向车削外形参数。

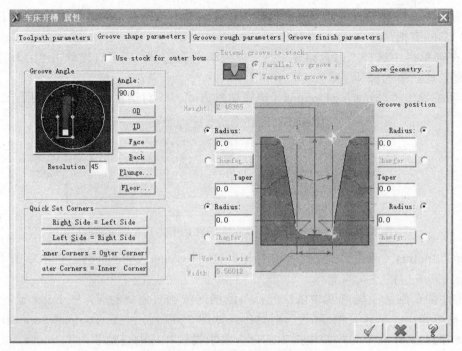

图 2-50 设置径向车削外形参数

② Groove shape parameters 选项卡中部分选项的含义如下：

"Groove Angle（切削的角度）"选项组：用于设置开槽的开口方向。可以直接在"Angle（角度）"文本框中输入角度，或用鼠标拖动圆盘中的切槽来设置切槽的开口方向，也可以将切槽的开口方向设置为系统定义的几种特殊的方向：

OD：外径。将切槽的外径设置在-X轴方向，此时角度设置为90°。

ID：内径。将切槽的外径设置在+X轴方向，此时角度设置为-90°。

Face：端面。将切槽的外径设置在-Z轴方向，此时角度设置为0°。

Back：背面。将切槽的外径设置在+Z轴方向，此时角度设置为180°。

Plunge...：进刀的方向。通过在绘图区选择一条直线来定义切槽的进刀方向。

Floor...：底线的方向。通过在绘图区选择一条直线来定义切槽的端面方向。

Resolution 45：旋转倍率。

技巧提示

1）定义切槽外形：系统通过设置切槽的底部宽度、高度、锥底角和内外圆角半径等参数来定义切槽的形状。

2）当采用"Chain（串连）"选项来选择加工模型时，不需要进行切槽外形设置；当采用"2点"和"3Lines"选项来选择加工模型时，不需要设置切槽宽度和高度。

3）Groove shape parameters 选项卡中的"Quick Set Corners（快速设定角落）"选项组用于快速设置切槽形状的参数：

Right Side = Left Side：右侧=左侧，系统将切槽右侧的参数设置为左侧的参数；

Left Side = Right Side：左侧=右侧，系统将切槽左侧的参数设置为右侧的参数；

Inner Corners = Outer Corner：内角=外角，系统将切槽内角的参数设置为外角的参数；

Outer Corners = Inner Corner：外角=内角，系统将切槽外角的参数设置为内角的参数；

4）其他区域参数：

☑ Use stock for outer bou：使用素材作为外边界。

Extend groove to stock：延伸切槽到素材边界。

⊙ Parallel to groove：与切槽的角度平行。

○ Tangent to groove wa：与切槽的壁边相切。

Show Geometry...：观看图形。

5）在"车床开槽属性"对话框中选择"Groove rough parameters（径向粗车参数）"选项卡。

① 根据工艺分析要求，设置图 2-51 所示切槽径向粗车参数。当选择"Rough the groove（粗车切槽）"复选框后，则可生成切槽粗车刀具路径，否则将仅进行精车切槽加工。由于采用 Chain 选项定义加工模型时仅能进行粗加工，所以这时必须选择该复选框。

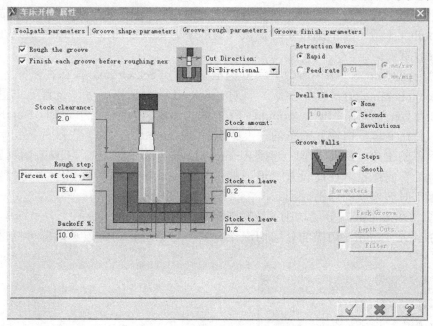

图 2-51　设置切槽径向粗车参数

② Groove rough parameters 选项卡中部分选项的含义如下：

切槽径向粗车参数主要包括切槽方向、进刀量、提刀速度、槽底停留时间、斜壁加工方式、啄式参数及深度参数。

"Cut Direction（切削方向）"：其下拉列表用于选择切槽粗车加工时的走刀方向。当选择"Positive（正数）"选项时，刀具从切槽的左侧开始并沿+Z 方向移动；当选择"Negative（负数）"选项时，刀具从切槽的左侧开始并沿−Z 方向移动；当选择"Bi-Directional（双向）"选项时，刀具从切槽的中间开始并以双向车削方式进行加工。

"Stock clearance（素材的安全间隙）"：指刀具与工件间的安全距离。

"Rough step（粗切量）"：其下拉列表用于选择定义进刀量。当选择"Number of steps（次数）"选项时，通过指定的车削次数来计算进刀量；当选择"Step amount（步进量）"选项时，直接指定进刀量；当选择"Percent of tool width（刀具宽度的百分比）"选项时，将进刀量定义为指定的刀具宽度百分比。

"Backoff%提刀偏移"：指提刀时沿轴线方向负向的车刀移动距离。

"Stock amount（切槽上的素材）"：指高于槽上方的毛坯材料。

"Stock to leave（预留量）"：指精加工时留有的加工余量。

"Retraction Moves（退刀移动方式）"：此选项用于设置加工中提刀的速度。当选择"Rapid（快速移动）"单选按钮时采用快速提刀；当选择"Feed rate（进给率）"单选钮时按指定的速度提刀。当进行倾斜凹槽加工时，建议采用指定的速度提刀方式。

"Dwell Time（暂停时间）"：此选项组用于设置每次粗车加工时在凹槽底部刀具停留的时间。当选择"None（无）"单选钮时，刀具在凹槽底不停留；当选择"Seconds（秒数）"单选钮时，刀具在凹槽底停留指定的时间；当选择"Revolutions（转数）"单选按钮时，刀具在凹槽底停留指定的转数时间。

"Groove Walls（槽壁）"：此选项组用于设置当切槽侧壁为倾斜时的加工方式。当选择"Steps（步进）"单选按钮时，按设置的下刀量进行加工，这时将在侧壁形成台阶；当选择"Smooth（平滑）"单选按钮时，按设置的下刀量进行加工，可以对刀具在侧壁的走刀方式进行设置。

选择"Feck Groove（啄车参数）"复选框并单击 Feck Groove 按钮，系统弹出图 2-52 所示的"Peck Parameters（啄车参数）"对话框。在该对话框中可以设置啄车量的计算、退刀移位和暂停时间。在"Peck Amount（啄车量的计算）"选项组中选择"Depth（深度）"单选按钮，并在文本框中输入啄车的深度；选择"Number（次数）"单选按钮，并在文本框中输入啄车的次数；如果啄车时选择 Retract Moves，选项组中的"Use retract moves（使用退刀移位）"复选框，在此设置"退刀移位"的坐标形式；"Dwell（暂时停留时间）"用于设置啄车时在槽底的停留时间。

当选择"Depth Cuts（分层切削）"复选框时，单击 Depth Cuts 按钮，系统弹出图 2-53 所示的"Groove Depth（切槽的分层切深设定）"对话框。利用该对话框可以进行深度参数设置。

图 2-52　"Peck Parameters（啄车参数）"对话框

图 2-53　"Groove Depth（切槽的分层切深设定）"对话框

深度参数设置中包括加工深度设置、深度间的移动方式以及退刀至素材的安全间隙的设置。定义每次加工深度的加工方式有两种：①Depth per pass（每次的切削深度）；②Number of passes（切削次数）。

当选择 Depth per pass 单选按钮时，可直接指定每次的加工深度；当选择 Number of passes 单选按钮时，通过指定加工次数，由系统根据凹槽深度自动计算出每次的切削深度。

"Move Between Depths（深度间的移动方式）"有"Zigzag（双向）"和"Same direction（同向）"两种。"Retract To Stock Clearance（退刀至素材的安全间隙）"选项组用于指定编程时使用"Absolute（绝对坐标）"还是"Incremental（相对坐标）"。

当选择"Filter（程式过滤）"复选框时，可在此设置程式过滤。

6）在"车床开槽 属性"对话框选择"Groove finish parameters（径向精车参数）"选项卡，根据工艺分析要求，设置图 2-54 所示切槽径向精车参数。

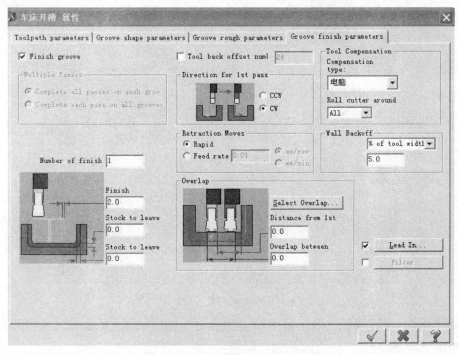

图 2-54　设置切槽径向精车参数

切槽径向精车参数可通过图 2-54 所示的"径向精车参数"选项卡来设置。当选择"Finish groove（精车切槽）"复选框后，系统可按设置的参数生成切削切槽精车的刀具路径。

切槽径向精车参数设置中包括加工顺序、第一次加工方向及进刀刀具路径的设置。

"Multiple Passes（分次切削的设定）"选项组用于设置同时加工多个凹槽且进行多次精车车削时的加工顺序。当选择"Complete all passes on each grooves（完成该槽的所有切削才执行下一个）"单选按钮时，先进行一个凹槽的所有精车加工，再完成下一个凹槽的所有精车加工；当选择"Complete each passes on all grooves（同时执行每个操的切削）"单选按钮时，按层次依次进行每一个凹槽的精车加工。

在"Number of finish（精车次数）"文本框中设置精加工次数；在"Finish（精车步进

量）"文本框中设置精加工深度；在 Stock to leave 文本框中设置为下次加工留出的 X、Z方向余量。

"Direction for 1st pass（第一刀切削方向）"选项组用于设置第一次加工的方向，可以选择为"CCW（逆时针）"或"CW（顺时针）方向"。

在 Retraction Moves 中设置退刀方式，采用 Rapid 或按照 Feed rate 退刀。

在"Overlap（重叠量）"选项组中设置与第一角落的重叠量。

"Wall Backoff（退刀前离开槽壁的距离）"通过两种方式设定，按照"% of tool width（刀具宽度的百分比）"或直接在文本框中设定的距离大小。

选择"Lead In（进刀向量）"复选框后，单击 Lead In 按钮，系统弹出图 2-55 所示的"Lead In（输入）"对话框。在此对话框中设置每次精车加工前添加的进刀刀具路径。其设置方法与粗车方法中进刀/退刀刀具路径的设置方法相同，在此不赘述。

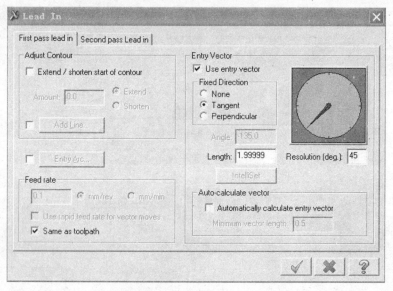

图 2-55　"Lead In（输入）"对话框

7）在"车床开槽 属性"对话框中单击"确定"按钮，完成车削宽槽刀具路径的创建，如图 2-56 所示。

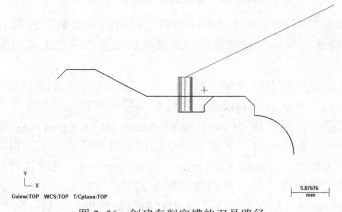

图 2-56　创建车削宽槽的刀具路径

8）在"刀具路径"管理器中选择该精车操作，单击按钮≋，隐藏车削宽槽的刀具路径。

（4）精车外圆锥体

1）在菜单栏中选择"刀具路径"→"精车"选项，或者直接单击"刀具路径"管理器左侧工具栏中的按钮⬒。

2）系统弹出图 2-57 所示"串连选项"对话框。单击"部分串连"按钮⬚⬚，并选择"等待"复选框。

按加工顺序指定加工轮廓，如图 2-58 所示。在"串连选项"对话框单击"确定"按钮☑，完成精车轮廓外形的选择。

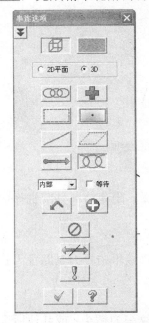

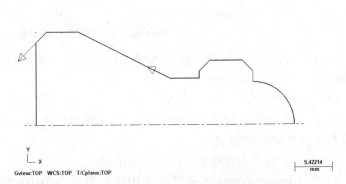

图 2-57　"串连选项"对话框　　　　　　　图 2-58　指定加工轮廓

3）系统弹出"车床精加工 属性"对话框，如图 2-59 所示。

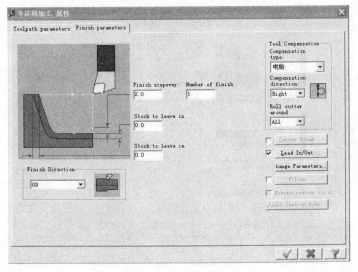

图 2-59　设置精车参数

4）在 tool path parameters 选项卡中选择 T0303 外圆车刀，并工艺要求设置相应的进给率、主轴转速、最大主轴转速等。

在"Finish parameters（精车参数）"选项卡中，根据工艺要求设置图 2-59 所示精车参数。

5）在"车床 精车 属性"对话框中单击"确定"按钮 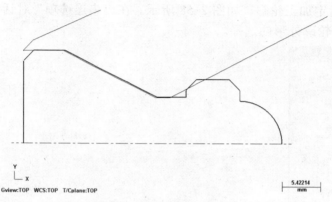，完成精车刀具路径的创建，如图 2-60 所示。

图 2-60　创建精车刀具路径

6）在"刀具路径"管理器中选择该精车操作，单击按钮 ≋，隐藏精车外圆锥体的刀具路径。

（5）车螺纹

1）在菜单栏中选择"刀具路径"→"车螺纹"选项，或者直接单击"刀具路径"管理器左侧工具栏中的按钮 。

2）系统弹出"车床螺纹 属性"对话框。

3）在 Toolpath parameters 选项卡中选择刀号为 T0101 的螺纹车刀钻头（或其他适合螺纹丝锥），并根据车床设备情况及工艺分析，设置相应的主轴转速和 Max. spindle 等，如图 2-61 所示。

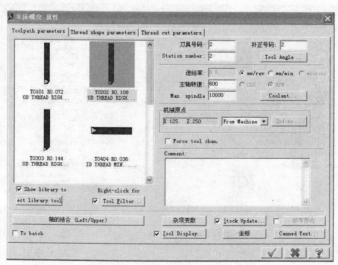

图 2-61　设置刀具路径参数

选择"Thread shape parameters（螺纹形状参数）"选项卡，如图 2-62 所示。

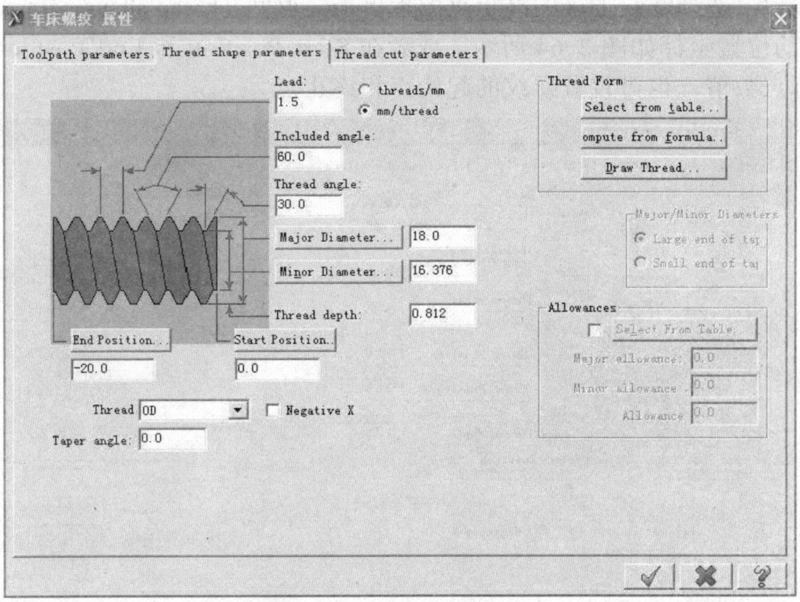

图 2-62 "Thread shape parameters（螺纹形状参数）"选项卡

① 单击"Thread Form（螺纹形式）"选项组中的"Select from table（由表单选择）"按钮，系统弹出"Thread Table（螺纹的表单）"对话框。在该对话框的指定螺纹螺纹表单列表框中根据工艺要求设置图 2-63 所示的螺纹螺距、公称直径及螺纹底径等规格参数。

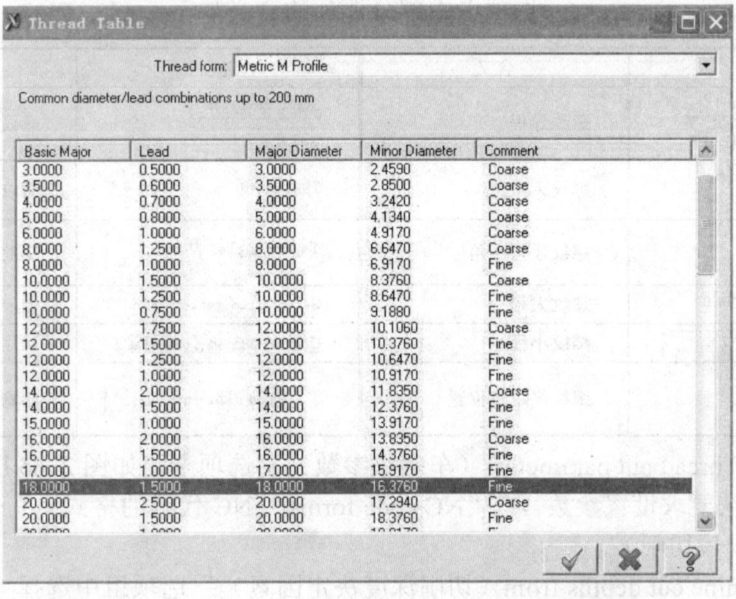

图 2-63 在"Thread Table（螺纹的表单）"中设置参数

单击"确定"按钮 ，退出 Thread Table 对话框，返回 Thread shape parameters 选项卡。

② 在 Thread shape parameters 选项卡中单击"Start Position（起始点位置）"按钮，系统返回绘图窗口；选择螺纹加工的起始点图素单击，返回 Thread shape parameters 选项卡，

Start Position 的位置坐标如图 2-62 所示。再单击 "End Position（终止点位置）" 按钮，系统返回绘图窗口；选择螺纹加工的终止点图素单击，返回 Thread shape parameters 选项卡，End Position 的位置坐标如图 2-64 所示。或者在 Start Position 和 End Position 相应的文本框中输入坐标点数值，也可设置螺纹的起始点和终止点。

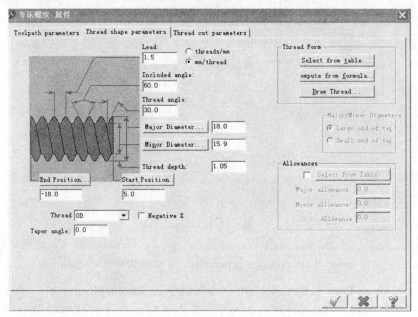

图 2-64　选择螺纹起始点和终止点的位置

③ Thread shape parameters 选项卡中部分选项的含义如下：

选项	含义	选项	含义
Lead: 1.5 ○threads/mm ●mm/thread	螺纹导程	Start Position. 30.0	螺纹起始点位置
Included angle: 60.0	螺纹牙型角	Thread OD ▼	螺纹类型
Thread angle: 30.0	螺纹牙型半角	Taper angle: 0.0	螺纹锥度角
Major Diameter... 18.0	螺纹大径	Select from table...	由表单选择
Minor Diameter... 15.8	螺纹小径	Compute from formula...	运用公式计算
End Position... 20.0	螺纹终止点位置	Draw Thread...	绘制螺纹图形

4）选择 "Thread cut parameters（车螺纹参数）" 选项卡，如图 2-65 所示。

① 根据工艺要求设置参数。在 "NC code format（NC 代码的格式）" 下拉列表中选择 "Longhand（一般切削）"。

在 "Determine cut depths from（切削深度决定因素）" 选项组中选择 "Equal area（相等切削量）" 单选按钮。

在 "Determine number of cuts from（切削次数决定因素）" 选项组中选择 "Number of cuts（切削次数）" 单选按钮，并在其文本框中输入切削次数为 5。"Stock clearance（素材的安全距离）" 设为 5.0；"Overcut（退刀延伸量）" 设为 3.0；"Anticipated（进刀加

速距离）"设为 0；"Acceleration（退刀加速距离）"设为 5；"Lead-in（进刀角度）"设为 29.0；其他采用默认设置。

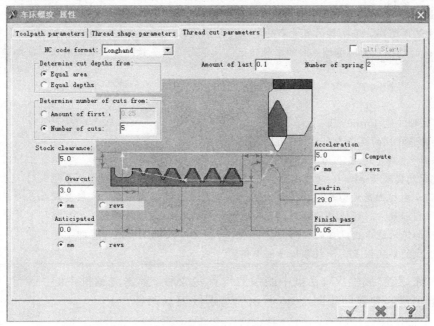

图 2-65　"Thread cut parameters（车螺纹参数）"选项卡

② Thread cut parameters 选项卡中部分选项的含义如下：

选项	含义
Determine cut depths from:	切削深度决定因素
Equal area	相等切削量
Equal depths	相等深度
Determine number of cuts from:	切削次数决定因素
Amount of first 0.25	第一次切削量
Number of cuts: 5	切削次数
Stock clearance: 2.0	素材的安全距离
Overcut: 0.0	退刀延伸量
Anticipated 0.0	预先进刀加速距离
Acceleration 10.0 Compute mm revs	退刀加速距离
Lead-in 29.0	进刀角度
Finish pass 0.05	精车削预留量
Amount of last 0.1	最后一刀的切削量
Number of spring 2	最后深度的精车次数

加工技巧

为保证数控车床上车螺纹的顺利进行，车螺纹时的主轴转速必须满足一定的要求。

1）数控车床车螺纹必须通过主轴的同步运行功能实现，即车螺纹需要有主轴脉冲发生器（编码器）。当其主轴转速选择过高、编码器的质量不稳定时，会导致工件螺纹产生乱纹（俗称"烂牙"）。

对于不同的数控系统，推荐不同的主轴转速选择范围。大多数经济型数控车床车削加工螺纹时的主轴转速如下：

$$n \leqslant \frac{1000}{P} - K$$

式中　n——主轴转速（r/min）；

　　　P——工件螺纹的螺距或导程（mm）；

　　　K——保险系数，一般取为 80。

2）车螺纹的提前量 $\delta 1$ 和退刀量 $\delta 2$。为保证螺纹车削加工零件的正确性，车螺纹时必须要有一个提前量。螺纹的车削加工是成型车削加工，切削进给量大，刀具强度较差，一般要求分多次进给加工。刀具在其位移过程的始点、终点将受到伺服驱动系统升速、降速频率和数控装置插补运算速度的约束。所以，在螺纹加工轨迹中应设置足够的提前量（即升速进刀段 $\delta 1$）和退刀量即（降速退刀段 $\delta 2$），以消除伺服滞后造成的螺距误差。一般在程序段中指定。

5）"车床螺纹　属性"对话框中的参数设置完成后，单击对话框中的"确定"按钮，系统按照所设置的参数创建图 2-66 所示的车螺纹刀具路径。

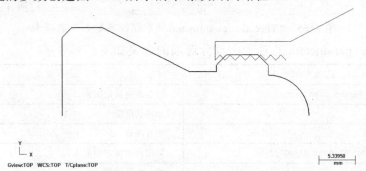

图 2-66　创建车螺纹的刀具路径

6）在"刀具路径"管理器中选择该操作，单击按钮 ≋，隐藏车螺纹的刀具路径。

（6）工件切断　工件切断和上述车削宽槽的工序操作步骤是一样的，所不同的是切断的深度等于零件的半径，而切槽的深度要适当。

1）在菜单栏中选择"刀具路径"→"径向车槽"选项，或者直接单击"刀具路径"管理器左侧工具栏中的按钮 ▥；也可以在菜单栏中选择"刀具路径"→"切断"命令，或者直接单击"刀具路径"管理器左侧工具栏中的按钮 ▥。这里介绍按钮 ▥ 的使用方法。

2）系统弹出 Grooving Options 对话框，如图 2-67 所示。

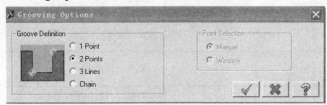

图 2-67　Grooving Options 对话框

选择"2points"单选按钮，在"Grooving Options"对话框中单击"确定"按钮 ☑，完成切槽方式的选择。

在弹出的车削加工轮廓线中依次单击车削槽区域的对角线的点，加工区域加工直径设置为零，按 Enter 键。

3）系统弹出"车床开槽 属性"对话框，如图 2-68 所示。

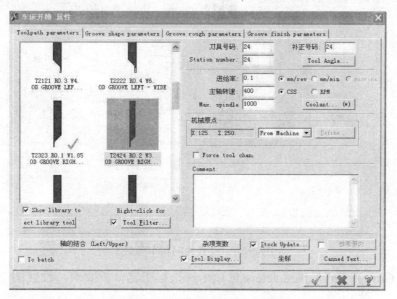

图 2-68　"车床开槽 属性"对话框

在 Toolpath parameters 选项卡中选择 T2323 外圆车刀，并根据工艺分析要求设置相应的进给率为 0.1mm/r、主轴转速为 400r/min、最大主轴转速为 1000r/min 等，如图 2-68 所示。

4）在图 2-68 中选择 Groove shape parameters 选项卡，根据工艺分析要求，设置图 2-69 所示的径向车削外形参数。

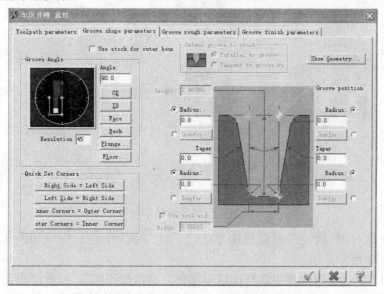

图 2-69　设置径向车削外形参数

5）选择 Groove rough parameters 选项卡，根据工艺分析要求，设置图 2-70 所示的径向粗车参数。

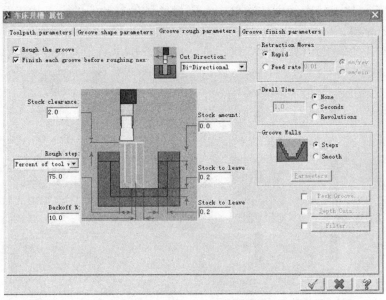

图 2-70　设置径向粗车参数

6）选择 Groove finish parameters 选项卡，根据工艺分析要求，设置图 2-71 所示径向精车参数。

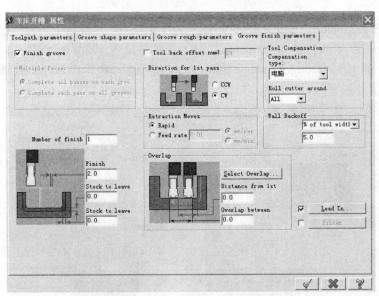

图 2-71　设置径向精车参数

7）在"车床开槽 属性"对话框中单击"确定"按钮 ☑ ，完成切断工件刀具路径的创建，如图 2-72 所示。

8）在"刀具路径"管理器中选择该精车操作，单击按钮 ≋ ，隐藏切断工件的刀具路径。

9）选取所有操作，再次单击按钮 ≋ ，所有刀具路径就被显示，如图 2-73 所示。

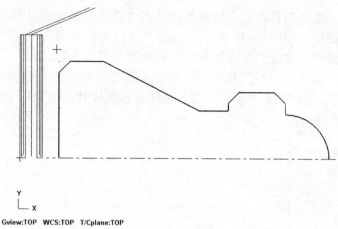

Gview:TOP　WCS:TOP　T/Cplane:TOP

图 2-72　创建切断工件的刀具路径

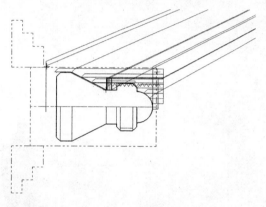

图 2-73　所有加工操作步骤的刀具路径

10）调头装夹 ϕ26.1 外圆，铜皮保护装夹，校调跳动，车削加工零件左端面，保证总长。其操作与（1）车削端面相似。

4．实体验证车削加工模拟

（1）打开工具栏　在"刀具路径"管理器中单击"选择所有的操作"按钮 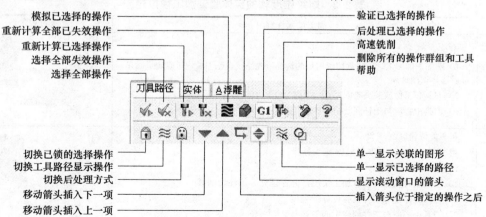，激活"刀具路径"管理器工具栏，选择所有的加工操作，如图 2-74 所示。

模拟已选择的操作
重新计算全部已失效操作
重新计算已选择操作
选择全部失效操作
选择全部操作

验证已选择的操作
后处理已选择的操作
高速铣削
删除所有的操作群组和工具
帮助

刀具路径　实体　浮雕

切换已锁的选择操作
切换工具路径显示操作
切换后处理方式
移动箭头插入下一项
移动箭头插入上一项

单一显示关联的图形
单一显示已选择的路径
显示滚动窗口的箭头
插入箭头位于指定的操作之后

图 2-74　"刀具路径"管理器工具栏

（2）选择操作　在"刀具路径"管理器中单击"验证已选择的操作"按钮，系统弹出"实体验证"对话框，如图 2-75 所示。选择"模拟刀具及刀头"按钮，并设置加工模拟的其他参数，如可以设置"停止控制"选项为"撞刀停止"。

（3）实体验证　单击"开始"按钮，系统开始实体验证加工模拟。每道工步的刀具路径被动态显示出来。图 2-76 所示为以等角视图显示的实体验证车削加工模拟的结果。

图 2-75　"实体验证"对话框

图 2-76　实体验证车削加工模拟的结果（螺纹锥度轴）

（4）实体验证加工模拟分段注解　螺纹锥度轴的实体验证加工模拟过程见表 2-3。

表 2-3　螺纹锥度轴的实体验证加工模拟过程

序号	加工过程注解	加工过程示意
1	车端面 　1）端面车削加工时应注意切削用量的选择，先确定背吃刀量，再确定进给量，最后选择切削速度 　2）刀具和工件应装夹牢固 　3）刀具中心应与工件回转中心严格等高	
2	粗车外圆轮廓 　粗车 $\phi26.1$mm、圆锥和 M18 螺纹外圆 　注意： 　1）粗加工时应随时注意加工情况，并保证充分加注切削液 　2）刀具应保持锋利并具有良好的强度 　3）刀具中心应与工件回转中心等高 　4）刀具切削部分的对称中心应与主轴线垂直	

（续）

序号	加工过程注解	加工过程示意
3	粗车加工 $R6mm$ 圆弧，精车加工 $R6mm$ 圆弧及 M18 螺纹外圆 1）粗加工时应随时注意加工情况，并保证充分加注切削液 2）精车加工时刀具应保持锋利并具有良好的强度 3）刀具中心应与工件回转中心严格等高，防止圆弧几何公差超差 4）刀具车削主偏角大于 90°，刀尖圆弧半径要进行正确补偿，防止圆弧尺寸公差超差	
4	加工宽槽 $\phi 13_{-0.05}^{0}$ mm 1）切槽前，刀具切削部分的对称中心应与主轴轴线垂直 2）刀具中心应与工件回转中心等高 3）在满足加工要求的情况下，刀具伸出的有效距离应大于工件半径 3～5mm 4）刀具切削刃应保持锋利，切削用量应根据加工情况合理调整 5）加工至槽底时，应有短暂的停顿以保证槽底表面粗糙度和圆柱度的要求	
5	精加工圆锥体 为了保证圆锥体的公差尺寸，应注意： 1）精加工时选择较大的切削速度、合适的进给量 2）刀具应保持锋利，并且带有修光刃和较小的刀尖圆弧 3）刀具中心应与工件回转中心等高，保证圆锥体母线平直	
6	车削螺纹 M18×1.5 1）粗加工时应注意加工情况并合理分配加工余量，保证充分加注切削液 2）进行切削时刀具的应在起点前 4～5mm 处 3）刀具应保持锋利并具有良好的强度，保证牙型两侧的平整度和表面粗糙度 4）刀具中心应与工件回转中心等高，防止加工时出现"扎刀"现象 5）为了保证正确的"牙型"，刀具切削部分 60° 刀尖角的对称中心应与主轴轴线垂直	
7	切断工件 1）装刀时刀具切削部分的对称中心应与主轴轴线垂直 2）刀具中心应与工件回转中心严格等高 3）在满足加工要求的情况下，刀具伸出的有效距离应大于工件半径 3～5mm 4）切断时，加工达到 6mm 左右，退刀使切屑排出	
8	调头装夹 $\phi 26.1mm$ 处，车削左端面 注意： 1）工件找正时，应将找正精度控制在 0.02mm 的范围内 2）刀具和工件应装夹牢固 3）为避免端面不平，刀具中心应与工件回转中心严格等高	

5. 后处理形成 NC 文件，通过 RS232 接口传输至机床储存

（1）打开对话框　在"刀具路径"管理器中单击"后处理程序"按钮 G1，系统弹出图 2-77 所示的"后处理程式"对话框。

（2）设置参数　选择对话框中的"NC 文件"复选框，"NC 文件的扩展名"设为".NC"，其他参数按照默认设置，单击"确定"按钮 ✓，系统弹出图 2-78 所示的"另存为"对话框。

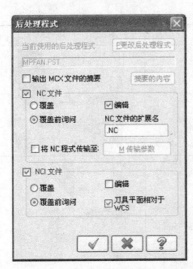
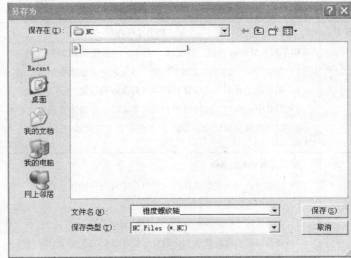

图 2-77 "后处理程式"对话框   图 2-78 "另存为"对话框

（3）生成程序 在图 2-78 所示的"另存为"对话框中的"文件名"文本框中输入程序名称，在此使用"锥度螺纹轴"，给创建的零件文件输入文件名后，完成文件名的设置。单击按钮 保存(S) ，生成 NC 程序，如图 2-79 所示。

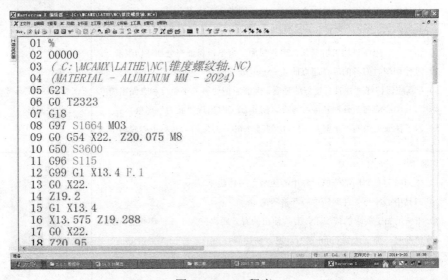

图 2-79 NC 程序

（4）检查 NC 程序 根据所使用的数控机床的实际情况，对图 2-79 所示文本框中的程序进行修改，包括 NC 程序的代码、起刀点位置、换刀点位置和中间的空走刀程序。经过检查后的正确程序既符合数控机床正常运行的要求，又可以节约加工时间，提高加工效率。

2.2 套、轴类零件配合件的车削加工实例

本实例加工的是锥度套和锥度轴两个相配合的零件，如图 2-80～图 2-82 所示。材料为 45 钢，坯料规格为 ϕ40mm 的圆柱棒料，粗车后正火处理，硬度为 20HRC。

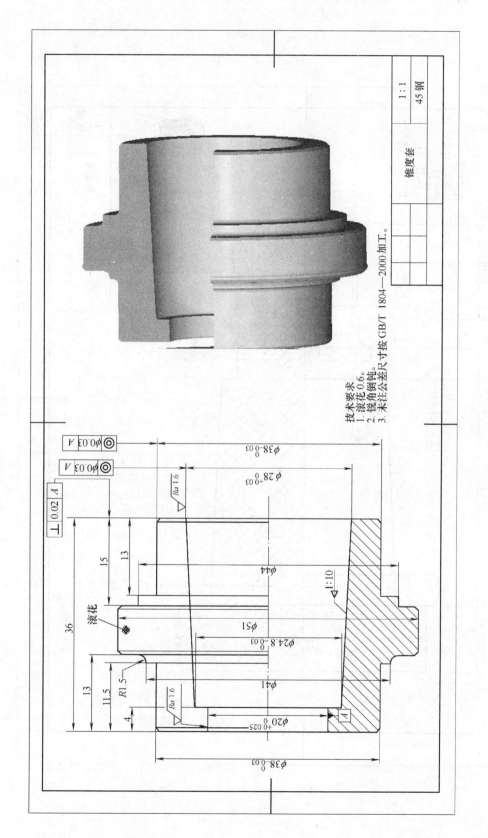

技术要求
1. 滚花 0.6。
2. 锐角倒钝。
3. 未注公差尺寸按 GB/T 1804—2000 加工。

图 2-80　锥度套

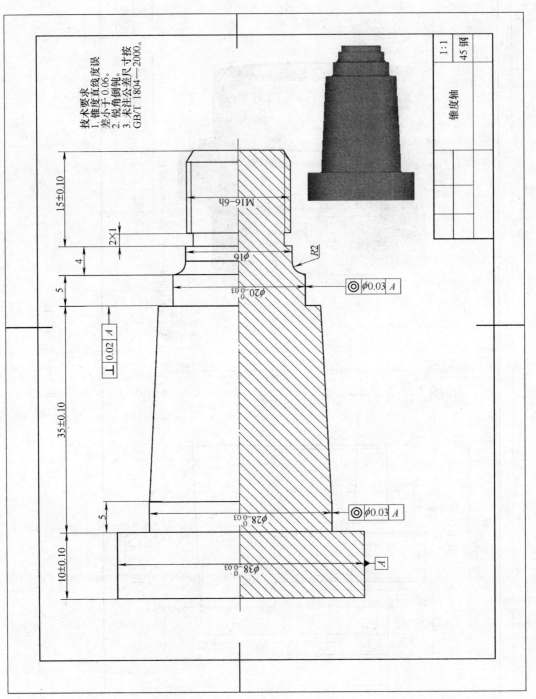

技术要求
1. 锥度直线度误差小于 0.06。
2. 锐角倒钝。
3. 未注公差尺寸按 GB/T 1804—2000。

M16-6h

2×1

φ16

R2

15±0.10

4

5

⊙ φ0.03 A

φ20 $^{0}_{-0.03}$

⊥ 0.02 A

35±0.10

⊙ φ0.03 A

φ28 $^{0}_{-0.03}$

5

φ38 $^{0}_{-0.03}$

A

10±0.10

1:1

45 钢

锥度轴

图 2-81 锥度轴

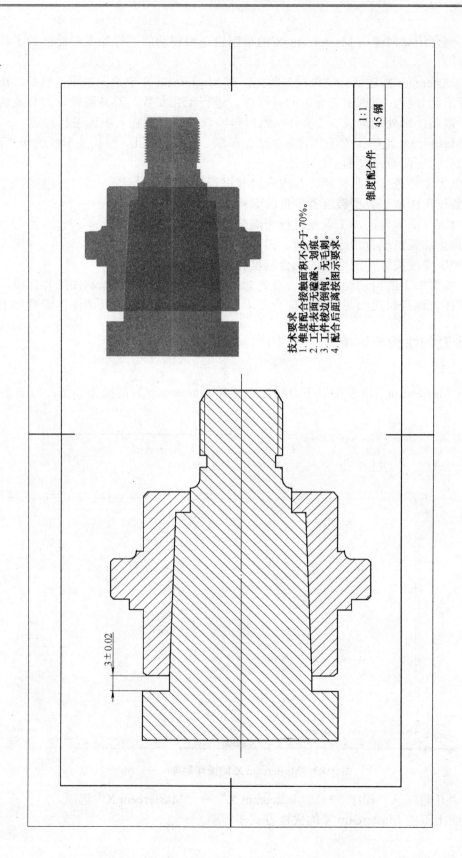

技术要求
1. 锥度配合接触面积不少于 70%。
2. 工件表面无碰碰、划痕。
3. 工件棱边倒钝，无毛刺。
4. 配合后距离离按图示要求。

	锥度配合件		1:1
			45 钢

3±0.02

图 2-82 配合件装配图

通过本实例介绍如何使用 Mastercam X 的车削自动编程功能进行加工，使读者了解和掌握以下内容：

1）应用 Mastercam X 进行自动编程，首先，在 Mastercam X 中绘图建模；然后，在自动编程前进行工艺分析，根据工艺分析的可行性，进行工艺参数、刀具路径、刀具及切削参数的设定；最后，后处理形成 NC 文件，通过传输软件或直接输入机床进行加工。

2）掌握 Mastercam X 的工件毛坯设置、端面车削、切槽、钻孔、镗孔及车螺纹等方法。在本实例中学会保证配合精度的措施方法。

3）对锥度类零件进行工艺分析，合理安排并进行加工工艺设计。

4）掌握数控车床加工典型锥度类零件的编程方法和加工工艺设计。

5）能够对锥度类零件的加工误差进行正确分析。

6）能够根据加工情况合理选择刀柄、刀片及切削用量。

7）掌握控制锥度类零件配合件的配合精度和调整的方法、技巧。

对于以上实例加工的自动编程操作，首先对锥度套、锥度轴分别绘制图形并建模，绘制配合件装配图，编程时应满足零件的配合要求。本实例自动编程的具体操作步骤如下。

2.2.1　锥度套的绘图与建模

1．绘图

（1）打开 Mastercam X　使用以下方法之一打开 Mastercam X 的操作界面，如图 2-83 所示。

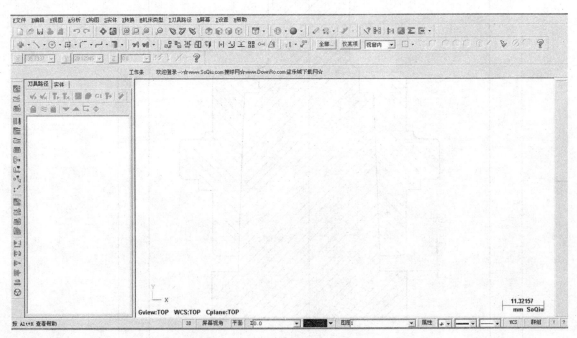

图 2-83　Mastercam X 的操作界面

1）选择"开始"→"程序"→"Mastercam X"→"Mastercam X"选项。

2）在桌面上双击 Mastercam X 的快捷方式图标▓。

（2）建立文件　使用下列方法之一建立文件档案。

1）打开 Mastercam X 后，选择"文件"→"新建文件"选项，系统就自动新建了一个空白的文件，文件的后缀名为".mcx"，本实例的文件名定为"锥度套.mcx"。

2）或者单击 File（文件）工具栏中的"新建"按钮，可以新建一个空白的".mcx"文件，本实例的文件名定为"锥度套.mcx"。

（3）相关属性状态设置

1）构图平面的设置。在状态栏中单击"平面"按钮，弹出一个菜单，根据车床加工的特点及编程原点设定的原则要求，从该菜单中选择"车床直径"→"设置平面到+D-Z"选项，完成构图平面的设置，如图 2-84 所示。

2）线型属性设置。在"属性"状态栏的"线型"下拉列表框中选择"中心线"线型，在"线宽"下拉列表框中选择表示粗实线的线宽，颜色设置为黑，如图 2-85 所示。

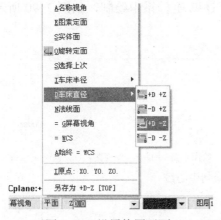

图 2-84　设置构图平面

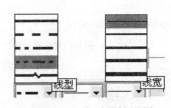

图 2-85　线型属性设置

3）构图深度、图层设置。在状态栏中设置"构图深度"为 0，"图层"设置为 1，如图 2-86 所示。

图 2-86　构图深度、图层设置

（4）绘制中心线　在绘制车削加工类零件时，一般先绘制出中心线，绘制出回转零件体的一半；然后进行"镜像"操作，绘制出零件全图。这样绘制图形可减少操作，使绘制图形变得简单。在相关属性状态设置完成后，继续下列操作。

1）激活绘制直线功能。

① 在菜单栏中选择"绘图"→"直线"→"绘制任意线"选项。

② 在绘图工具栏中单击"绘制任意线"按钮，系统弹出"直线"操作栏。

2）输入点的坐标。

① 第一种方法，在图 2-87 所示的"自动抓点"对话框中输入坐标数值，按 Enter 键即可。

图 2-87　"自动抓点"对话框

② 第二种方法，在如图 2-87 所示的"自动抓点"对话框中单击"快速绘点"按钮，弹出图 2-88 所示的坐标输入框。在坐标输入框中输入 D0Z0，按 Enter 键即可。

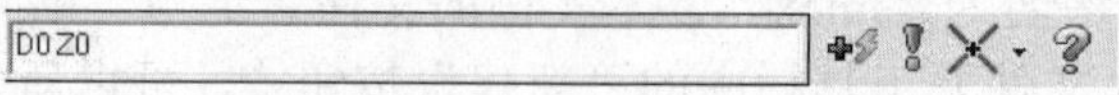

图 2-88　坐标输入框

3）在图 2-89 所示的"直线"操作栏中的"长度"文本框中设置直线段的长度为 –46.0，在"角度"中输入值为 0。

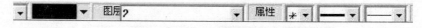

图 2-89　"直线"操作栏

单击"确定"按钮，完成该中心线在 D–Z 坐标系中绘制，如图 2-90 所示。

D+
└ Z

Gview:TOP　WCS:TOP　Cplane:+D+Z [TOP]

4.98881
mm

视角：俯视图　WCS：俯视图　绘图平面：+D+Z（俯视图）

图 2-90　绘制中心线

（5）绘制轮廓线中的直线

1）对所要绘制的图素属性进行设置。将当前图层设置为 2，颜色设置为黑色，线型设置为实线，如图 2-91 所示。

图层? ┃ 属性 ★

图 2-91　设置图素属性

2）在"绘图"菜单中选择"直线"→"绘制任意直线"选项，或者在绘图工具栏中单击"绘制任意线"按钮，系统弹出"直线"操作栏。在"直线"操作栏中选择"连续线"选项，接着在"自动抓点"对话框中单击"快速绘点"按钮，或者直接按空格键，在弹出的坐标输入框中输入"0，0"，并按 Enter 键即可。

3）也可以运用第二种方法，在"自动抓点"对话框中直接输入坐标值，并按 Enter 键即可。

4）按照上述坐标输入的方法，依次输入其他外圆轮廓直线点的坐标来绘制直线。其他点的坐标依次为（D0　Z0）、（D38　Z0）、（D38　Z–13）、（D44　Z–13）、（D44　Z–15）、（D51　Z–15）、（D51　Z–23）、（D41　Z–23）、（D41　Z–24.5）、（D38　Z–36）和（D0　Z–36），按 Esc 键，退出绘制直线功能。绘制出图 2-92 所示的外圆轮廓线。

5）绘制内孔轮廓线。使用上述 1）、2）、3）、4）的方法，绘制内孔轮廓线。依次输入点的坐标为（D28　Z0）、（D24.8　Z–32）、（D20　Z–32）和（D20　Z–36），按 Esc 键，退出绘制直线功能，绘制出图 2-93 所示的内孔轮廓线。

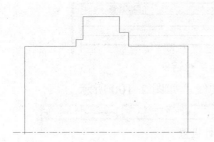

视角：俯视图　WCS：俯视图

图 2-92　绘制外圆轮廓线

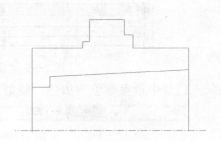

绘图平面：+D+Z（俯视图）

图 2-93　绘制内孔轮廓线

（6）绘制倒角

1）在菜单栏选择"构图"→"倒角"选项，弹出图 2-94 所示的菜单。

或者在绘图工具栏中单击"倒角按钮"按钮，系统弹出图 2-95 所示"倒角"下拉菜单，按照提示步骤操作。

图 2-94　"倒角"菜单

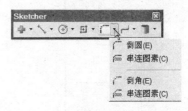

图 2-95　"倒角"下拉菜单

2）选择"倒角"选项，弹出图 2-96 所示"倒角"属性设置栏。选择"单一距离"选项，如图 2-97 所示。在"倒角距离"文本框中输入 1，单击"确定"按钮，完成倒角属性设置。

3）按照"选取直线或圆弧"的提示，在绘图区中选择要倒角的相邻的两个图素。

4）倒圆，按照类似的步骤进行倒圆操作。倒角、倒圆操作完成后的轮廓如图 2-98 所示。

图 2-96　"倒角"属性设置栏

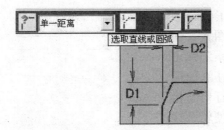

图 2-97　选择"单一距离"选项

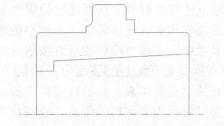

图 2-98　倒角、倒圆后的轮廓

5）镜像操作完成锥度套零件图的绘制。

① 对所要绘制图素属性进行设置。选择状态栏中的"图层"，弹出图 2-99 所示"图层管理器"对话框。

在"编号"文本框中输入 3，将当前图层设置为 3，单击"确定"按钮。

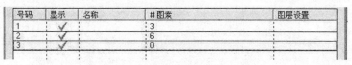

图 2-99　"图层管理器"对话框

在状态栏目中设置颜色为黑色，线型设置为实线，如图 2-100 所示。

图 2-100　图素属性设置

② 选取要镜像的图素。

③ 在菜单栏选择"转换"→"镜像"选项，或者在绘图工具栏中单击"镜像"按钮 ，弹出"镜像选项"对话框。在"镜像选项"对话框中选择"复制"单选按钮，选择 D 轴为镜像轴，如图 2-101 所示。

④ 单击"确定"按钮 ，完成镜像操作，绘制图 2-102 所示锥度套零件图。

图 2-101　"镜像选项"对话框

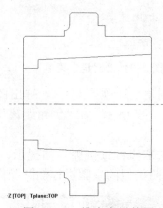

图 2-102　锥度套零件图

2．建模

创建立体模型有利于直观地检验零件是否正确。

锥度套立体实体建模需要一个完整的串连图素，在绘图工具栏中，单击"修剪图素"按钮 ，在系统弹出修剪图素操作栏 中单击 "修剪单一图素"。按照"选取图素去修剪或延伸"提示进行修剪操作。修剪时选择需要保留的图素，修剪结果应使轮廓线闭合，如图 2-103 所示。

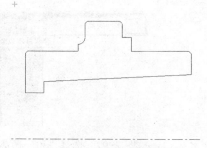

图 2-103　修剪轮廓线

1）在菜单栏中选择"实体"→"旋转实体"选项。

2）系统弹出图 2-104 所示"串连选项"对话框。在对话框中单击按钮 ，选择要进行旋转操作的串连曲线，选择后的轮廓图素上出现箭头，如图 2-105 所示。如需要改变箭头方向，可单击图 2-104 所示的按钮 ；单击"确定"按钮 ，完成串连曲线的选取。

3）选择中心线图素作为旋转轴，同时系统弹出"方向"对话框，如图 2-106 所示。在绘图区中用箭头显示出旋转方向，可以通过该对话框来重新选取旋转轴或改变旋转方向。单击"确定"按钮 ，完成旋转轴的选取。

图 2-104　"串连选项"对话框

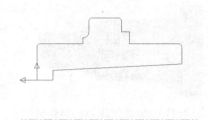

图 2-105　选择轮廓图素

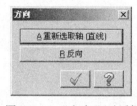

图 2-106　"方向"对话框

　　4）单击"确定"按钮，产生旋转轴方向，如图 2-107 所示。同时弹出"旋转实体的设置"对话框。可以通过"旋转"和"薄壁"两个选项卡进行旋转参数的设置，如图 2-108 所示。

　　5）参数设置完毕后，单击"确定"按钮，完成锥度套实体模型的创建，如图 2-109 所示。

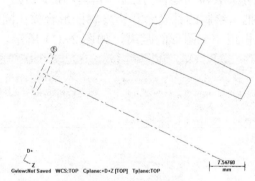

图 2-107　旋转轴方向

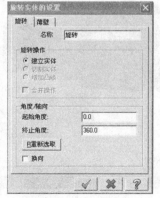

图 2-108　"旋转"和"薄壁"选项卡

图 2-109　创建锥度套实体模型

加工技巧

选择"旋转实体的设置"对话框中的选项时应该注意以下事项:"旋转实体的设置"对话框与"实体挤出的设置"对话框相似,角度/轴向选项组用于指定旋转实体的起始角度和终止角度。其他选项的含义参见"实体挤出的设置"对话框。

2.2.2 锥度轴的绘图与建模

参照 2.2.1 锥度套的绘图与建模,设置锥度轴的文件名为"锥度轴.mcx",创建如图 2-110 所示的锥度轴实体模型。

图 2-110 创建锥度轴实体模型

2.2.3 配合的锥度套与锥度轴的绘图与建模

1. 绘图

参照 2.2.1 锥度套的绘图步骤,绘制配合的锥度套、锥度轴图形待用。

2. 建模

绘制配合件的装配图可采取移动零件方法,具体操作步骤如下:

(1)绘制配合零件 把所绘制的锥度套和锥度轴图形合放在同一个绘图区中,锥度套、锥度轴的绘图坐标轴原点相距一个图形的距离,如图 2-111 所示。

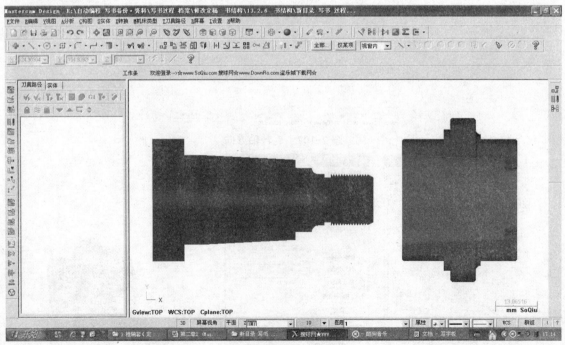

图 2-111 锥度套和锥度轴合放在一个绘图区

（2）装配零件

1）通过坐标值移动方法绘制配合图形，拾取需要移动图形的图素，然后单击工具栏中的按钮 ，弹出图 2-112 所示"平移选项"对话框。

在对话框中的"输入角度向量值"选项组中的文本框中输入需要移动的绝对坐标轴数据，在"预览"选项组中选择"适合屏幕"复选框，观察拾取图素是否与需要移动方向一致，如不一致，单击"改变方向按钮 "，则移动方向会改变 180°。预览移动图形图素正确后，单击按钮 ，结束此次的图形移动操作，绘图区中会出现"平移：提示图素去平移"提示，则可以进行下一次的平移操作；单击"确定"按钮 ，则结束图形移动操作，如果再需要进行平移图形图素操作，就需要重新单击工具栏中的按钮 。

2）通过拾取移动图形图素中的某一点并将其移动到另一点的方法绘制配合图形。在图 2-112 所示"平移选项"对话框中的"从一点到另一点 "选项组中单击 ，绘图区中会出现"选取移动起点"的提示，选取需要移动图形中的一点（选择起点时最好选择配合零件中具有配合的图素的点，这样有利于绘制配合图形），本实例中的移动起点选取如图 2-113 所示。

3）单击移动的起点，绘图区中会出现"选取移动终点"提示，则选取移动图形需要到达的位置点，本实例中选取的移动终点如图 2-114 所示。

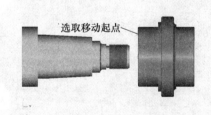

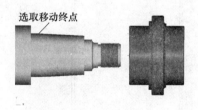

图 2-112　"平移选项"对话框　　图 2-113　选取移动起点　　　　图 2-114　选取移动终点

4）单击移动终点 ，绘图区中会出现图形区域位置的方框，提示移动结束位置，如图 2-115 所示的移动位置预览。

如移动位置与需要移动的位置正确，单击按钮 ，结束此次的图形移动操作，锥度套与锥度轴轴的配合效果图出现在绘图区，如图 2-116 所示，同时绘图区中会出现"平移：提示图素去平移"提示，则可以进行下一次的平移操作。单击"确定"按钮 ，则结束图形移动操作。

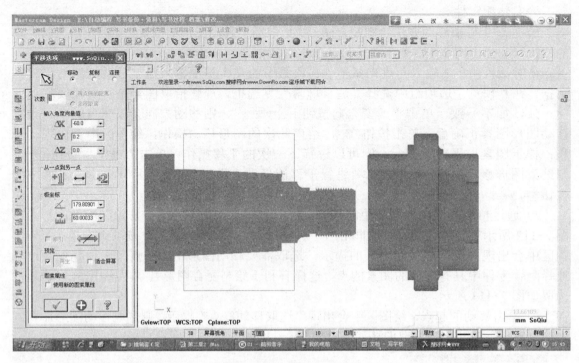

图 2-115　移动位置预览

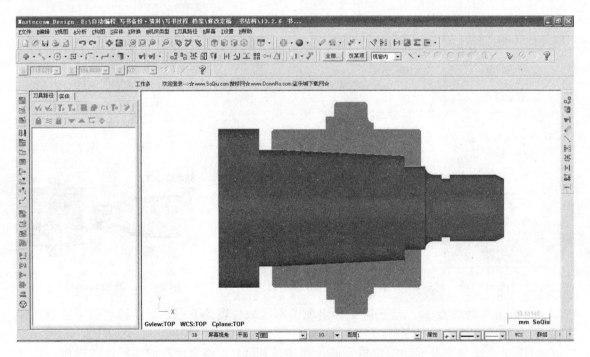

图 2-116　锥度套与锥度轴轴的配合效果图

　　完成了图形绘制和建模后，进入 Mastercam X 自动编程前的工艺分析、设计加工顺序及加工路径等准备工作。

2.2.4　锥度套加工自动编程的具体操作

1. 加工工艺流程分析

（1）配合要求分析　该配合件由锥度套和锥度轴组合而成，如图 2-80 和图 2-81 所示；装配图 2-82 是由锥度套内锥孔与锥度轴外圆锥体配合在一起。

1）其锥度比为 1:10，锥体配合后，轴套左端面与锥度轴轴肩的距离保证其尺寸及公差为 $2_{-0.02}^{+0.02}$ mm。

2）圆锥体配合面保证不少于 70%，圆锥母线保证直线度。

3）双头 M16 外螺纹与螺母配合旋紧。

4）螺纹配合精度为 6H，配合长度为 12mm。

（2）锥度套的加工工艺分析

1）零件结构分析。锥度套由台阶外圆 ϕ38mm、ϕ41mm，滚花 ϕ51mm、ϕ44mm、R1.5mm 外圆弧以及内孔 $\phi20_{0}^{+0.025}$ mm、内锥孔 $\phi28_{0}^{+0.03}$ mm 组成，总长度为 36mm。

2）加工使用刀具分析。锥度套由于存在高台阶外圆、内锥孔及高台阶内孔等结构，因此在加工时应考虑刚性、刀尖圆弧半径补偿及切削用量等问题，尤其应重点考虑加工锥度时刀具不与内孔发生干涉碰撞现象。

3）精度分析。零件对多个直径尺寸精度要求较高，有外圆 $\phi38_{-0.03}^{0}$ mm、内孔 $\phi20_{0}^{+0.025}$ mm 及内锥孔 $\phi28_{0}^{+0.03}$ mm 等精度尺寸，总长度应保证为 36±0.10mm；有内、外圆同轴度 ◎ $\phi0.03$ A，内台阶孔垂直度 ⊥ 0.02 A 和锥度母线轮廓度 ⌒ 0.1 A 等几何公差要求；关键表面要求 Ra1.6μm 等。因此，在加工时，不但应考虑工件的加工刚性、刀具的中心高、刀具刚性及加工工艺等问题，还要考虑刀具的锋利程度问题。

4）定位及装夹分析。由于工件毛坯材料的长度较短，因此零件采用自动定心卡盘装夹、毛坯轴向定位，工件装夹时的夹紧力作用于工件上的轴向力要适中，防止工件在加工时产生松动。本实例加工采用 ϕ52mm 棒料塞入机床主轴孔内，伸出适当长度装夹加工，每次加工伸出的材料长度应一致。

5）加工工步分析。经过以上分析，锥度套有高台阶外圆、内孔的车削加工，外圆形状较复杂，加工难度较大，所以车削刀具的副偏角要小于 0°，内孔镗刀采用不通孔镗孔刀，刀杆宽度应保证不碰撞内圆表面。

① 首先车加工端面。

② 外圆粗车刀粗加工右侧各外圆表面。

③ 麻花钻钻削加工内孔 $\phi20_{0}^{+0.025}$ mm 的预孔。

④ 内孔粗镗刀粗加工内锥孔及内孔。

⑤ 外圆精车刀精加工右侧各外圆表面。

⑥ 内孔精镗刀进行内锥孔的精加工。

⑦ 切槽刀粗车削左侧各外圆。

⑧ 切断并保证零件调头车削端面的余量为 0.2mm。

⑨ 调头装夹右侧外圆 $\phi38_{-0.03}^{0}$ mm，精加工端面，保证零件总长。

⑩ 车削加工左侧各外圆。

6）刀具安排。根据以上工艺分析，车削加工锥度套所需的刀具安排见表 2-4。

表 2-4 车削加工锥度套的刀具安排

产品名称或代号		锥度螺纹轴	零件名称	锥度螺纹轴	零件图号	HDJG-1
刀具号	刀具名称	刀具规格名称	材料	数量/个	刀尖半径/mm	刀杆规格	备注

刀具号	刀具名称		刀具规格名称	材料	数量/个	刀尖半径/mm	刀杆规格	备注
T0101	外圆机夹粗车刀	刀片	CCMT06204-UM	PMCPT30	1	0.4		
		刀杆	MCFNR2525M16	GC4125	1		25×25	
T0202	外圆啄式精车刀	刀片	VMNG160404-MF	MCPT25	1	0.2		
		刀杆	MVJNR2525M08	GC4125	1		25×25	
T0303	钻头		ϕ18mm	W6Mo5CrV2	1		莫氏 4 号	
T0404	不通孔粗镗刀	刀片	TLCR10	PMCPT25	1	0.2		
		刀杆	S20Q-STLCR10	GC4125	1		20×20	
T0505	不通孔精镗刀	刀片	TLPR10	PMCPT35	1	0.2		
		刀杆	S20Q-STLPR10	GC4125	1	0.2	20×20	

7）切削用量选择。切削用量见表 2-5。

（3）工序流程安排

根据加工工艺分析，加工锥度套的工序流程的安排见表 2-5。

表 2-5 加工锥度套的工序流程安排

单位名称		产品名称及型号		零件名称	零件图号
××大学		配合零件		锥度套	002
工序	程序编号	夹具名称		使用设备	工件材料
001	Lathe-02	自定心卡盘		CK6140-A	45 钢

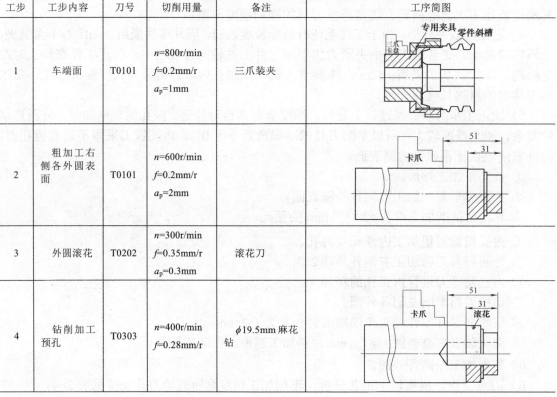

工步	工步内容	刀号	切削用量	备注	工序简图
1	车端面	T0101	n=800r/min f=0.2mm/r a_p=1mm	三爪装夹	
2	粗加工右侧各外圆表面	T0101	n=600r/min f=0.2mm/r a_p=2mm		
3	外圆滚花	T0202	n=300r/min f=0.35mm/r a_p=0.3mm	滚花刀	
4	钻削加工预孔	T0303	n=400r/min f=0.28mm/r	ϕ19.5mm 麻花钻	

（续）

工步	工步内容	刀号	切削用量	备注	工序简图
5	粗加工内锥孔及内孔	T0404	粗车加工 n=500r/min f=0.18mm/r	不通孔镗孔刀	
6	精加工右侧各外圆表面	T0101	n=1000r/min f=0.02mm/r a_p=0.3mm	啄式尖车刀	
7	精加工内孔、内锥孔	T0404	n=600r/min f=1.5mm/r	不通孔镗孔刀	
8	切槽刀粗车左边各外圆	T0404	n=600r/min f=0.08mm/r	B=3mm 切断刀	
9	保证总长切断，留余量0.2mm	T0101	n=1000r/min f=0.02mm/r a_p=0.3mm	铜皮保护装夹，校调跳动	
10	精加工左侧各外圆及端面，保证总长	T0101	精车加工 n=1000r/min f=0.06mm/r	调头装夹右边外圆$\phi 38^{0}_{-0.03}$ mm	

2．自动编程前的准备

（1）绘制加工轮廓线　在打开的 Mastercam X 系统中单击绘图区下方"图层"按钮，系统弹出"图层管理器"对话框，选择零件轮廓线图层 1，关闭其他图素的图层，显示的粗加工外轮廓线如图 2-117 所示。

（2）设置机床系统　在打开的 Mastercam X 系统中，从菜单栏中选择"机床类型"→"车床"→"系统默认"选项，可采用图 2-118 所示的默认的车床加工系统。选择

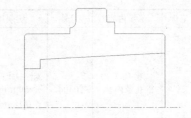

图 2-117　粗加工外轮廓线

车床的加工系统后，在"刀具路径"管理器中弹出"加工群组 1"树节菜单（见图 2-28）。

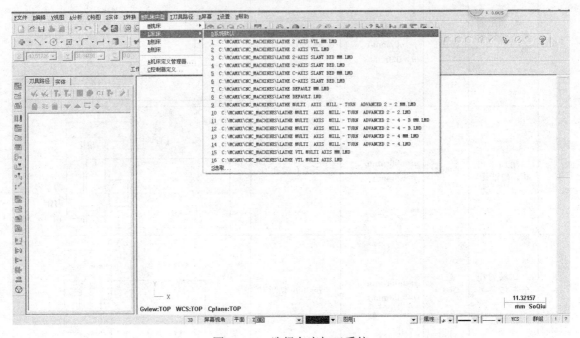

图 2-118　选择车床加工系统

（3）设置加工群组属性　在"加工群组 1"→"属性"列表中包含材料设置、刀具设置、文件和安全区域四项内容。文件设置一般采用默认设置，安全区域根据实际情况设定，本加工实例主要介绍刀具设置和材料设置。

1）打开设置对话框。选择"机床系统"→"车床"→"默认"选项后，弹出"刀具路径"管理器，如图 2-119 所示。选择"加工群组 1"→"属性"→"材料设置"选项。

系统弹出"加工群组属性"对话框，如图 2-120 所示。

2）设置材料参数。

图 2-119　"刀具路径"管理器

在弹出"加工群组属性"对话框中选择"材料设置"选项卡。在该选项卡中设置如下内容：

① 工件材料视角：采用默认设置的 TOP 视角，如图 2-120 所示。

② 设置 Stock 选项组：在该选项组选择"左转"，如图 2-121 所示。单击 Parameters

按钮，系统弹出图 2-122 所示的 Bar Stock 对话框。在该对话框设置毛坯材料为 ϕ52mm 棒料，在 "OD" 文本框中输入 52.0，在 Length 文本框中输入棒料长度，在 Base Z 文本框中输入 38.0（数据根据采用的坐标系不同而不同），选择基线在毛坯的右端面处 ⊙ On left face ⊙ On right face，单击 Preview 按钮，确认弹出的材料设置符合预期后，单击该对话框中的 "确定" 按钮 ✓，完成材料参数的设置。

图 2-120　"加工群组属性" 对话框

图 2-121　设置 Stock 选项组

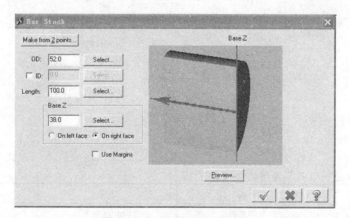

图 2-122　Bar Stock 对话框

加工技巧

为了保证毛坯装夹，毛坯长度应大于工件长度；在 Base Z 处设置基线位置，文本框中的数值为基线的 Z 轴坐标（坐标系以 Mastercam 绘图区的坐标系为基准），左、右端面指基线放置于工件的左端面处或右端面处。

③ 或者单击 Make from 2 points…按钮，在提示下依次输入两点坐标（X=26，Z= –100）、（X=0，Z=38）来定义工件外形（也可以在需要的位置点直接单击获取）。单击 Preview…按钮，确认弹出的毛坯设置符合预期后，单击 Bar stock 对话框中的"确定"按钮 ☑。

④ 在"材料设置"选项卡的（Chuck）选项组中选择"左转"单选按钮，如图 2-123 所示。

接着单击该选项组中的 Parameters 按钮，系统弹出 Chuck Jaw 对话框，如图 2-124 所示。在 Position 选项组中选择 From stock 复选框和 Grip on maximum diameter 复选框，设置卡爪与工件大小匹配的参数，如图 2-124 所示。

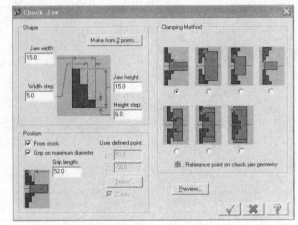

图 2-124　Chuck Jaw 对话框

图 2-123　设置 Chuck 选项组

锥度套不需要尾座支撑，故不设置。

在 Chuck Jaw 对话框 Display Options 选项组中设置如图 2-125 所示的显示选项。

图 2-125　设置显示选项

加工技巧

Display Options 选项组中各选项的含义如下：

选项	含义	选项	含义
Left stock	左侧素材	Right stock	右侧夹头
Left ckuck	左侧夹头	Right ckuck	右侧夹头
Tailstock	尾座	Steady res	中心架
Shade bonudaries	设置范围着色	Fit screen to bonudar	显示适度化范围

3）设置刀具参数。在"加工群组"属性菜单中选择"刀具设置"选项，系统弹出"刀具设置"选项卡，如图 2-126 所示。在该选项卡中设置图 2-126 所示的内容。

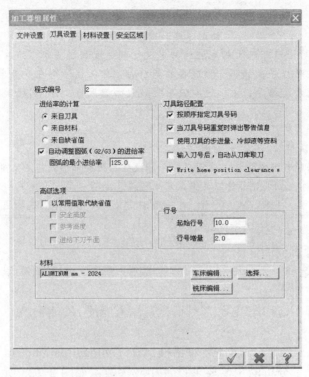

图 2-126 "刀具设置"选项卡

"刀具设置"选项卡中部分选项设置的内容及含义如下:

程序编号:在"程序编号"文本框中输入 2,输出程序名称为0002。

来自刀具:选择"来自刀具"单选按钮,系统从刀具参数中获取进给速度。

行号:设定输出程序时行号的起始行号为 10,行号增量为 2。

设置完成后单击该对话框中的"确定"按钮 ✔,实例零件设置的工件毛坯和夹爪如图 2-127 示。

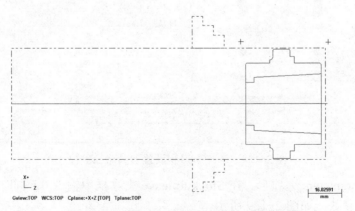

图 2-127 实例零件设置的工件毛坯和夹爪

☞ "左转"的判断原则:要根据所使用机床的实际情况进行设置,斜导轨转塔式数控车床和水平导轨四方刀架数控车床的主轴转向不一样,总之要根据数控车床具体特点正确设定。

切削速度和进给率的确定

"车床材料定义"对话框可以为新毛坯材料定义切削速度和进给率，并改变现存毛坯材料的速度和进给率。当定义一种新程序或编辑一种现存的材料时，你必须懂得在多数车床上操作的基本知识，才能定义材料切削速度和进给率。主轴速度使用常数表面速度（CSS）用于编程，刀具的切削速度总是保持不变。

除钻削和车螺纹外，都用转速/每分钟（r/min）编程，车螺纹进给率不包括在材料定义中，必须用螺纹车刀定义，当调整默认材料和定义新材料时，必须设置下列参数：

①设置使用该材料所有操作和基本切削速度；②设置每种操作形式基本切削速度的百分率；③设置所有刀具形式基本进给率；④设置每种刀具形式基本进给率的百分率；⑤选用加工毛坯材料的刀具材料；⑥设定已定的单位（英寸、毫米、米；⑦对"车床材料定义"对话框中各选项进行解释。

3．自动编程的具体步骤

（1）车削锥度套右端面

1）在菜单栏中选择"刀具路径"→"车端面"选项，或者直接单击"刀具路径"管理器左边工具栏中的按钮▥。

2）系统弹出"输入新 NC 名称"对话框，输入新的 NC 名称为"锥度套"，单击"确定"按钮✓。

3）系统弹出"Lathe Face 属性"对话框。在 Toolpath parameters 选项卡中选择 T0101 外圆车刀，并按照以上分析的工艺要求设置相应参数，如图 2-128 所示。

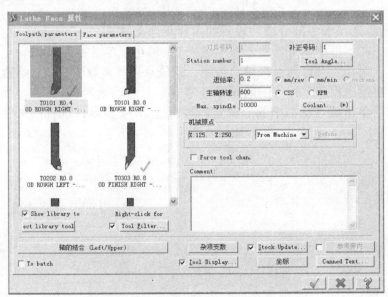

图 2-128　选择车刀和设置刀具路径参数

选择 Face parameters 选项卡，在 Stock to leave 文本框中输入 0，同时根据工艺要求设置车端面的其他参数，如图 2-129 所示。

4）选择"Select Points…（选点）"按钮，在绘图区分别选择车削端面区域对角线的两点坐标，确定后返回 Face parameters 选项卡；或者选择"Lise stock Finish Z（使用材料 Z 轴坐标）"单选按钮，在文本框中输入零件端面的 Z 向坐标。

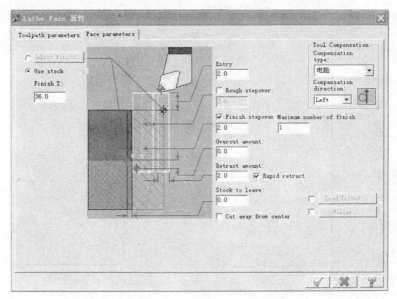

图 2-129　设置车端面参数

5）在"Lathe Face 属性"对话框中单击"确定"按钮 ，完成车削锥度套右端面刀具路径的创建。如图 2-130 所示。

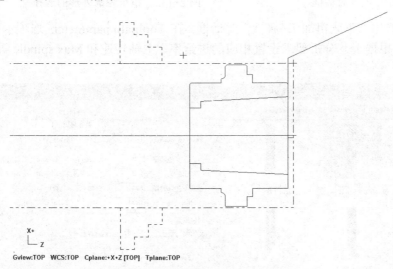

图 2-130　创建车削锥度套右端面的刀具路径

6）在"刀具路径"管理器中选择车端面操作，单击按钮 ≈，隐藏车削锥度套右端面的刀具路径。

（2）粗车外圆

1）在菜单栏中选择"刀具路径"→"粗车"选项。或者直接单击"刀具路径"管理器左边工具栏中的按钮 。

2）系统弹出"串连选项"对话框，如图 2-131 所示。单击"部分串连"按钮 ，并选择"等待"复选框，按顺序指定加工高台阶外圆轮廓，如图 2-132 所示。在"串连选项"对话框中单击"确定"按钮 ，完成粗车轮廓外形的选择。

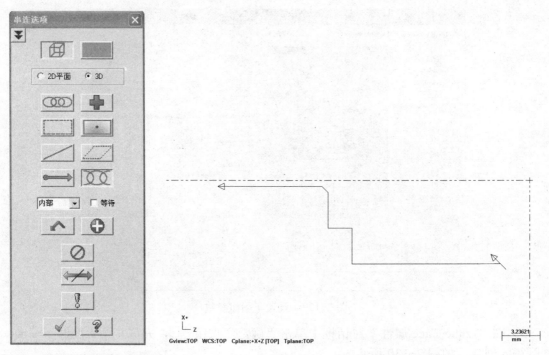

图 2-131 "串连选项"对话框   图 2-132 粗车轮廓外形的选择

3）系统弹出"车床粗加工 属性"对话框。在 Toolpath parameters 选项卡中选择 T0101 外圆车刀，并根据工艺分析要求设置相应的进给率、主轴转速和 Max spindle 等，如图 2-133 所示。

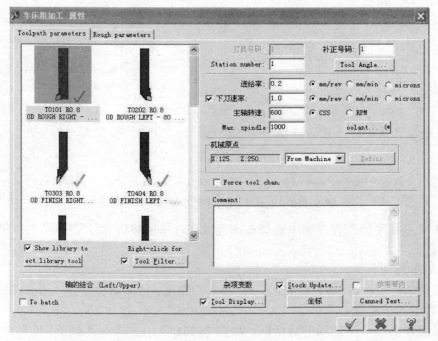

图 2-133 选择刀具并设置刀具路径参数

刀具是根据零件的外形来选择的，如果没有合适的刀具，可双击相似刀具图案进入

图 2-134 所示 Define Tool 对话框，根据需要自行设置刀具。

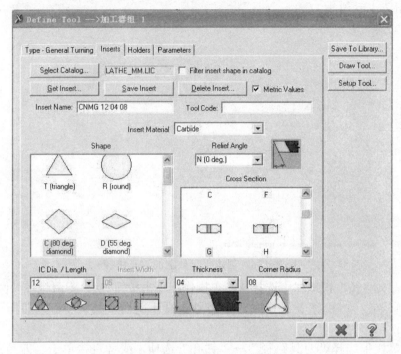

图 2-134 Define Tool 对话框

4）选择 Quick rough parameters 选项卡，根据工艺分析设置图 2-135 所示粗车外圆参数。

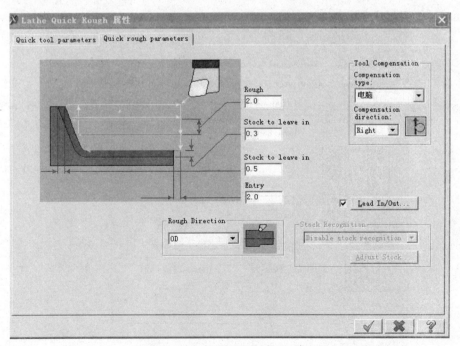

图 2-135 设置粗车外圆参数

5）在"车床粗加工 属性"对话框中单击"确定"按钮 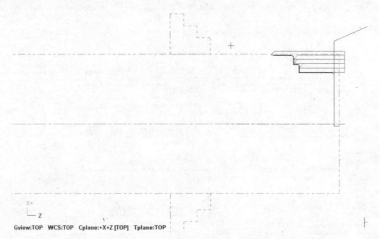，完成粗车外圆刀具路径的创建，如图 2-136 所示。

图 2-136 创建粗车外圆的刀具路径

6）在"刀具路径"管理器中选择该粗车操作，单击按钮 ≋，隐藏粗车外圆的刀具路径。

（3）外圆滚花 外圆滚花操作时，吃刀量要设计适当，其余步骤与粗车外圆一样。

（4）钻孔

1）在菜单栏中选择"刀具路径"→"钻孔"选项，或者直接单击"刀具路径"管理器左边工具栏中的按钮 。

2）系统弹出"车床钻孔 属性"对话框。在 Toolpath parameters 选项卡中选择 T4646 钻孔刀具，并双击此图标，在弹出的 Define Tool 对话框中设置钻头直径为 19.0（钻孔直径为 19.5mm），如图 2-137 所示。

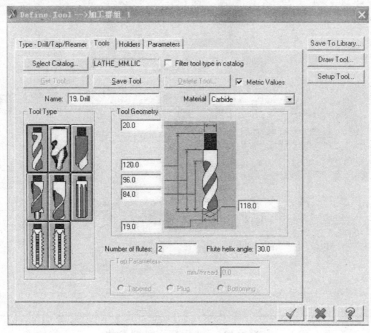

图 2-137 Define Tool 对话框

在"车床钻孔　属性"对话框"机械原点"选项组中选择"User defined（使用者自定义）"选项，单击"Define（定义）"按钮，在弹出的"Home Position-User Defined（换刀点-使用者自定义）"对话框中的文本框中输入坐标值（60，150），作为换刀点位置，其他采用默认值，单击"确定"按钮 ✔ ，返回 Toolpath parameters 选项卡，并根据工艺要求设置相应的进给率、主轴转速和 Max. spindle 等，如图 2-138 所示。

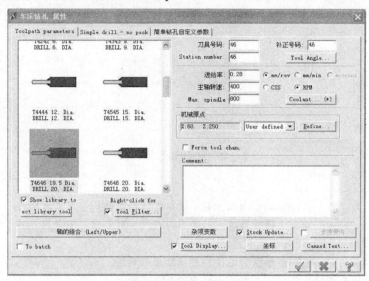

图 2-138　设置刀具路径参数

3）选择"Simple drill-no peck（深孔钻-无啄孔）"选项卡，采用增量坐标编程，"Drill Point（钻孔起始位置）"坐标为（0，36），设置钻孔"深度"为-40.0，"安全余隙"为5.0，"提刀增量"为2.0，其他参数采用默认设置，根据工艺要求设置图 2-139 所示的钻孔参数。

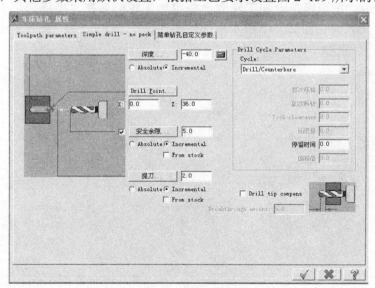

图 2-139　设置钻孔参数

4）在"车床钻孔　属性"对话框中单击"确定"按钮 ✔ ，创建钻孔刀具路径，如图 2-140 所示。

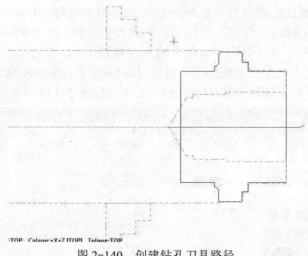

·TOP Cplane:+X+Z [TOP] Tplane:TOP

图 2-140 创建钻孔刀具路径

技巧提示 ◿

钻孔加工时，Toolpath parameters 选项卡显示了所有规格的钻头，刀具号码排序是按照系统默认的顺序排列的。在 Mastercam X 中选择刀具时，只考虑刀具的实际直径，不考虑刀具号码，因此在此选择 T0101 号中心钻。

钻孔位置是钻孔的起始坐标，根据绘图区钻孔实际坐标确定。

中心钻加工是钻孔或镗孔的前道工序，一般中心孔深度较小。

（5）粗车加工内孔、内锥孔

1）在菜单栏中选择"刀具路径"→"精车"选项，或者直接单击"刀具路径"，管理器左侧工具栏中的按钮🖋，系统弹出"串连选项"对话框，单击"部分串连"按钮，如图 2-140 所示。按顺序指定加工轮廓，指定加工轮廓后在"串连选项"对话框中单击"确定"按钮，弹出图 2-142 所示串连轮廓图。

图 2-141 指定加工轮廓

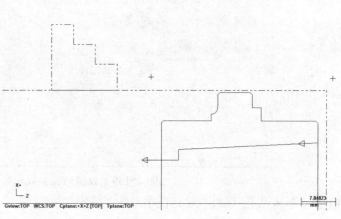

图 2-142 串连轮廓图

2）系统弹出"Lathe Quick Rough 属性"对话框。在 Quick tool parameters 选项卡中选择 T1010 车刀，并按工艺要求设置相应的参数，如图 2-143 所示。

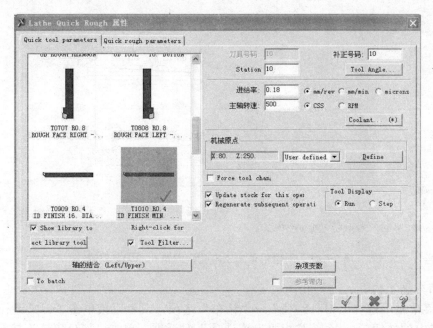

图 2-143　选择刀具并设置刀具路径参数

3）切换至 Quick rough parameters 选项卡，设置如图 2-144 所示的内孔粗车参数。

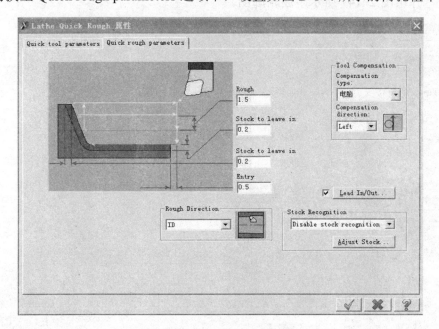

图 2-144　设置内孔粗车参数

4）在"车床粗加属性"对话框中单击"确定"按钮 。创建粗车加工内孔、内锥孔的刀具路径如图 2-145 所示。

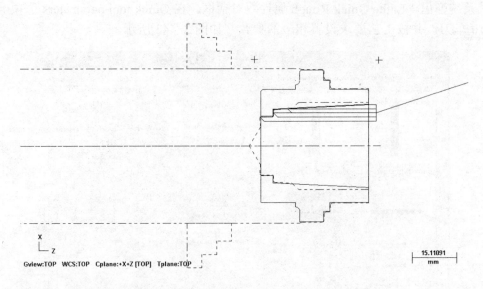

图 2-145 创建粗车加工内孔、内锥孔的刀具路径

（6）精车加工内孔、内锥孔

1）在菜单栏中选择"刀具路径"→"精车"选项，或者直接单击"刀具路径"管理器左侧工具栏中的按钮 🖿 。系统弹出"串连选项"对话框，单击"部分串连"按钮 ◎◎，如图 2-146 所示。按顺序指定加工轮廓，指定加工轮廓后在"串连选项"对话框中单击"确定"按钮 ✓ 弹出图 2-147 所示串连轮廓图。

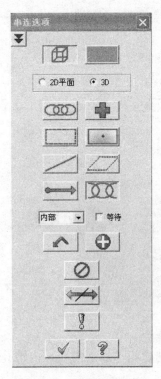

图 2-146 指定加工轮廓

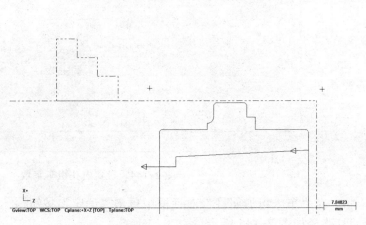

图 2-147 串连轮廓图

2）系统弹出"车床精车加属性"对话框。在 Toolpath parametes 选项卡中选择 T1313 车刀，并按工艺要求设置相应的参数，如图 2-148 所示。

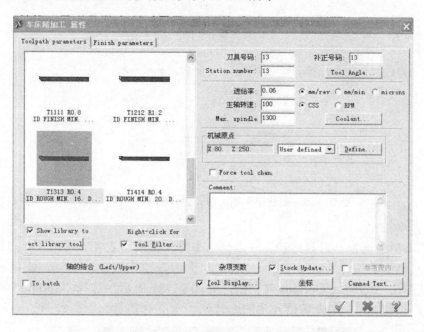

图 2-148 选择刀具并设置刀具路径参数

3）切换至 Finish parametes 选项卡，设置图 2-149 所示的内孔精车参数。

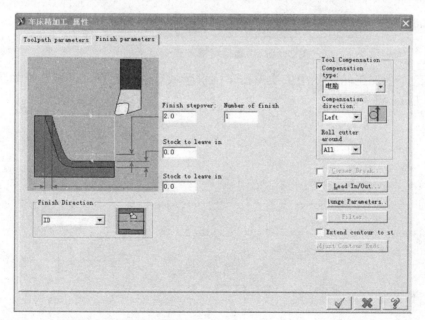

图 2-149 设置内孔精车参数

4）在"车床精车加工 属性"对话框中单击"确定"按钮 ✓，创建精车加工内孔、内锥孔刀具路径，如图 2-150 所示。

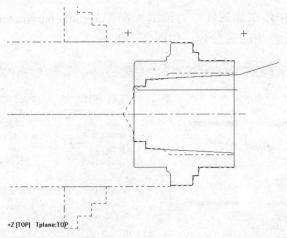

图 2-150　创建精车加工内孔、内锥孔的刀具路径

（7）车削宽槽

1）在菜单栏中选择"刀具路径"→"径向车槽"选项，或者直接单击"刀具路径"管理器左侧工具栏中的按钮 ▥ 。

2）系统弹出 Grooving Options 对话框，如图 2-151 所示，选择"2points"单选按钮，单击"确定"按钮 ☑ ，完成切槽方式的选择。

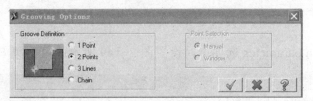

图 2-151　"选择切槽方式"对话框

在弹出的车削加工轮廓线中依次单击车削槽区域对角线的点，区域选择如图 2-152 所示，接着按 Enter 键。

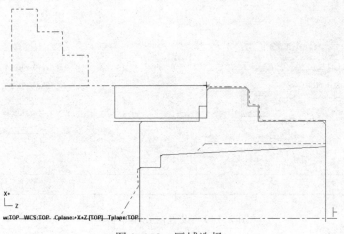

图 2-152　区域选择

3）系统弹出"车床开槽 属性"对话框，在 Toolpath parameters 选项卡中选择 T2424

外圆车刀，并根据工艺分析要求设置相应的进给率为 0.1mm/r、主轴转速为 400r/min 和 Max.spindle 为 1000r/min 等，如图 2-153 所示。

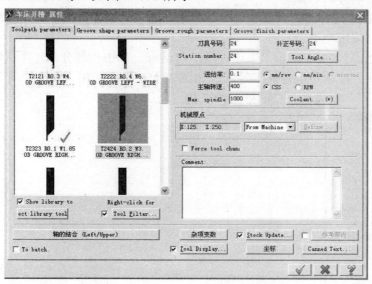

图 2-153　"车床开槽 属性"对话框

技巧提示

切槽加工速度一般比车削外圆加工速度小，一般为正常外圆加工速度的 2/3 左右。进给率的单位一般选择 mm/r。

4）选择 Groove shape parameters 选项卡，各参数设置参照 2.1.2 螺纹锥度轴加工自动编程的具体操作中车削宽槽的参数设置。

5）选择 Groove rough parameters 选项卡，各参数设置参照 2.1.2 螺纹锥度轴加工自动编程的具体操作中车削宽槽的参数设置。

6）选择 Groove finish parameters 选项卡，各参数设置参照 2.1.2 螺纹锥度轴加工自动编程的具体操作中车削宽槽的参数设置。

7）在"车床开槽 属性"对话框中单击"确定"按钮 ✓ ，完成车削宽槽刀具路径的创建如图 2-154 所示。

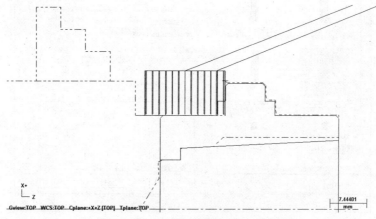

图 2-154　创建车削宽槽的刀具路径

8）在"刀具路径"管理器中选择车削宽槽操作，单击按钮 ≋ ，隐藏车削宽槽的刀具路径。

（8）精车右端外圆表面

1）在菜单栏中选择"刀具路径"→"精车"选项，或者直接单击"刀具路径"管理器左侧工具栏中的按钮 ➦ 。

2）系统弹出图 2-155 所示"串连选项"对话框。单击"部分串连"按钮 ▨ ，并选择"等待"复选框。按顺序指定加工轮廓，如图 2-156 所示。在"串连选项"对话框中单击"确定"按钮 ✓ ，完成精车轮廓外形的选择。

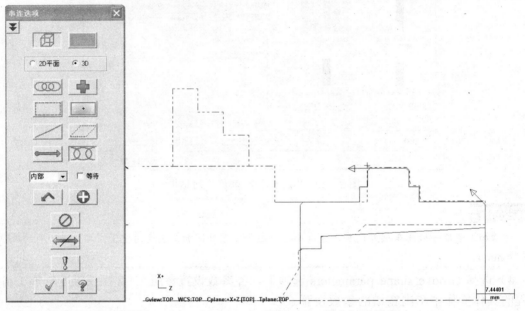

图 2-155 "串连选项"对话框   图 2-156 指定加工轮廓

3）系统弹出"车床精加工 属性"对话框。在 Tool path parameters 选项卡中选择 T0303 外圆车刀，设置相应的进给率、主轴转速和 Max.spindle 等，如图 2-157 所示。

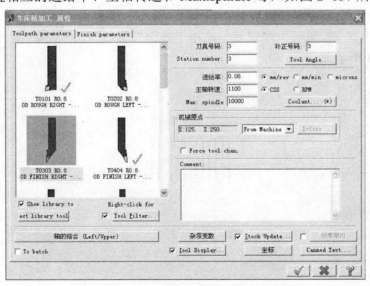

图 2-157 选择刀具并设置刀具路径参数

4）选择 Finish parameters 选项卡，根据工艺要求设置图 2-158 所示精车参数。

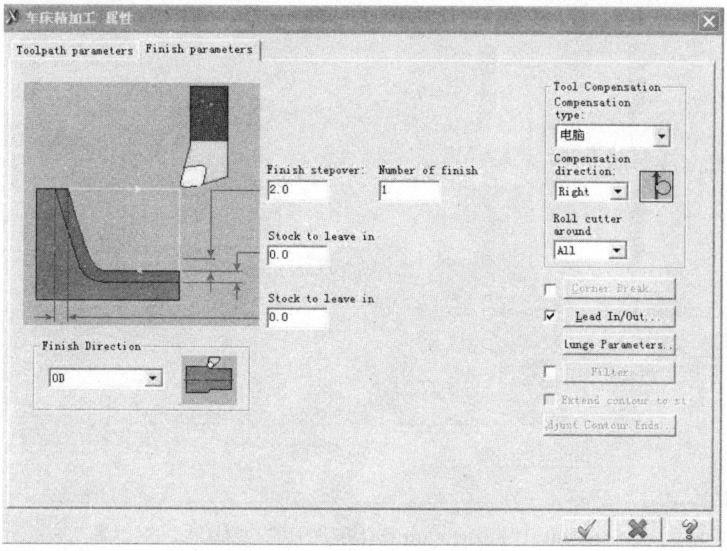

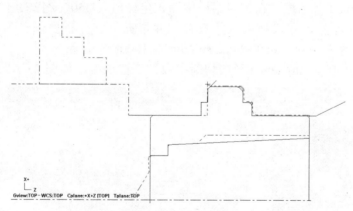

图 2-158 设置精车参数

5）在"车床精加工 属性"对话框中单击"确定"按钮 ，完成精车右端外圆表面刀具路径的创建，如图 2-159 所示。

图 2-159 创建精车右端外圆表面刀具路径

6）在"刀具路径"管理器中选择精车右端外圆表面操作，单击按钮 ，隐藏精车右端外圆表面的刀具路径。

（9）工件切断

1）在菜单栏中选择"刀具路径"→"径向切断"选项，或者直接单击"刀具路径"管理器左侧工具栏中的按钮 ，或者在菜单栏中选择"刀具路径"→"切断"选项，或者单击"刀具路径"管理器左侧工具栏的按钮 ，选用不同的切槽方法。这里介绍按钮 的使用方法。

2）系统弹出提示"Select cutoff boundry point（选择切断的边界点）"，即选择切断位置。在绘图区中选择切断位置点（这里的位置点是加工好的工件左端点）。

3）系统弹出"Lathe Cutoff（车床切断）属性"对话框，如图 2-160 所示。

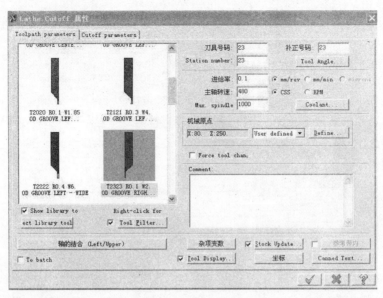

图 2-160 "Lathe Cutoff（车床切断）属性"对话框

① 在 Toolpath parameters 选项卡中选择 "Show library to（显示刀具）"复选框。

② 在刀具列表框选择 "T2323"外圆切断车刀。

③ 在 "机械原点"选项组中选择 User defined，单击按钮 Define... ，系统弹出 Home Position-User Defined 对话框。在该对话框中输入坐标值（D50，Z120）作为换刀点位置，单击 "确定"按钮 ，完成换刀点的设置，并根据工艺分析要求设置相应的进给率为 0.1mm/r、主轴转速为 480r/min 和 Max. spindle 为 1000r/min 等。

4）选择 "Cutoff parameters（径向切断参数）"选项卡，如图 2-161 所示。

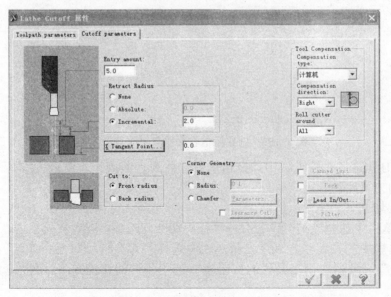

图 2-161 "Cutoff parameters（径向切断参数）"选项卡

① 设置 "Entry amount（进刀延伸量）"为 5.0。

② "Retract Radius（退刀距离）"采用 "增量坐标"单选按钮 Incremental。

③ 在 Incremental 文本框中输入 2.0；在"X 的相切位置文本框" X Tangent Point... 中输入 0（输入数据与选择切断的边界点有关）；"在 Cut to（切深位置）"选项组中选择"前端直径" ⊙ Front radius；在"Corner Geometry（转角的图形）"选项组中选择"无"单选按钮 ⊙ None。

④ 选择"进、退刀方式"复选框 ☑ Lead In/Out...，进入"Lead In/Out（进、退刀方式）"对话框。在"Lead out（退刀）"选项卡中设置"Length（退刀量）"为 22.0（切入直径的距离，如果设置不正确则会发生撞刀现象）。根据工艺分析要求设置其他参数或采用系统默认设置，如图 2-162 所示。

5）在"Lathe Cutoff 属性"对话框单击"确定"按钮 ☑，完成切断工件刀具路径的创建，如图 2-163 所示。

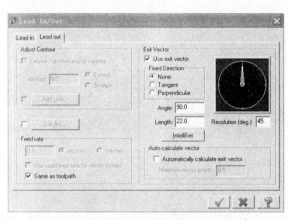

图 2-162　设置退刀参数

图 2-163　创建切断工件的刀具路径

6）在"刀具路径"管理器中选择切断操作，单击按钮 ≋，隐藏切断工件的刀具路径。选择所有操作，再次单击按钮 ≋，所有刀具路径就被显示，如图 2-164 所示。

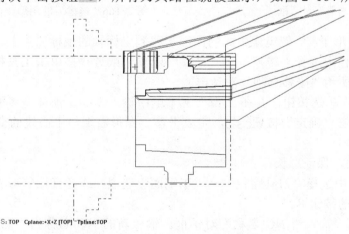

图 2-164　所有加工的刀具路径

操作技巧 ☟

工件切断和车削宽槽的操作步骤是一样的，所不同的是，切槽的深度等于零件的半径，切槽的宽度需要根据零件的直径决定，一般为零件直径的 1/10（零件直径大于 10mm）。

（10）调头车削加工左端面

1）调头装夹右边外圆 $\phi 38_{-0.03}^{0}$ mm，车削加工端面，保证零件总长。

2）零件调头装夹，卡爪抵住 $\phi 38_{-0.03}^{0}$ mm 台阶，第一个零件用百分表校调。

3）将图形镜像处理。选择全部图素，在菜单栏中选择"转换"→"镜像"选项；或者直接单击工具栏中的按钮，系统弹出图 2-165 所示的"镜像选项"对话框。

4）选择"移动"单选按钮，并在"选取镜像轴"选项组中选择单选按钮，在 D 下拉列表中选择 0，预览镜像后的图形如图 2-166 所示。在确定创建的图形正确后在"镜像选项"对话框单击"确定"按钮，完成镜像图形，即调头加工所需要的图形。

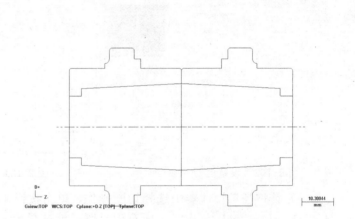

图 2-165 "镜像选项"对话框   图 2-166 镜像后的图形

5）将镜像图形平移，使镜像生成的图形平移到坐标轴的坐标原点上。选取全部镜像图形图素，在菜单栏中选择"转换"→"平移"选项，或者直接单击工具栏中的按钮，系统弹出图 2-167 所示"平移选项"对话框。

选择"移动"单选按钮，并在" ΔZ "文本框中输入 36.0，预览平移正确后在"平移选项"对话框中单击"确定"按钮，完成平移。图形右端与中心线的交点与绘图坐标原点重合。

6）车削端面，保证总长。

① 在菜单栏中选择"刀具路径"→"车端面"选项，或者直接单击"刀具路径"管理器左侧工具栏中的按钮。

② 系统弹出"输入新 NC 名称"对话框。输入新的 NC 名称为"锥度套"，单击"确定"按钮。

③ 系统弹出"Lathe Face 属性"对话框。在 Toolpath parameters 选项卡中设置刀具路径参数，如图 2-168 所示。

④ 选择 Face parameters 选项卡，在选项卡中设置 Stock to leave 为 0，根据工艺要求设置车削端面的其他参数，如图 2-169 所示，并在选项卡中选择 Select Points 单选按钮。

图 2-167　"平移选项"对话框

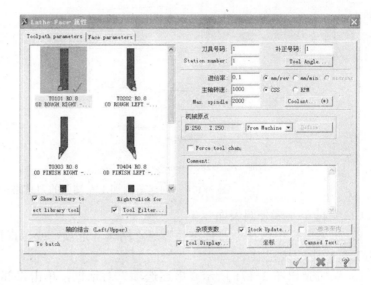

图 2-168　设置刀具路径参数

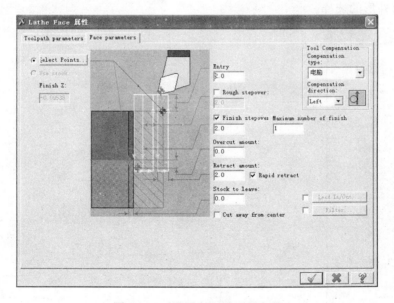

图 2-169　设置车削端面的参数

⑤ 在绘图区中分别选择车削端面区域对角线的两点坐标来定义，确定后返回 Face parameters 选项卡。

⑥ 在 "Lathe Face 属性" 对话框中单击 "确定" 按钮 ，创建车削加工左端面的刀具路径，如图 2-170 所示。

⑦ 在 "刀具路径" 管理器中选择车端面操作，单击按钮 ，隐藏车端面的刀具路径。

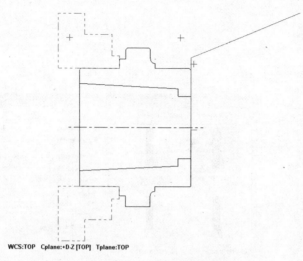

WCS:TOP Cplane:+D-Z [TOP] Tplane:TOP

图 2-170 创建车削加工左端面的刀具路径

（11）精车左端外圆表面

1）在菜单栏中选择"刀具路径"→"精车"选项，或者直接单击"刀具路径"管理器左侧工具栏中的按钮 ☜。

2）系统弹出图 2-171 所示"串连选项"对话框，单击"部分串连"按钮 ⊙⊙ 。

按顺序指定加工轮廓，如图 2-172 所示。在"串连选项"对话框单击"确定"按钮 ✓ ，完成精车轮廓外形的选择。

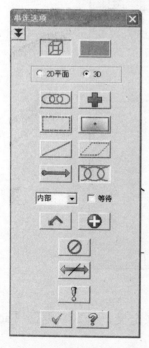

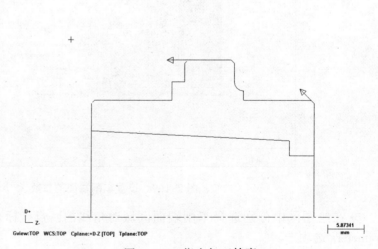

Gview:TOP WCS:TOP Cplane:+D-Z [TOP] Tplane:TOP

5.87341
mm

图 2-171 "串连选项"对话框　　　　图 2-172 指定加工轮廓

3）系统弹出"车床精加工 属性"对话框。在 Toolpath parameters 选项卡中选择 T0303 外圆车刀，设置相应的进给率、主轴转速和 Max.spindle 等，如图 2-173 所示。

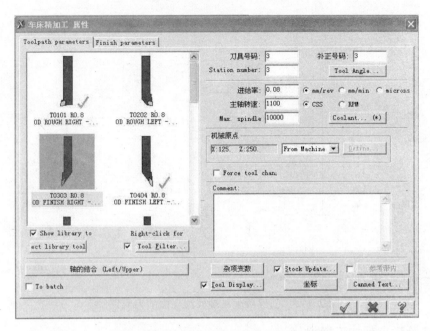

图 2-173　选择刀具并设置刀具路径参数

4）选择 Finish parameters 选项卡，根据工艺要求设置如图 2-174 所示精车左端外圆表面参数。

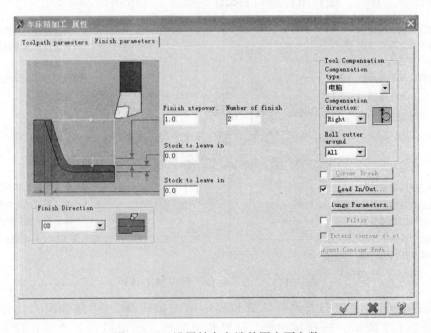

图 2-174　设置精车左端外圆表面参数

5）在"车床精加工 属性"对话框单击"确定"按钮 ✔，完成精车左端外圆表面刀具路径的创建，如图 2-175 所示。

6）在"刀具路径"管理器中选择该精车操作，单击按钮 ≋，隐藏精车左端外圆表面的刀具路径。

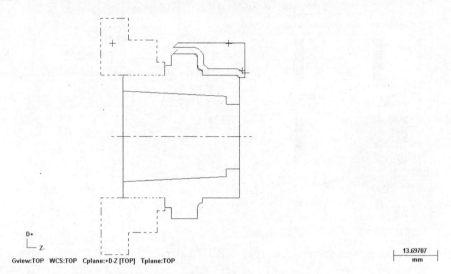

图 2-175 创建精车左端外圆表面的刀具路径

4. 实体验证车削加工模拟

打开"锥度套.mcx"文件。

（1）打开工具栏 在"刀具路径"管理器中单击"选择全部操作"按钮 ，激活"刀具路径"管理器工具栏，选择所有的加工操作，如图 2-176 所示。

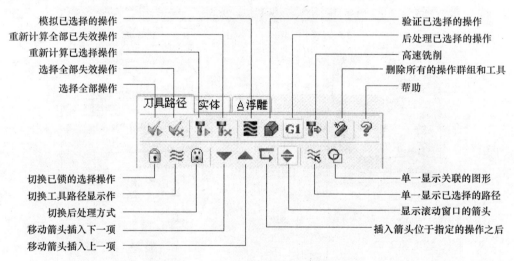

图 2-176 "刀具路径"管理器工具栏

（2）选择操作 在"刀具路径"管理器中单击按钮 ，系统弹出"实体验证"对话框，如图 2-177 所示。选择按钮 ，设置其他参数，如可以设置"停止控制"选项为"撞刀停止"。

（3）实体验证 单击"开始"按钮 ，系统开始实体验证加工模拟。每道工步的刀具路径被动态显示出来。图 2-178 所示为以等角视图显示的实体验证切削加工模拟结果。

图 2-177 "实体验证"对话框　　图 2-178 实体验证车削加工模拟结果（锥度套）

（4）实体验证加工模拟　锥度套的实体验证加工模拟过程见表 2-6。

表 2-6 锥度套的实体验证加工模拟过程

序号	加工过程注解	加工过程示意
1	车端面，粗加工右侧各外圆表面及外圆滚花 注意： 1）车削加工端面时应注意切削用量的选择：先确定背吃刀量，然后确定进给量，最后选择切削速度 2）刀具和工件应装夹牢固 3）刀具中心应与工件回转中心严格等高	
2	钻削加工内孔预留孔	
3	粗加工内锥孔及内孔，精加工内孔、内锥孔	

（续）

序号	加工过程注解	加工过程示意
4	切槽、粗车左侧各外圆	
5	精加工左侧各外圆表面	
6	切断，保证零件调头车削端面的余量为 0.2mm 注意： 1）装刀时刀具切削部分的对称中心应与主轴轴线垂直 2）刀具中心应与工件回转中心严格等高 3）在满足加工要求的情况下，刀具伸出的有效距离应大于工件半径 3～5mm 4）切断时，进刀量达到 6mm 左右时退刀，使切屑排出后再继续切断	
7	调头装夹右侧外圆 $\phi 38^{0}_{-0.03}$ mm，精加工左侧各外圆及端面，保证零件总长 注意： 1）工件找正时，应将找正精度控制在 0.02mm 的范围内 2）刀具和工件应装夹牢固 3）为避免端面不平，刀具中心应与工件回转中心严格等高	

5．执行后处理

（1）打开对话框　在"刀具路径"管理器单击"后处理程式"按钮 G1，系统弹出图 2-179 所示的"后处理程式"对话框。

（2）设置参数　选择对话框中的"NC 文件"复选框，"NC 文件的扩展名"设为".NC"，其他参数按照默认设置，单击"确定"按钮 ✓，系统弹出图 2-180 所示的"另存为"对话框。

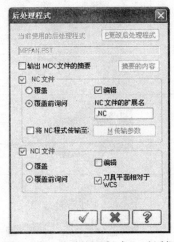

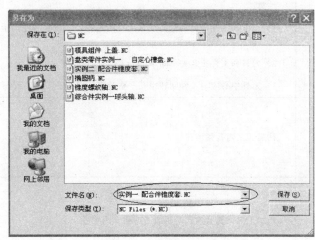

图 2-179　"后处理程式"对话框　　　　　图 2-180　"另存为"对话框

（3）生成程序　在图 2-180 所示的"另存为"对话框"文件名"文本框中输入程序名称，在此使用"实例一配合件锥度套"，完成文件名的选择。单击"保存"按钮，生成 NC程序，如图 2-181 所示。

（4）检查生成的 NC 程序　根据所使用的数控机床实际情况对图 2-181 所示列表框中的程序进行修改，包括 NC 程序的代码、起刀点位置、换刀点位置和中间的空走刀程序；经过检查后的正确程序既符合数控机床正常运行的要求，又可以节约加工时间、提高加工效率。

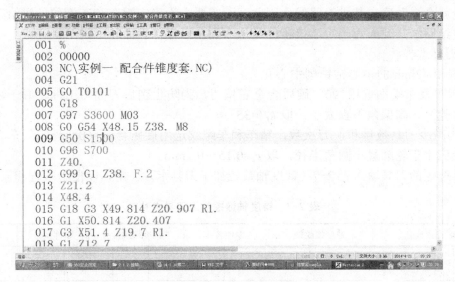

图 2-181　生成 NC 程序

2.2.5　锥度轴加工自动编程的具体操作

1. 加工工艺流程分析

锥度轴如图 2-81 所示，其数控车削加工工艺分析如下。

（1）锥度轴加工工艺分析

1）零件图工艺分析。该零件表面由圆柱 $\phi 38_{-0.03}^{0}$ mm、圆锥 $\phi 28_{-0.03}^{0}$ mm 及双线螺纹 M16等表面组成。其中有较严格的尺寸精度和表面粗糙度等要求；锥度尺寸公差还兼有控制该形状（线轮廓）误差的作用。零件材料为 45 钢，无热处理和硬度要求。

通过上述分析，采取以下几点工艺措施：

① 对图样上给定的几个精度要求较高的尺寸，因其公差数值较小，故编程时不必取平均值，宜全部取其公称尺寸下极限偏差。

② 在轮廓线上有一处为斜直线的轮廓线，在加工时应进行机械间隙和刀具圆弧半径补偿，以保证轮廓线的准确性。

③ 锥度轴外圆 $\phi 38_{-0.03}^{0}$ mm 为基准外圆，外圆 $\phi 28_{-0.03}^{0}$ mm 的几何公差为 ◎ 0.03 A，台阶外圆 $\phi 20_{-0.03}^{0}$ mm 的几何公差为 ⊥ 0.02 A、◎ 0.03 A；为便于装夹，毛坯件左端应预先车出夹持部分，右端面也应先粗车并钻好中心孔。本实例加工无热处理和硬度要求，所以采取毛坯为 $\phi 40$ mm×75mm 的棒料加工。

2）确定装夹方案。确定毛坯轴线和外圆表面（设计基准）为定位基准。鉴于同轴度的要求，增加一次装夹（装夹工艺夹头见表 2-8 中的虚线），采用自定心卡盘定心夹紧，右端采用活动顶尖支承的装夹方式。

3）确定加工顺序及进给路线。加工顺序按由粗到精、由近到远（由右到左）的原则确定，即先从右到左进行粗车（留 0.6～0.8mm 精车余量），然后从右到左进行精车，最后车螺纹。

Mastercam X 数控车床模块具有粗车循环和车螺纹循环功能，只要正确使用参数设置，软件系统就会自动确定其进给路线。因此，不需要人为确定粗车和车螺纹的进给路线，但精车的进给路线需要人为确定，该零件是从右到左沿零件表面轮廓进给。

4）刀具选择。

① 选用 $\phi 2mm$ 的中心钻钻削中心孔。

② 粗车及车端面选用 90°硬质合金右偏刀，为防止副后刀面与工件轮廓干涉（可用干涉法检验），副偏角不宜太小，取 $k_r{}'=35°$。

③ 为减少刀具数量和换刀次数，精车和车螺纹选用硬质合金 60°外螺纹车刀，刀尖圆弧半径应小于轮廓最小圆角半径，取 $r_\varepsilon=0.15～0.2mm$。

将所选定的刀具填入表 2-7（锥度轴数控加工刀具卡片）中，以便于编程和操作管理。

表 2-7 锥度轴数控加工刀具卡片

产品名称或代号		锥度螺纹轴		零件名称	锥度螺纹轴		零件图号	HDJG-1
刀具号	刀具名称	刀具规格名称		材料	数量	刀尖半径	刀杆规格	备注
T0101	90°外圆机夹粗车刀	刀片	CCMT06204-UM	PMCPT30	1	0.4	25×25	—
		刀杆	MCFNR2525M16	GC4125				
T0202	外圆啄式精车刀	刀片	VMNG160404-MF	MCPT25	1	0.2	25×25	—
		刀杆	MVJNR2525M08	GC4125				
T0303	中心钻		$\phi 2.5mm$	W6Mo5CrV2	1		莫氏 4 号	—
T0404	硬质合金60°外螺纹车刀	刀片	11ERA60	CPS20	1	0.2	20×20	—
		刀杆	SER1212H16T	GC4125				

5）切削用量选择。具体参数选择见表 2-8。

① 背吃刀量的选择。轮廓粗车时选 $a_p=2.5mm$，精车时 $a_p=0.35mm$；螺纹粗车循环时选 $a_p=0.4mm$，精车时 $a_p=0.1mm$。

② 主轴转速的选择。车直线轮廓时，查切削手册，选粗车切削速度 $v_c=90m/min$、精车切削速度 $v_c=110m/min$。利用公式计算主轴转速：粗车为 500r/min，精车为 1000 r/min。利用公式 $n \leqslant \dfrac{1000}{P} - k$ 计算主轴转速：车螺纹时主轴转速为 320 r/min。

③ 进给速度的选择。查切削手册，粗车、精车进给量分别为 0.3mm/r 和 0.15mm/r，再根据公式计算粗车、精车的进给速度分别为 200mm/min 和 180mm/min。

（2）工序流程安排

根据加工工艺分析，锥度轴的工序流程安排见表 2-8。

表 2-8 锥度轴的工序流程安排

单位名称			产品名称及型号			零件名称	零件图号
××大学			配合零件			锥度螺纹轴	003
工序	程序编号		夹具名称			使用设备	工件材料
002	Lathe-03		自定心卡盘和尾座顶尖			CK6140-A	45 钢
工步	工步内容	刀号	切削用量	备注		工序简图	
1	车端面,加工工艺夹头为ϕ25mm×5mm	T0101	n=600r/min f=0.2mm/r a_p=1.5mm	限位三爪装夹			
2	钻削中心孔	T0202	n=800r/min f=0.3mm/r	调头装夹工艺夹头,卡爪靠实台阶			
3	粗车外圆轮廓	T0101	粗车加工 n=600r/min f=0.02mm/r a_p=1.6mm	顶尖支撑			
4	精车外圆轮廓	T0101	精车加工 n=1000r/min f=0.08mm/r a_p=0.3mm	顶尖支撑		—	
5	车螺纹退刀槽	T0303	n=600r/min f=0.1mm/r	B=2mm 外圆切槽刀 (顶尖支撑)			
6	车螺纹	T05504	n=400r/min f=3.5mm/r	60°螺纹车刀(顶尖支撑)			
7	切除工艺夹头,保证总长	T0101	n=1000r/min f=0.02mm/r a_p=0.3mm	调头装夹ϕ28mm外圆,软三爪装夹,校调			

2．自动编程前的准备

打开"锥度轴.mcx"文件。

（1）绘制加工轮廓线　在打开的 Mastercam X 系统中单击绘图区下方"图层"按钮，弹出"图层管理器"对话框。打开零件轮廓线图层 2，关闭其他图素的图层，显示粗加工外轮廓线，如图 2-182 所示。

（2）设置机床系统　在打开的 Mastercam X 系统中，从菜单栏中选择"机床类型"→"车床"→"系统默认"选项，采用默认的车床加工系统。

（3）设置加工群组属性　"加工群组 1"→"属性"列表中包含材料设置、刀具设置、文件和安全区域四项内容。文件设置一般采用默认设置，安全区域根据实际情况设定，本加工实例主要介绍刀具设置和材料设置。具体步骤与实例一一致，其中参数有所改变，操作过程如下：

1）打开设置窗口。单击"机床系统"→"车床"→"系统默认"选项，在"刀具路径"管理器中选择"加工群组 1"→"属性"→"材料设置"选项，系统弹出"加工群组属性"对话框，如图 2-183 所示。

2）设置材料参数。选择"材料设置"选项卡，在该选项卡中设置如下参数：

①工件材料视角：采用默认设置的 TOP 视角，如图 2-183 所示。

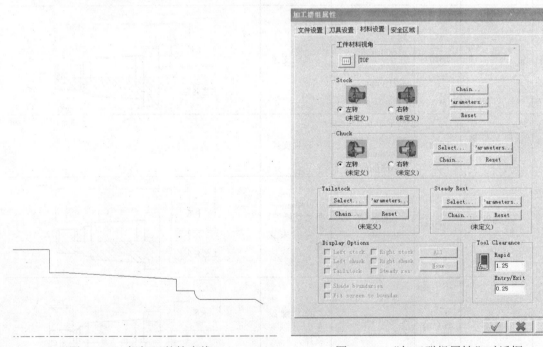

图 2-182　粗加工外轮廓线

图 2-183　"加工群组属性"对话框

②设置 Stock 选项组：在该选项组选择"左转"，如图 2-184 所示。单击 parameters 按钮，系统弹出图 2-185 所示的 Bar Stock 对话框。在该对话框设置毛坯材料为 ϕ42mm 棒料，在"OD"文本框中输入 42.0，在 length 文本框中输入所需毛坯棒料长度 86.0（根据工

图 2-184　设置 Stock

艺安排不同，所需要的毛坯材料长度不一样），在 Base Z 文本框中输入 71.0（数据根据采用的坐标系不同而不同），选择基线在毛坯的右端面处 ○ On left face ● On right face，单击 Preview 按钮，确认材料设置符合预期后，单击该对话框中的"确定"按钮 ✓，完成材料参数的设置。

技巧提示 Q

为了保证毛坯装夹，毛坯的长度应大于工件长度；在 Base Z 处设置基线位置，文本框中的数值为基线的 Z 轴坐标（坐标系以 Mastercam 绘图区的坐标系为基准），左、右端面指基线放置于工件的左端面处或右端面处。

③ 或者单击"由对角线两点产生"按钮 Make from 2 points...，在提示下依次输入两点坐标（$X=42$，$Z=15$）、（$X=0$，$Z=-71$），定义工件外形（也可以在需要的位置点直接单击获取），单击"预览"按钮 Preview...，确认毛坯设置符合预期后，单击 Bar Stock 对话框中的"确定"按钮 ✓。

④ 在 Chuck 选项组选择"左转"单选按钮，如图 2-186 所示。

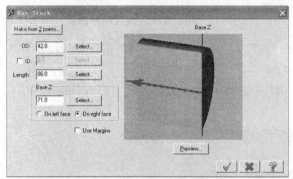

图 2-185　Bar Stock 对话框

图 2-186　设置 Chuck 选项组

接着单击该选项组中的 parameters 按钮，系统弹出 Chuck Jaw 对话框，如图 2-187 所示。在"Clamping Method（夹持的方法）"中选择第一种方法；在"Shape（形状）"选项组中设定"Jaw width（夹爪宽度）"为 20.0，"Width step（宽度步进）"为 5.0，"Jaw height（夹爪高度）"为 25.0，"Height step（高度步进）"为 10.0；在 Position 选项组选择 From stock 复选框和 Grip on maximum diameter 复选框，设置卡爪的形状、位置与工件大小匹配的其他的参数。

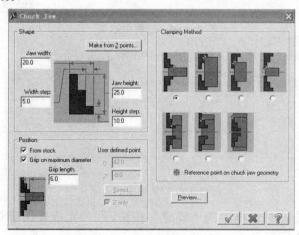

图 2-187　Chuck Jaw 对话框

技巧提示 🔍

　　卡盘夹持工件的方法要与实际机床相一致，卡盘的形式根据机床卡盘设定。User defined point 中的 D 指卡盘夹持的毛坯直径，Z 指卡盘夹持毛坯的 Z 轴坐标。

　　⑤ 在 Chuck Jaw 对话框中单击"预览"按钮 Preview... ，确定卡爪设置符合预期后，单击"确定"按钮 ✓ ，返回"材料设置"选项卡中。

　　⑥ 在 Tailstock 选项组中根据零件大小设置尾座参数如图 2-188 所示。在该对话框中设置尾座尺寸：在"（顶尖圆柱长度）Extension"文本框中输入 15.0，在"Diameter（顶尖圆柱直径）"文本框中输入 10.0，在"Length（尾座长度）"文本框中输入 60.0，在"Width（尾座宽度）"文本框中输入 40.0，在"ZPosition（顶尖 Z 点的位置）文本框中输入 71.0。

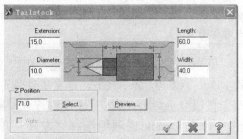

图 2-188　设置尾座参数

　　单击"预览"按钮 Preview... ，位置设置符合预期后，单击"确定"按钮 ✓ ，返回"加工群组属性"对话框的"材料设置"选项卡中。

　　⑦ 在 Steady Rest 对话框中设置中心架，如图 2-189 所示。此实例不需要顶尖和中心架工艺辅助点，所以无须设置。

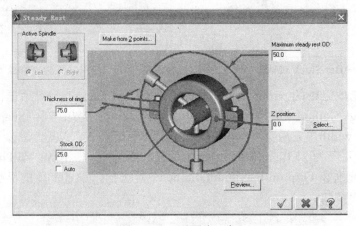

图 2-189　设置中心架

　　⑧ 在 Display Options 选项组中设置图 2-190 所示的显示选项。

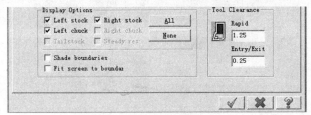

图 2-190　设置显示选项

　　设置完成后，单击该对话框中的"确定"按钮 ✓ 。完成实例零件设置的工件毛坯、夹爪和尾座如图 2-191 所示。

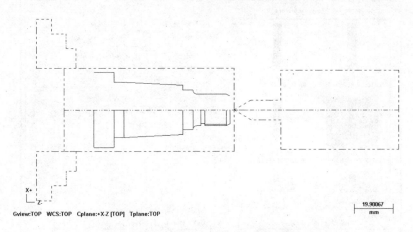

图 2-191　实例零件设置的工件毛坯、夹爪和尾座

☞ "左转"的判断原则：要根据所使用机床的实际情况进行设置，一般斜导轨转塔式数控车床和水平导轨四方刀架数控车床的主轴转向不一样，总之要根据数控车床具体特点正确设定。

拓展思路

切削速度和进给率的确定

"车床材料定义"对话框让你为新毛坯材料定义切削速度和进给率，并改变现存毛坯材料的切削速度和进给率，当定义一种新程序或编辑一种现存的材料时，你必须懂得在多数车床上操作的基本知识，才能定义材料的切削速度和进给率，主轴速度使用常数表面速度（CSS）用于编程，刀具的切削速度总是保持不变。

除钻削和车螺纹外，都用 r/min 编程，车螺纹的进给率不包括在材料定义中，必须用螺纹车刀定义，当调整默认材料和定义新材料时，必须设置下列参数：

① 设置使用该材料所有操作和基本切削速度。

② 设置每种操作形式基本切削速度的百分率。

③ 设置所有刀具形式基本进给率。

④ 设置每种刀具形式基本进给率的百分率。

⑤ 选用加工材料的刀具形式材料。

⑥ 设定已定的单位（in、mm、m）。

⑦ 对"车床材料的定义"对话框各选项进行解释。

3．自动编程的具体步骤

（1）车削端面

1）在菜单栏中选择"刀具路径"→"车端面"选项，或者直接单击"刀具路径"管理器左侧工具栏中的按钮 。

2）系统弹出"输入新 NC 名称"对话框，输入新的 NC 名称为"锥度轴"，单击"确定"按钮 。

3）系统弹出"Lathe Face 属性"对话框。

在 Toolpath parameters 选项卡中选择 T0303 外圆车刀，并按照以上分析的工艺要求设置刀具路径参数，如图 2-192 所示。

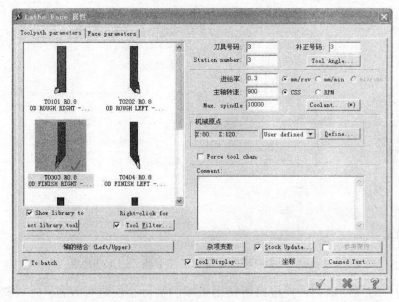

图 2-192　选择刀具并设置刀具路径参数

4）选择 Face parameters 选项卡，设置 Stock to leave 为 0，根据工艺要求设置车削端面的其他参数，如图 2-193 所示，并在选项卡中选择 Select Points 单选按钮。

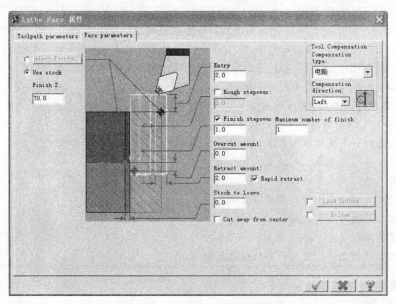

图 2-193　设置车削端面参数

5）选择"Use stock（使用素材）"单选按钮，并在"Finish Z（Z 向坐标）"文本框中输入毛坯长度为 70.0。

6）在"Lathe Face 属性"对话框中单击"确定"按钮 ✓ ，完成车削端面刀具路径的创建，如图 2-194 所示。

7）在"刀具路径"管理器中选择车削端面操作，单击按钮 ≈ ，隐藏车削端面的刀具路径。

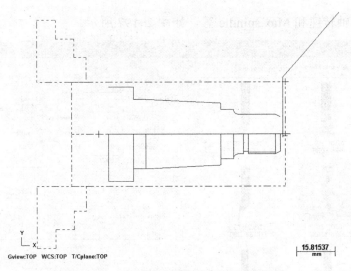

图 2-194　创建车削端面创建的刀具路径

（2）粗车外圆

1）在菜单栏中选择"刀具路径"→"粗车"选项。或者直接单击"刀具路径"管理器左侧工具栏中的按钮 。

2）系统弹出"串连选项"对话框，如图 2-195 所示。单击"部分串连"按钮 ，按顺序指定加工轮廓，如图 2-196 所示。在"串连选项"对话框中单击"确定"按钮 ，完成粗车轮廓外形的选择。

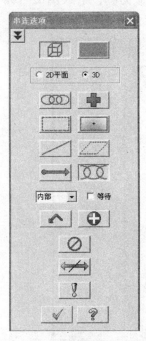

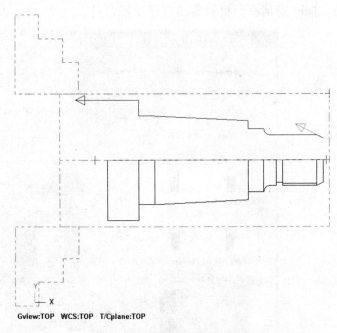

图 2-195　"串连选项"对话框　　　　　图 2-196　选择粗车轮廓外形

3）系统弹出"车床粗加工 属性"对话框。

① 在 Toolpath parameters 选项卡中选择 T0303 外圆车刀，并根据工艺分析要求设置相

应的进给率、主轴转速和 Max.spindle 等，如图 2-197 所示。

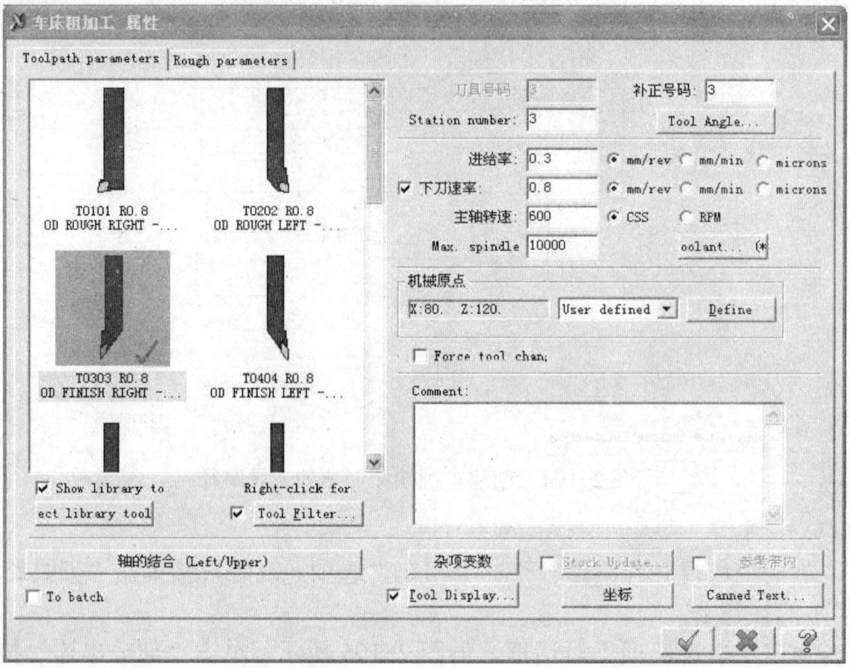

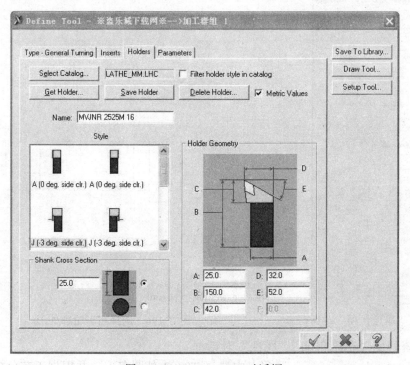

图 2-197　选择刀具并设置刀具路径参数

② 根据零件外形选取刀具，如没有合适刀具，可双击相似刀具，进入图 2-198 所示 Define Tool 对话框，根据需要自行设置刀具。

图 2-198　Define Tool 对话框

4）选择 Rough parameters 选项卡，根据工艺分析设置图 2-199 所示粗车参数。

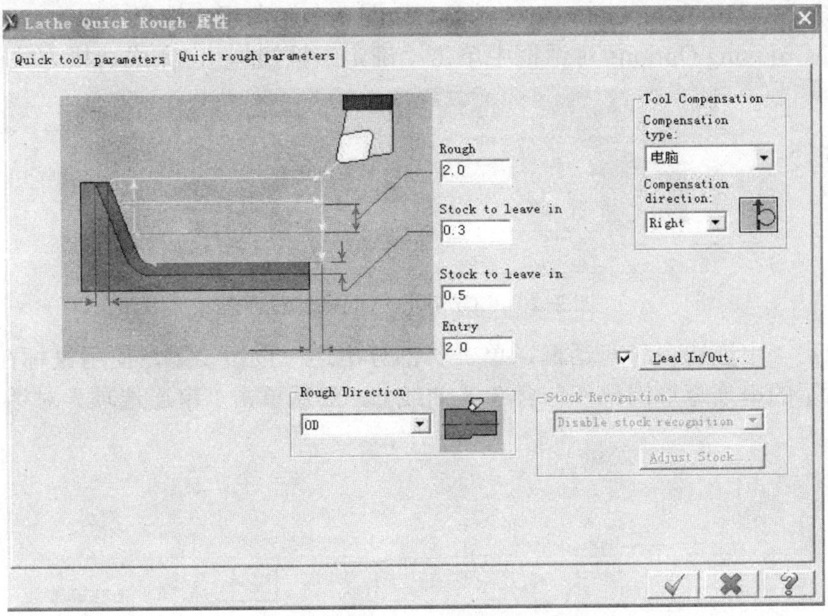

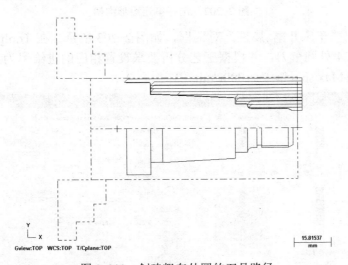

图 2-199   设置粗车参数

5）在"车床粗加工 属性"对话框中单击"确定"按钮，完成粗车外圆刀具路径的创建，如图 2-200 所示。

图 2-200   创建粗车外圆的刀具路径

6）在"刀具路径"管理器中选择该粗车操作，单击按钮 ≋ ，隐藏粗车外圆的刀具路径。

（3）精车外圆   在菜单栏中选择"刀具路径"→"精车"选项，或者直接单击"刀具路径"管理器左侧工具栏中的按钮 ；其余步骤参考上述粗车外圆的步骤，创建刀具路径。

（4）车螺纹退刀槽

1）在菜单栏中选择"刀具路径"→"径向车槽"选项，或者直接单击"刀具路径"管理器左侧工具栏中的按钮 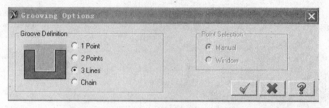。

2）系统弹出 Grooving Options 对话框，如图 2-201 所示，选择"3Lines（3 直线）"单选按钮，在 Grooving Options 对话框中单击"确定"按钮 ✓，完成切槽方式的选择。

图 2-201　Grooving Options 对话框

系统弹出"串连选项"对话框，单击"部分串连"按钮，使用鼠标在绘图区选择图 2-202 所示的串连矩形沟槽（包含 3 条曲线），然后单击"串连选项"对话框中"确定"按钮 ✓。

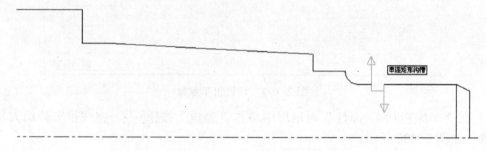

图 2-202　选择串连矩形沟槽

3）系统弹出"车床开槽 属性"对话框，如图 2-203 所示。在 Toolpath parameters 选项卡中选择 T2424 外圆车刀，并根据工艺分析要求设置相应的进给率为 0.1mm/r、主轴转速为 400r/min 和 Max.spindle 为 1000r/min 等。

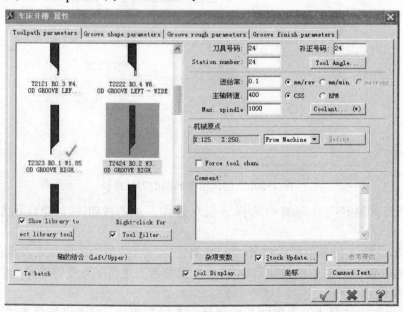

图 2-203　"车床开槽 属性"对话框

4）选择 Groove shape parameters 选项卡，根据工艺分析要求设置图 2-204 所示的径向车削外形参数。参数的设置参照 2.1.2 螺纹锥度轴加工自动编程的具体操作中车削宽槽的参数设置方法。

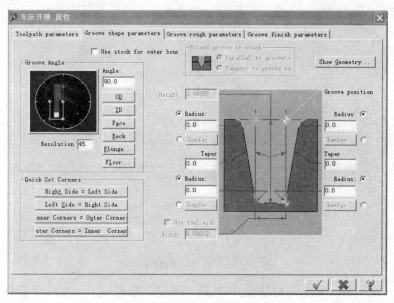

图 2-204 设置径向车削外形参数

5）选择 Groove rough parameters 选项卡，根据工艺分析要求设置图 2-205 所示的径向粗车参数。参数的设置参照 2.1.2 螺纹锥度轴加工自动编程的具体操作中车削宽槽的参数设置。

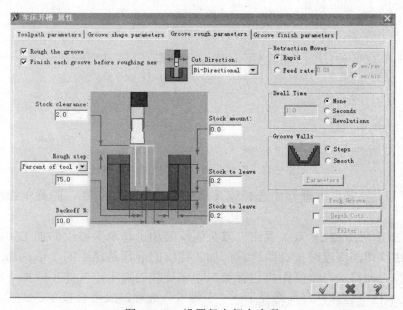

图 2-205 设置径向粗车参数

6）选择 Groove finish parameters 选项卡，根据工艺分析要求设置图 2-206 所示的径向精车参数。参数的设置参照 2.1.2 螺纹锥度轴加工自动编程的具体操作中车削宽槽的参数设置。

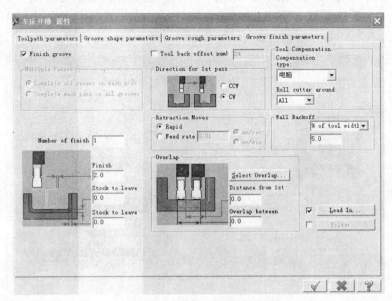

图 2-206 设置径向精车参数

7）在"车床开槽 属性"对话框中单击"确定"按钮 ☑️，完成车螺纹退刀槽刀具路径的创建，如图 2-207 所示。

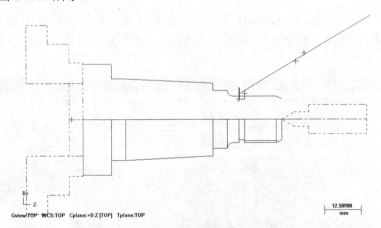

图 2-207 创建车螺纹退刀槽的刀具路径

8）在"刀具路径"管理器中选择该开槽操作，单击按钮 ≋，隐藏车螺纹退刀槽的刀具路径。

（5）车加工 M16×2-2h 双头螺纹 双头螺纹的加工与单头螺纹的加工实质是一样的，其关键点是螺纹切削深度时按螺距计算；加工螺纹的导程是螺距的 2 倍；加工好一个螺旋线后，沿轴线方向移动一个螺距再进行第二个螺旋线的加工。具体步骤如下：

1）在菜单栏中选择"刀具路径"→"车螺纹"选项，或者直接单击"刀具路径"管理器左侧工具栏中的按钮 🔧。

2）系统弹出"车床螺纹 属性"对话框。在 Toolpath parameters 选项卡中，选择刀号为 T0202 的螺纹车刀钻头（或其他适合螺纹丝锥），并根据车床设备情况及工艺分析设置相应的主轴转速和 Max.spindle 等，如图 2-208 所示。

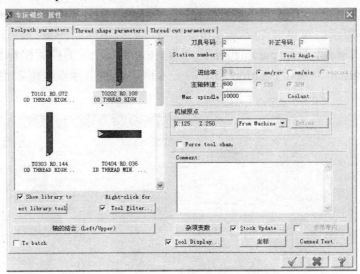

图 2-208   设置刀具路径参数

3）选择 Thread shape parameters 选项卡，如图 2-209 所示。

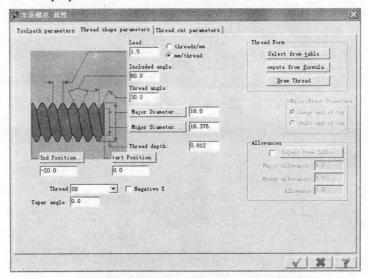

图 2-209   Thread shape parameters 选项卡

① 选择螺纹形式。单击 Thread Form 选项组中"Compute from formula（运用公式计算）"按钮，系统弹出"Compute From Formula（运用公式计算）"对话框。选择 Thread from 为"Metric M Profile（米制）"。在该对话框中设置螺纹螺距和公称直径参数，如图 2-210 所示。单击"确定"按钮 ，退出 Compute From Formula 对话框，返回 Thread shape parameters 选项卡。选项卡中自动计算出螺纹的大径和底径等参数。

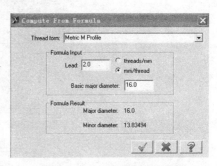

图 2-210   设置螺纹参数

② 在 Thread shape parameters 选项卡单击 Start Position 按钮，系统返回绘图窗口，选择螺纹加工的起始点图素单击，返回 Thread shape parameters 选项卡，Start Position 的位置坐标如图 2-211 所示；再单击 End position 按钮，系统返回绘图窗口，选择螺纹加工的终止点单击，返回 Thread shape parameters 选项卡，End Position 的位置坐标如图 2-212 所示。或者在 Start Position 和 End Position 相应的文本框中输入坐标点数值，也可设置螺纹的起始点和终止点。

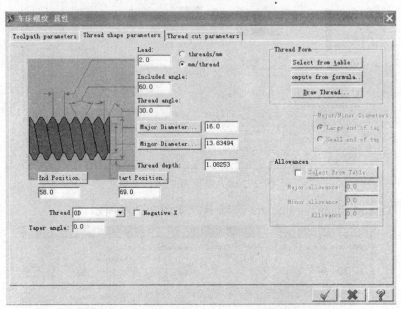

图 2-211　选择螺纹起始点和终止点的位置

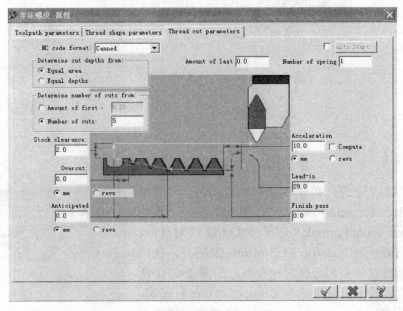

图 2-212　设置车螺纹参数

③ Thread shape parameters 选项卡中部分选项的含义如下：

选项	含义	选项	含义
Lead: 1.5　threads/mm　mm/thread	螺纹导程	Included angle: 60.0	螺纹牙型角
Thread angle: 30.0	螺纹牙型半角	Major Diameter... 18.0	螺纹大径
Minor Diameter... 15.8	螺纹小径	End Position... 20.0	螺纹终止点位置
Start Position. 30.0	螺纹起始点位置	Thread OD	螺纹类型
Taper angle: 0.0	螺纹锥度角	Select from table...	由表单选择
Compute from formula..	运用公式计算	Draw Thread...	绘制螺纹图形

4）选择 Thread cut parameters 选项卡。

① 根据工艺要求设置图 2-212 所示的车螺纹参数。选择"Multi Start（多重开始）"复选框并单击 Multi Start 按钮，弹出"Multi Start Thread Parameters（多线参数设置）"对话框，图 2-213 所示。在" Number of thread starts:　（线数）"文本框中输入 2，螺距移动方式可选默认。

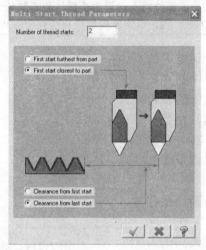

图 2-213　"Multi Start Thread Parameters（多线参数设置）"对话框

单击"确定"按钮 ✓ ，返回 Thread cut parameters 选项卡。

② Thread cut parameters 选项卡中部分选项的含义如下：

选项	含义	选项	含义
Determine cut depths from:	切削深度决定因素	Equal area	相等切削量
Equal depths	相等深度	Determine number of cuts from:	切削次数决定因素
Amount of first	第一次切削量	Number of cuts: 5	切削次数
Stock clearance: 2.0	素材的安全距离	Overcut: 0.0	退刀延伸量
Anticipated 0.0	预先退刀距离	Acceleration 10.0 Compute　mm　revs	退刀加速距离
Lead-in 29.0	进刀角度	Finish pass 0.0	精车削预留量
Amount of last 0.0	最后一刀的切削量	Number of spring 6	最后深度的精车次数

加工技巧

为保证数控车床上车螺纹的顺利进行，车螺纹时的主轴转速必须满足一定的要求。

1）数控车床车螺纹必须通过主轴的同步运行功能实现，即车螺纹需要有主轴脉冲发生器（编码器）。当其主轴转速选择过高、编码器的质量不稳定时，会导致工件螺纹产生乱纹（俗称"烂牙"）。

对于不同的数控系统，推荐不同的主轴转速选择范围，但大多数经济型数控车床车削加工螺纹时的主轴转速如下：

$$n \leqslant \frac{1000}{P} - k$$

式中　　n ——主轴转速（r/min）；

　　　　P ——工件螺纹的螺距或导程（mm）；

　　　　k ——保险系数，一般取为 80。

2）车螺纹的提前量 $\delta 1$ 和退刀量 $\delta 2$。车螺纹时必须要有一个提前量。螺纹的车削加工是成型车削加工，切削进给量大，一般要求分多次进给加工。刀具在其位移过程的始点、终点都将受到伺服驱动系统升速、降速频率和数控装置插补运算速度的约束，因此在螺纹加工轨迹中应设置足够的提前量（即升速进刀段）$\delta 1$ 和退刀量（即降速退刀段）$\delta 2$，以消除伺服滞后造成的螺距误差。

5）"车床螺纹 属性"对话框中的参数设置完成后，单击对话框中的"确定"按钮，系统按照所设置的参数创建图 2-214 所示的车螺纹刀具路径。

6）在"刀具路径"管理器中选择该精车操作，单击按钮 ≋，隐藏车螺纹的刀具路径。

（6）调头装夹 ϕ28mm 外圆　车削加工工艺夹头，即车削加工零件左端面，保证总长。创建车削工艺夹头的刀具路径如图 2-215 所示。

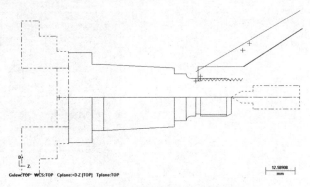

图 2-214　创建车螺纹的刀具路径

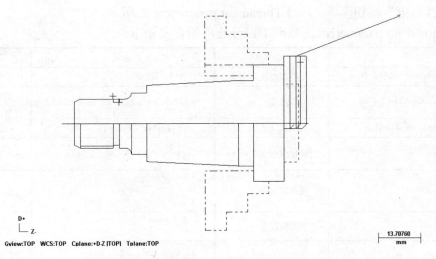

图 2-215　创建车削工艺夹头的刀具路径

4．实体验证车削加工模拟

（1）打开工具栏　在"刀具路径"管理器中单击按钮 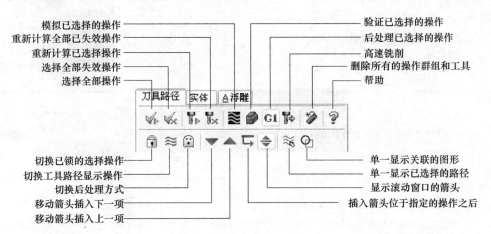，弹出"刀具路径"管理器工具栏，如图 2-216 所示。选择所有的加工操作。

模拟已选择的操作
重新计算全部已失效操作
重新计算已选择操作
选择全部失效操作
选择全部操作

验证已选择的操作
后处理已选择的操作
高速铣削
删除所有的操作群组和工具
帮助

切换已锁的选择操作
切换工具路径显示操作
切换后处理方式
移动箭头插入下一项
移动箭头插入上一项

单一显示关联的图形
单一显示已选择的路径
显示滚动窗口的箭头
插入箭头位于指定的操作之后

图 2-216　"刀具路径"管理器工具栏

（2）选择操作　在"刀具路径"管理器中单击按钮 ，弹出"实体验证"对话框，如图 2-217 所示。选择"模拟刀具及刀头"按钮 ，并设置加工模拟的其他参数。

（3）实体验证　单击"开始"按钮 ，系统开始实体验证加工模拟。每道工步的刀具路径被动态显示出来。图 2-218 所示为以等角视图显示的实体车削加工验证模拟的结果。

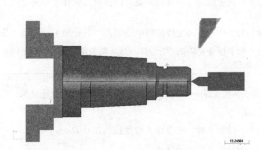

图 2-217　"实体验证"对话框　　　图 2-218　实体验证车削加工模拟的结果（锥度轴）

（4）实体验证加工模拟　锥度轴实体验证加工模拟过程见表 2-9。

表 2-9 锥度轴实体验证加工模拟过程

序号	加工过程注解	加工过程示意
1	车端面（加工工艺夹头ϕ25mm×5mm）	
2	调头装夹工艺夹头、卡爪靠实台阶钻中心孔	
3	粗车外圆轮廓 粗车加工 R2mm 圆弧及 M16 螺纹外圆 1）粗加工时应随时注意加工情况，保证刀具与卡盘、尾座不发生干涉，并保证充分加注切削液 2）刀具切削部分的主偏角大于 90°，刀尖圆弧半径要进行正确补偿，防止圆弧尺寸公差超差	
4	精车外圆轮廓 1）在满足加工要求的情况下，刀具伸出的有效距离应大于工件半径 3～5mm 2）刀具切削刃应保持锋利，切削用量应根据加工情况合理调整 3）精车加工时刀具应保持锋利并具有良好的强度 4）刀具中心应与工件回转中心严格等高，防止圆弧几何公差超差	
5	车螺纹退刀槽 1）切槽前，刀具切削部分的对称中心应与主轴轴线垂直 2）刀具中心应与工件回转中心等高 3）切槽刀两个主偏角应相等	
6	车削螺纹 M16×1.75/2 注意： 1）粗加工时，应注意加工情况并合理分配加工余量，保证充分加注切削液 2）进行切削时，刀具的刀尖应在起点前 4～5mm 3）刀具应保持锋利并具有良好的强度，保证牙型两侧的平整度和表面粗糙度 4）刀具中心应与工件回转中心等高，防止加工时出现"扎刀"现象 5）为了保证正确的"牙型"，刀具切削部分 60°刀尖角的对称中心应与主轴轴线垂直	
7	调头装夹ϕ28mm 外圆，车削加工工艺夹头，保证总长 注意： 1）工件找正时，应将找正精度控制在 0.02mm 内 2）刀具和工件应装夹牢固 3）为避免端面不平，刀具中心应与工件回转中心严格等高	

5．执行后处理

（1）打开对话框　在"刀具路径"管理器中单击按钮 G1，系统弹出图 2-219 所示的"后处理程式"对话框。

（2）设置参数　选择对话框中的"NC 文件"复选框，"NC 文件的扩展名"为".NC"，其他参数按照默认设置，单击"确定"按钮 ✓，系统弹出图 2-220 所示的"另存为"对话框。

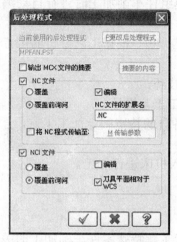

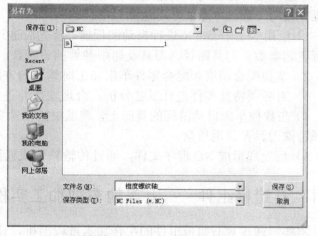

图 2-219　"后处理程式"对话框　　　　　图 2-220　"另存为"对话框

（3）生成程序　在图 2-220 所示的"另存为"对话框中的"文件名"文本框中输入程序名称，在此使用"锥度螺纹轴"，给创建的零件文件输入文件名后，完成文件名的设置。单击按钮 保存(S)，生成 NC 程序，如图 2-221 所示。

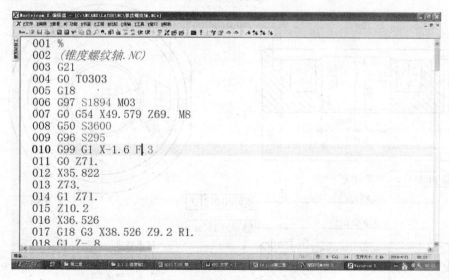

```
001 %
002 (锥度螺纹轴.NC)
003 G21
004 G0 T0303
005 G18
006 G97 S1894 M03
007 G0 G54 X49.579 Z69. M8
008 G50 S3600
009 G96 S295
010 G99 G1 X-1.6 F.3
011 G0 Z71.
012 X35.822
013 Z73.
014 G1 Z71.
015 Z10.2
016 X36.526
017 G18 G3 X38.526 Z9.2 R1.
018 G1 Z-8.
```

图 2-221　生成 NC 程序

（4）检查 NC 程序　根据所使用的数控机床实际情况对图 2-221 所示文本框中的程序进行修改，包括 NC 程序的代码、起刀点位置、换刀点位置和中间的空走刀程序。经过检查后的正确程序既符合数控机床正常运行的要求，又可以节约加工时间，提高加工效率。

第3章　复杂形状零件车削加工
自动编程实例

本章主要介绍应用 Mastercam X 对复杂零件——石蜡模组件车削加工时进行自动编程的操作技巧。通过本章的学习达到以下目的：

1）应用 Mastercam X 进行自动编程前，首先应进行工艺分析，根据工艺分析的可行性进行工艺参数、刀具路径、刀具及切削参数的设定。

2）掌握配合精度和配合零件车削加工时调整的方法和技巧。

3）对各类特殊零件进行工艺分析，合理安排并进行加工工艺设计。

4）在数控车床自动编程的基础上，着重根据特殊零件各自的特点制定加工工艺，合理选择特殊刀具及切削用量。

5）后处理形成 NC 程序文件，通过传输软件或直接输入机床进行加工。

3.1　石蜡模组件——上盖的车削加工实例

本实例通过对石蜡模组件的配合加工过程剖析，让读者了解特殊零件车削加工的关键所在。

图 3-1～图 3-3 所示为石蜡模及组件，材料为 45 钢。

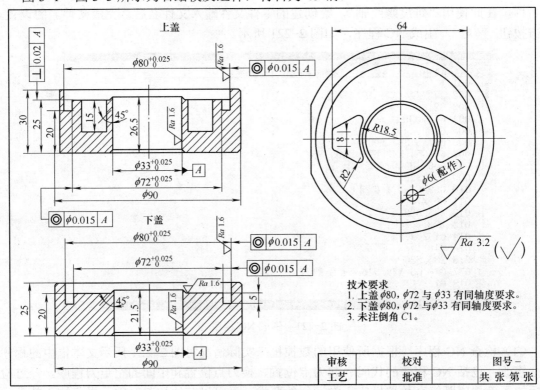

图 3-1　石蜡模组件一

124

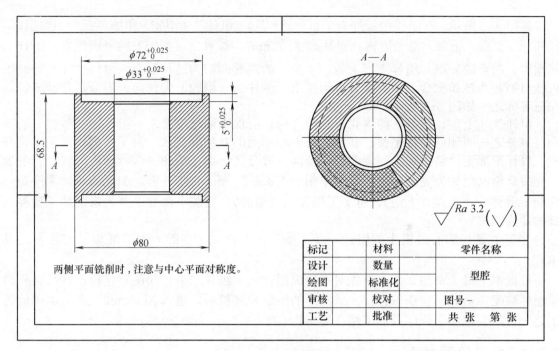

图 3-2　石蜡模组件二

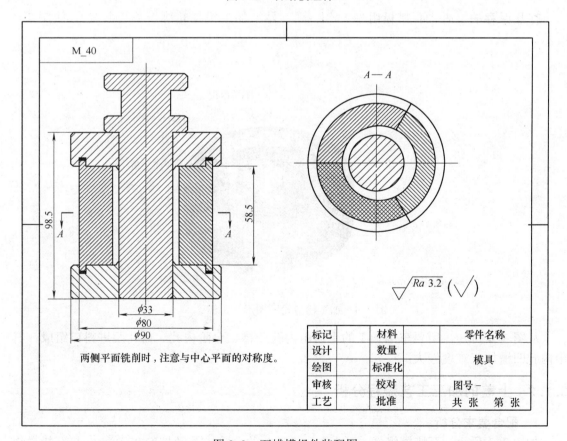

图 3-3　石蜡模组件装配图

如图 3-3 所示，石蜡模由组件一（上盖、下盖）、组件二（型腔）和抽芯三个组件组成。组件一（上盖、下盖）的台阶内孔圆柱 $\phi 80^{+0.025}_{0}$ mm 与组件二（型腔）的外圆配合，组件二（型腔）的台阶外圆与组件一（上盖、下盖）的内孔凹槽为过盈配合，组件二（型腔）的内孔与抽芯为过盈配合。根据模具设计要求，组件二（型腔）为径向三等分组合而成，径向三等分之一如图 3-3 所示。

组件一（上盖、下盖）的内孔、凹槽及内孔应保证同轴度要求，组件二（型腔）的径向三等分之一两侧应保持平整，并保证与中心平面的对称度要求。为了能顺利加工螺旋凹槽，设计平面定位铣削加工螺旋凹槽，径向三等分之一加工成图 3-3 所示的形状；铣削加工完成后将其组装为完整的型腔，再车削加工 $\phi 80^{0}_{-0.01}$ mm 台阶外圆。加工的总体顺序是：先加工组件一（上盖、下盖），再加工组件二（型腔），型腔车削加工前先铣削加工型腔内部的螺旋凹槽。

这里主要介绍石蜡模中的组件一（上盖）、组件二（型腔）的车削加工工艺方法及编程。

根据本书第 2 章的介绍，首先对石蜡模组件一、组件二进行绘图和建模，并绘制石蜡模组件装配图，分别建档保存；完成图形的绘制和建模后，进入 Mastercam 自动编程前的工艺分析、安排加工顺序及加工路径等操作。

3.1.1　打开绘图文件

打开保存的文件"石蜡模组件一　上盖"，显示加工模拟轮廓图形（上盖），如图 3-4 所示。

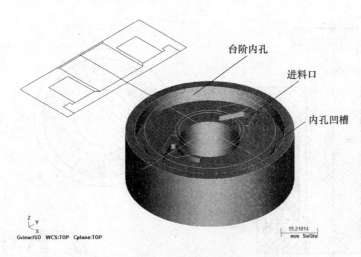

图 3-4　加工模拟轮廓图形（上盖）

从图 3-4 可知，所要车削加工的上盖由内孔凹槽、台阶内孔、内孔及进料口组成，其中内孔凹槽加工难度较大。

3.1.2　上盖的加工工艺流程分析

1．配合要求分析

如图 3-3 所示，石蜡模组件一（上盖、下盖）的台阶内孔圆柱 $\phi 80^{+0.025}_{0}$ mm 与石蜡模组件二（型腔）的外圆配合，组件二（型腔）的台阶外圆与组件一（上盖、下盖）的内孔凹槽为过盈配合，与抽芯为过盈配合。

2．上盖的车削加工工艺分析

石蜡模组件一（上盖、下盖）如图 3-1 所示。下面以上盖为例，对数控车削加工工艺分析如下。

（1）结构分析　上盖由台阶内孔 $\phi 80_0^{+0.025}$ mm、内孔 $\phi 33_0^{+0.025}$ mm、外圆柱 $\phi 90$mm 组成，总长为 25mm，$\phi 80_0^{+0.025}$ mm 内孔台阶面上设有两个进料口。

（2）加工路径分析　上盖存在高台阶内圆凹槽，内孔要求一刀下。加工时重点考虑加工高台阶 $\phi 80_0^{+0.025}$ mm 内圆凹槽时，保证使刀具不与内孔发生干涉碰撞现象，进料口由数控铣削完成。

（3）精度分析　上盖的直径尺寸精度要求有台阶内孔 $\phi 80_0^{+0.025}$ mm、内孔 $\phi 32.6$H7、内凹槽 $\phi 80$H6 及 $\phi 70$h7 等；几何公差有同轴度要求 $\boxed{\odot\ \phi 0.015\ A}$、内台阶孔要求垂直度 $\boxed{\perp\ 0.02\ A}$ 及表面要求 Ra 为 1.6μm 等，因此在加工时不但应考虑工件的加工刚性、刀具的中心高、刀具刚性及加工工艺等问题，还要考虑刀具的锋利程度问题。

（4）定位及装夹分析　由于模具一般为单件或小批量加工，因此组件采用自定心卡盘装夹，每次加工伸出的材料长度应一致。

（5）加工工步分析　经过以上分析，上盖的加工顺序如下：

1）车端面。

2）利用 $\phi 31$mm 麻花钻钻削加工内孔 $\phi 32.6$ mm 的预留孔。

3）镗刀粗、精车削台阶内孔及 $\phi 32.6$ mm 内孔。

4）端面切槽刀车削端面凹槽。

5）调头车削端面，保证总长。

3．工序流程安排

根据加工工艺分析，加工上盖的工序流程安排见表 3-1。

表 3-1　加工上盖的工序流程安排

单位名称		产品名称及型号				组件名称	组件图号
××大学		配合组件				上盖	058
工序	程序编号	夹具名称				使用设备	工件材料
	Lathe-58	自定心卡盘				CK6140-A	45 钢
工步	工步内容	刀号	切削用量	备注		工序简图	
1	车端面、外圆	T0101	n=800r/min f=0.2mm/r a_p=1mm	自定心卡盘装夹		车端面	

（续）

工步	工步内容	刀号	切削用量	备注	工序简图
2	ϕ31mm 麻花钻钻削加工内孔ϕ32.6mm 的预孔	T4646	n=300r/min f=0.2mm/r		钻孔
3	镗刀粗、精车削台阶内孔及ϕ32.6mm 内孔	T1111	粗加工 n=500r/min f=0.2mm/r a_p=1.5mm 精加工 n=900r/min f=0.1mm/r a_p=0.6mm		钻孔镗内孔
4	端面切槽刀车削端面内孔凹槽	T2424	n=300r/min f=0.3mm/r a_p=3mm		车削内孔凹槽
5	调头装夹车端面，保证总长	T0101	n=800r/min f=0.2mm/r a_p=1mm	自定心卡盘装夹	车削端面定总长
6	铣削加工进料口			自定心卡盘装夹	铣削加工进料口

3.1.3 上盖加工自动编程的具体操作

1. 打开绘制的加工轮廓线

打开保存的“石蜡模组件一 上盖”轮廓线图层 1，关闭其他图素的图层，结果显示所需要的粗加工外轮廓线，如图 3-5 所示。

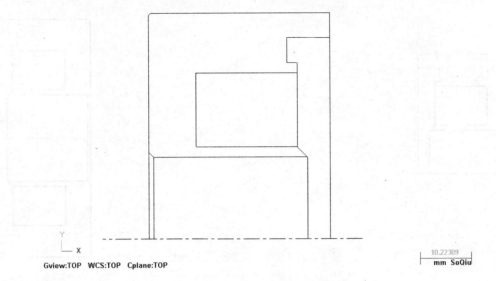

Gview:TOP WCS:TOP Cplane:TOP

图 3-5 粗加工外轮廓线

2．设置机床加工系统

在打开的 Mastercam X 系统中，从菜单栏中选择"机床类型"→"车床"→"系统默认"选项，采用默认的车床加工系统。选择车床加工系统后，在"刀具路径"管理器中弹出"加工群组 1"树节菜单。

3．设置加工群组属性

在"加工群组 1"→"属性"列表中包含材料设置、刀具设置、文件和安全区域四项内容。本加工实例主要介绍刀具设置和材料设置。

1）打开设置对话框。选择"机床系统"→"车床"→"默认"选项后，弹出"刀具路径"管理器。在"刀具路径"管理器中选择"加工群组 1"→"属性"→"材料设置"选项，系统弹出"加工群组属性"对话框。

2）设置材料参数。在"加工群组属性"对话框中选择"材料设置"选项卡，在该选项卡中可以设置如下内容：

① 工件材料视角：采用默认设置 TOP 视角。

② 设置 Stock 选项组：在该选项组中选择"左转"，单击 Parameters 按钮，系统弹出 Bar Stock 对话框。在该对话框设置毛坯材料为 ϕ92mm 棒料，在"0D"文本框中输入材料直径为 92.0，在 Length 文本框中输入材料长度为 32.0，在 Base Z 文本框中输入 1（数据根据采用的坐标系不同而不同），选择基线在毛坯的右端面处 ⊙ On left face ⦿ On right face ，单击 Preview 按钮，弹出材料设置预览，如图 3-6 所示。确定符合预期后，单击该对话框中的"确定"按钮 ✓ ，完成材料参数的设置。

③ 在"材料设置"选项卡 Chuck 选项组中选择"左转"单选按钮，如图 3-7 所示。单击该选项组中的 Parameters 按钮，设置卡爪大小和夹持位置，设置卡爪与工件的大小匹配的参数，设置效果如图 3-8 所示。

上盖车削加工时不需要尾座支撑，故不设置。

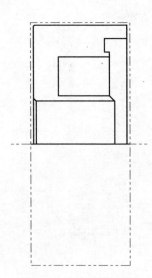

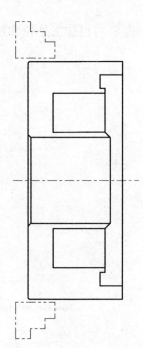

图 3-6　材料设置预览　　　图 3-7　材料设置 Chuck 区域　　　图 3-8　夹爪的设置效果

3）设置刀具参数。在"加工群组属性"对话框中选择"刀具设置"选项卡，在该选项卡中设置刀具参数，如图 3-9 所示。

单击该对话框中的"确定"按钮 ✓ 。完成工件毛坯和夹爪的设置，如图 3-10 所示。

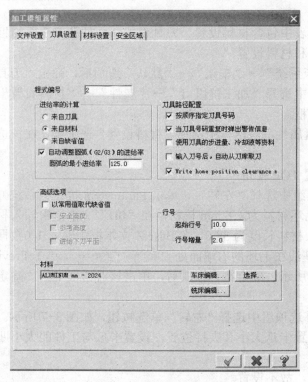

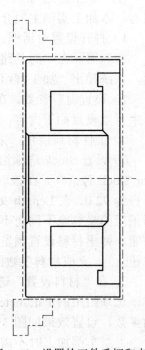

图 3-9　设置刀具参数　　　　　　　　　　　图 3-10　设置的工件毛坯和夹爪

技巧提示

切削速度和进给率的确定

"车床材料定义"对话框可以为新毛坯材料定义切削速度和进给率,并改变现存毛坯材料的速度和进给率,当定义一种新程序或编辑一种现存的材料时,你必须懂得在多数车床上操作的基本知识,才能定义材料的切削速度和进给率,主轴速度使用常数表面速度(CSS)用于编程,刀具的切削速度总是保持不变。

除钻削和车螺纹外,都用 r/min 编程,车螺纹的进给率不包括在材料定义中,必须用螺纹车刀定义,当调整默认材料和定义新材料时,必须设置下列参数:

① 设置使用该材料所有操作和基本切削速度。

② 设置每种操作形式基本切削速度的百分率。

③ 设置所有刀具形式基本进给率。

④ 设置每种刀具形式基本进给率的百分率。

⑤ 选用加工材料的刀具形式材料。

⑥ 设定已定的单位(in、mm、m)。

4．自动编程的具体步骤

(1)车端面   在菜单栏中选择"刀具路径"→"车端面"选项,或者直接单击"刀具路径"管理器左侧工具栏中的按钮 ⊞。

具体步骤参照 2.1.2   螺纹锥度轴加工自动编程的具体操作中的相关内容,进行如下设置:

1)在 Toolpath parameters 选项卡中选择 T0101 外圆车刀,并按照以上工艺分析的工艺要求设置参数数据。

2)在 Face parameters 选项卡中设置车端面参数。

3)在"Lathe Face 属性"对话框中单击"确定"按钮 ☑,创建车端面的刀具路径。如图 3-11 所示。

4)在"刀具路径"管理器中选择车端面操作,单击按钮 ≋,隐藏车端面的刀具路径。

(2)车外圆   对上盖外圆没有配合要求,加工中采用调面"接刀"方法加工,外圆位置加工至卡爪,直接采用粗车刀具路径加工完成。

1)在菜单栏中选择"刀具路径"→"粗车"选项,或者直接单击"刀具路径"管理器左侧工具栏中的按钮 ☲。

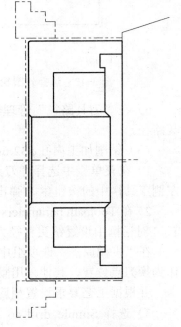

图 3-11   创建车端面的刀具路径

2)完成车削外圆轮廓的选择,如图 3-12 所示。

3)系统弹出"车床粗加工 属性"对话框。

① 在 Quick tool parameters 选项卡中选择 T0101 外圆车刀,并根据工艺分析要求设置相应的进给率、主轴转速及 Max. spindle 等。

② 根据上盖外形选取刀具,本工序选择 T0303 刀具,如需修改刀具参数,可双击刀具图案进入 Define Tool 对话框,根据需要自行设置刀具。

4)选择 Quick rough parameters 选项卡;根据工艺分析设置粗车参数。

5)在"车床粗加工 属性"对话框中单击"确定"按钮 ☑,创建粗车外圆刀具路径,如图 3-13 所示。

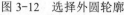

图 3-12 选择外圆轮廓

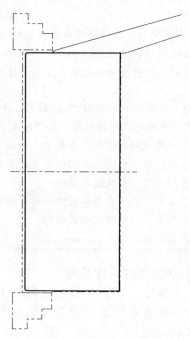

图 3-13 生成粗车刀具路径

6）在"刀具路径"管理器中选择该粗车外圆操作，单击按钮 ≋，隐藏粗车外圆的刀具路径。

（3）钻削加工内孔ϕ32.6mm 预孔

1）在菜单栏中选择"刀具路径"→"钻孔"选项。或者直接单击"刀具路径"管理器左侧工具栏中的按钮 ，弹出"车床钻孔 属性"对话框。

2）在 Toolpath parameters 选项卡中选择 T4848 麻花钻，并双击此图标，在弹出的 Define Tool 对话框中设置钻头直径为 31mm。

在"机械原点"选项组中单击 Define 按钮在弹出的对话框中输入坐标值（60，150），作为换刀点位置，其他采用默认值。单击"确定"按钮 ，返回 Toolpath parametes 选项卡，并根据工艺要求设置相应的进给率、主轴转速和 Max. spindle 等。

3）选择 Simple drill-no peck 选项卡，设置钻孔"深度"为-38mm，"安全余隙"为 5mm，"提刀增量"为 2mm，选择"Drill tip compens（钻孔贯穿）"复选框，其他参数采用默认设置。

技巧提示

钻孔加工时，Toolpath parameters 选项卡显示了所有规格的钻头，刀具号码排序是按照系统默认的顺序排列的，在 Mastercam X 中选择刀具时，只考虑刀具的实际直径，不考虑刀具号码，因此在此选择 T0101 号中心钻。

中心钻加工是铰孔或镗孔的前道工序，一般中心孔深度较小，在 10mm 左右。这里根据钻孔情况，钻孔深度设为-38mm；安全余隙和提刀增量的设置与铣削加工含义相同，在此不再详述。车床加工中建议使用增量坐标，在此分别设置为 5mm 和 2mm。

4）在"车床钻孔 属性"对话框中单击"确定"按钮 ☑️，创建钻孔刀具路径，如图 3-14 所示。

（4）镗削 $\phi 80$mm 内台阶孔

1）在菜单栏中选择"刀具路径"→"粗车"选项，或者直接单击"刀具路径"管理器左侧工具栏中的按钮 📚。

2）按顺序指定加工轮廓，指定加工轮廓后在"串连选项"对话框中单击"确定"按钮 ☑️，弹出图 3-15 所示串连轮廓图。

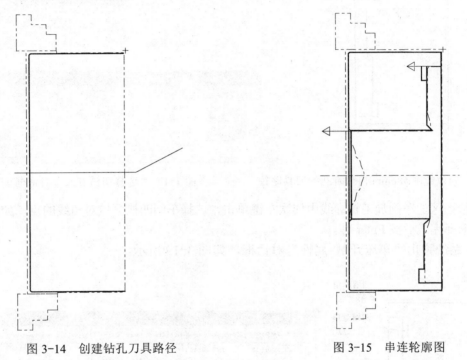

图 3-14　创建钻孔刀具路径　　　　　　　　图 3-15　串连轮廓图

3）在 Quick tool parameters 选项卡中选择 T1111 车刀，并按工艺要求设置相应的参数。

4）选择 Quick rough parameters 选项卡，设置内孔车削参数。本实例中的上盖不进行精车，故精车余量设置为零。

5）在"车床粗车 属性"对话框中单击按钮 ☑️，创建镗削 $\phi 80$mm 内台阶孔的刀具路径如图 3-16 所示。

（5）车削内孔凹槽　本实例上盖的内孔凹槽加工难度较大，刀具容易损坏，需要特殊结构刀具完成。在此只借助自动编程刀具路径方法，刀具需要另外设置而且切削用量较特殊。

1）在菜单栏中选择"刀具路径"→"径向车槽"选项，或者直接单击"刀具路径"管理器左侧工具栏中的按钮 ▥。

2）系统弹出 Grooving Options 对话框，如图 3-17 所示。选择"2points"单选按钮，在 Grooving Options 对话框单击"确定"按钮 ☑️，完成切槽方式的选择。

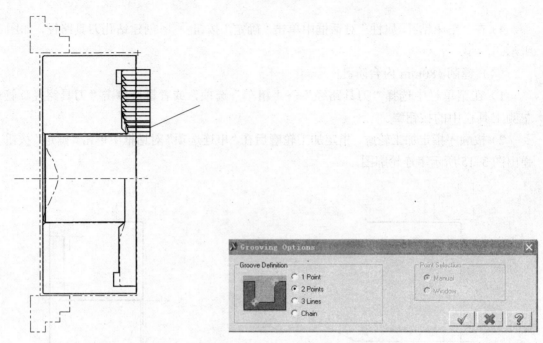

图 3-16　创建镗削 φ80mm 内台阶孔的刀具路径　　　图 3-17　"选择切槽方式"对话框

在绘图区的车削加工轮廓线中依次左键单击，选择车削凹槽区域对角线的点，如图 3-18 所示。选择完成后按 Enter 键。

3）系统弹出"车床开槽 属性"对话框，如图 3-19 所示。

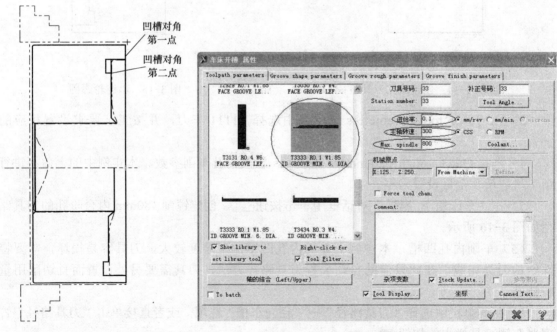

图 3-18　选择切槽区域　　　　　　　图 3-19　"车床开槽 属性"对话框

车削凹槽所用刀具为端面切槽刀，Mastercam X 需要设置。在 Toolpath parameters 选项卡中选择 T3333 切槽刀，双击刀具图案，弹出 Define Tool 对话框。选择 Holders 选项卡，选择图 3-20 所示结构的切槽刀，单击对话框中的"确定"按钮 ✓ ，得到所需要的端面切槽刀。根据工艺分析要求设置相应的进给率为 0.1mm/r、主轴转速为 300r/min 和 Max.spindle 为 800r/min 等，如图 3-19 所示。

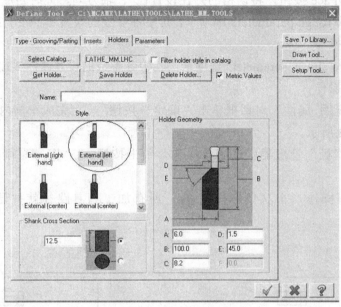

图 3-20　选择切槽刀

技巧提示 ☞

　　与一般车削加工速度相比，端面切槽的加工速度要取较小值，一般为正常车削加工速度的 1/2 左右。进给时安排多次退刀排屑。

4）选择 Groove shape parameters 选项卡。

① 根据工艺分析要求设置图 3-21 所示的径向车削外形参数。

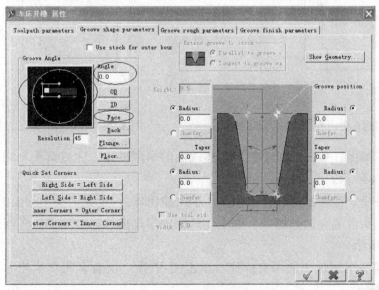

图 3-21　设置径向车削外形参数

② Groove Angle 选项组用于设置开槽的开口方向。可以采用以下方法进行设置：一是直接在 Angle 文本框中输入 0；二是用鼠标拖动圆盘中的切槽来设置切槽的开口方向为水平方向；三是单击 Face 按钮，将切槽的外径设置在-Z 轴方向，此时角度设置为 0°。

5）选择 Groove rough parameters 选项卡，其中各参数的设置参照 2.1.2　螺纹锥度轴加工自动编程的具体操作。

6）选择 Groove finish parameters 选项卡，其中各参数的设置参照 2.1.2　螺纹锥度轴加工自动编程的具体操作。

7）在"车床开槽　属性"对话框单击"确定"按钮 ，完成车削内孔凹槽刀具路径的创建，如图 3-22 所示。

8）在"刀具路径"管理器中选择该操作，单击按钮 ，隐藏车削内孔凹槽的刀具路径。

（6）选取所有操作　再次单击按钮 ，所有加工刀具路径就被显示，如图 3-23 所示。

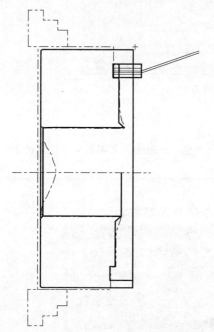
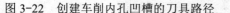
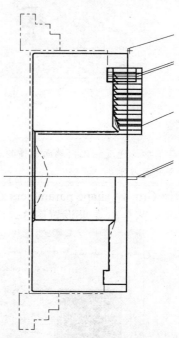

图 3-22　创建车削内孔凹槽的刀具路径　　　　图 3-23　显示所有加工刀具路径

（7）调头车端面，保证总长　参照上述端面的车削操作，完成调头车端面刀具路径的创建，如图 3-24 所示。

在"刀具路径"管理器中选择该操作，单击按钮 ，隐藏调头车端面的刀具路径。

（8）车削调头前装夹的外圆　参照上述外圆的车削操作，创建调头车削外圆的刀具路径。如图 3-25 所示。

（9）选取调头车削加工的所有操作　单击按钮 ，所有调头车削的刀具路径就被显示，如图 3-26 所示。

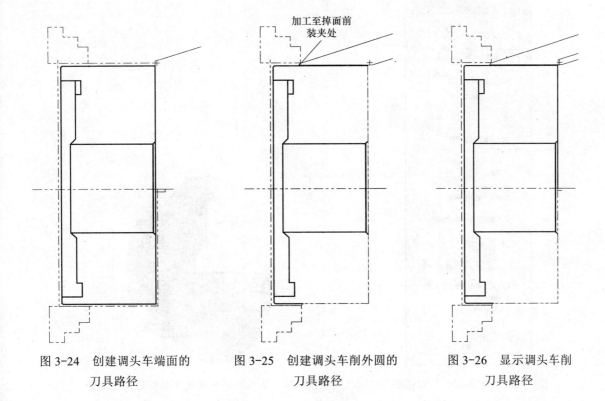

图 3-24　创建调头车端面的　　　　图 3-25　创建调头车削外圆的　　　　图 3-26　显示调头车削
　　　　　刀具路径　　　　　　　　　　　　刀具路径　　　　　　　　　　　　刀具路径

3.1.4　实体验证车削加工模拟

1. 打开工具栏

"刀具路径"管理器中的所有操作如图 3-27 所示。单击按钮 ，激活"刀具路径"管理器工具栏。

图 3-27　"刀具路径"管理器工具栏

2. 选择操作

在"刀具路径"管理器中单击"验证已选择的操作"按钮 ，系统弹出"实体验证"对话框，如图 3-28 所示。选择"模拟刀具"按钮 ，并设置加工模拟的其他参数，如可以设置"停止控制"为"完成每个操作后停止"。

3. 实体验证

单击"开始"按钮 ，系统开始实体验证加工模拟。每道工步的刀具路径被动态显示出来，图 3-29 所示为以等角视图显示的实体验证加工模拟的结果。

图 3-28 "实体验证"对话框

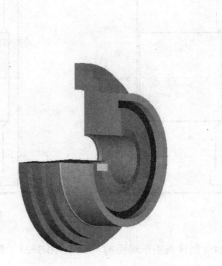

图 3-29 实体验证车削加工模拟结果（上盖）

4. 实体验证加工模拟分段讲解

上盖实体验证加工模拟过程见表 3-2。

表 3-2 上盖实体验证加工模拟过程

序号	加工过程注解	加工过程示意
1	车端面 注意： 1）端面车削加工时应注意切削用量的选择顺序：先确定背吃刀量，再确定进给量，最后选择切削速度 2）刀具和工件应装夹牢固 3）刀尖应与工件回转中心严格等高	
2	车加工外圆至卡爪	
3	钻削加工内孔预孔	

（续）

序号	加工过程注解	加工过程示意
4	粗、精车削台阶内孔和ϕ32.6mm 内孔	
5	端面切槽刀车削端面凹槽 注意： 1）端面车削加工时应注意切削用量的选择顺序：先确定背吃刀量，再确定进给量，最后选择切削速度 2）刀具和工件应装夹牢固 3）刀具中心应与工件回转中心严格等高	
6	调头车端面，保证总长	
7	铣削加工进料口	进料口

3.1.5　执行后处理

1. 打开对话框

在"刀具路径"管理器中单击"后处理程式"按钮 G1，系统弹出图 3-30 所示的"后处理程式"对话框。

图 3-30　"后处理程式"对话框

2．设置参数

选择对话框中的"NC 文件"复选框，"NC 文件的扩展名"设为".NC"，其他参数按照默认设置，单击"确定"按钮 □✓，系统弹出图 3-31 所示的"另存为"对话框。

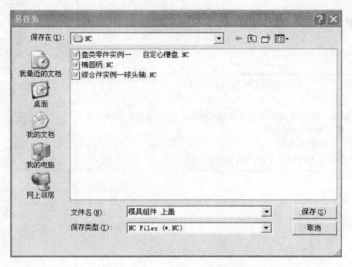

图 3-31　"另存为"对话框

3．生成程序

在图 3-31 所示的"另存为"对话框"文件名"文本框中输入程序名称，在此使用"模具组件 上盖"，给生成的组件文件输入文件名后，单击"保存"按钮，生成 NC 程序，如图 3-32 所示。

```
001 %
002 00000
003 (PROGRAM NAME - 模具组件 上盖)
004 (DATE=DD-MM-YY - 16-03-14 TIME=HH:MM - 11:04)
005 (MCX FILE - E:\自动程序 写书备份·资料\写书过程 档案\修改定稿
006 (NC FILE - C:\MCAMX\LATHE\NC\模具组件 上盖.NC)
007 (MATERIAL - ALUMINUM MM - 2024)
008 G21
009 (TOOL - 1 OFFSET - 1)
010 (OD ROUGH RIGHT - 80 DEG.   INSERT - CNMG 12 04 08)
011 G0 T0101
012 G18
013 G97 S298 M03
014 G0 G54 X96. Z0. M8
015 G50 S3600
016 G96 S90
017 G99 G1 X-1.6 F.2
018 G0 Z2
```

图 3-32　生成的 NC 程序

4．检查生成的 NC 程序

根据所使用数控机床的实际情况对图 3-32 所示文本框中的程序进行修改，包括 NC 程序的代码、起刀点位置、换刀点位置和中间的空走刀程序。

经过检查后的正确程序既符合数控机床正常运行的要求，又可以节约加工时间，提高加工效率。

3.2　石蜡模组件——型腔的车削加工实例

3.2.1　打开绘图文件

打开保存的"石蜡模组件 型腔"图形，并显示加工模拟轮廓图形，如图 3-33 所示。

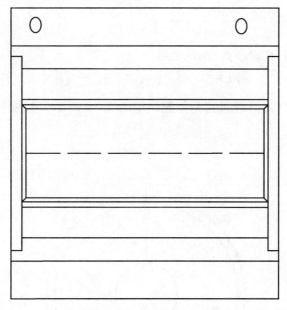

图 3-33　加工模拟轮廓图形

3.2.2　型腔的加工工艺流程分析

1. 配合要求分析

配合要求与石蜡模组件一的要求相同。

2. 车削加工工艺分析

（1）零件结构分析　如图 3-2 所示，石蜡模组件二（型腔）由台阶圆 $\phi80^{+0}_{-0.01}$ mm、内孔 ϕ33mm 组成，内孔设有大螺距螺旋形状。根据模具要求，型腔由径向三等分组合而成，总长为 68.5mm。

（2）加工路径分析　为了能顺利加工型腔，将径向三等分之一型腔垂直处设置为平面，这样有利于定位铣削加工型腔大螺距螺旋形状；铣削加工完成后，通过轴销定位将其组装成完整型腔，最后车削加工 $\phi80^{+0}_{-0.01}$ mm 的外圆柱。

（3）定位及装夹分析　型腔经过铣削加工后，通过轴销定位组装成一个整体，其形状是正三边形，因此零件采用自动定心卡盘装夹车削右侧，调头装夹车削左侧时需要校正。

（4）加工工步分析　经过以上分析，型腔的加工顺序如下：

1）铣削加工型腔径向三等分之一部件，如图 3-34 所示。

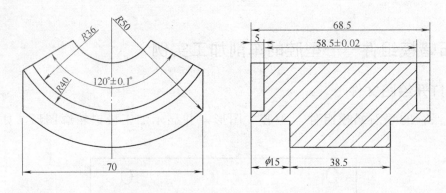

两侧平面铣削时，保证与中心平面的对称度。

图 3-34 型腔径向三等分之一部件

2）通过轴销定位将其组装成完整型腔，如图 3-35 所示。断续车削加工外圆表面至要求尺寸。

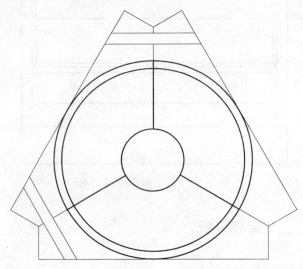

图 3-35 组装型腔

3）车端面。

4）内孔镗刀粗、精加工右侧台阶内孔。

5）调头装夹需校正，断续切削加工外圆表面至尺寸要求，保证总长。

6）内孔镗刀粗、精加工左侧台阶内孔。

（5）切削用量选择 考虑到断续车削，选用时有别于正常车削。

1）背吃刀量的选择 外圆轮廓断续粗车 a_p=1 mm，精车 a_p=0.35 mm。

2）主轴转速的选择 粗车切削速度 v_c=40m/min，精车切削速度 v_c=60m/min。利用公式计算主轴转速：粗车为 300r/min、精车为 700 r/min。

3）进给速度的选择 粗车、精车进给速度分别为 0.125mm/r 和 0.088mm/r。

具体参数选择见表 3-3 所示。

3．工序流程安排

根据加工工艺分析，加工型腔的工序流程安排见表 3-3。

表 3-3 加工型腔的工序流程安排

单位名称	产品名称及型号		零件名称	零件图号
××大学	石蜡模		型腔	068
工序	程序编号	夹具名称	使用设备	工件材料
	Lathe-68	自定心卡盘	CK6140-A	45 钢

工步	工步内容	刀号	切削用量	备注	工序简图
1	铣削加工型腔径向三等分之一部件	T0101		铣床夹具	铣削加工型腔轴线三等分部件
2	断续车削外圆表面至尺寸要求	外圆车刀	粗车 n=300r/min f=0.13mm/r a_p=1mm 精车 n=700r/min f=0.09mm/r a_p=0.35mm	断续切削	断续车削外圆
3	车端面	外圆车刀	n=600r/min f=0.1mm/r a_p=0.35mm	轴销定位组装，自定心卡盘装夹	卡爪
4	粗、精加工右侧台阶内孔	内孔镗刀	粗车 n=500r/min f=0.13mm/r a_p=0.6mm 精车 n=700r/min f=0.88mm/r a_p=0.35mm	车削用量正常值之下	车削右边台阶内孔

（续）

工步	工步内容	刀号	切削用量	备注	工序简图
5	断续切削加工外圆表面至尺寸要求，保证总长	外圆车刀	n=600r/min f=0.1mm/r a_p=0.35mm	调头装夹需校正	断续车削外圆
6	内孔镗刀粗、精加工左侧台阶内孔	内孔镗刀	n=600r/min f=0.1mm/r a_p=0.35mm		车削右边台阶内孔

3.2.3　型腔加工自动编程的具体操作

型腔自动编程的具体操作步骤如下所述。

1．打开"石蜡模组件　型腔"文件

打开显示零件图层 1，关闭其他图素的图层，结果显示所需要的粗加工外轮廓线，如图 3-36 所示。

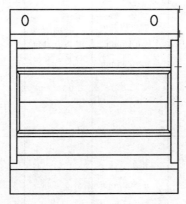

图 3-36　粗加工外轮廓线

2．设置机床系统

打开 Mastercam X 系统，从菜单栏中选择"机床类型"→"车床"→"系统默认"选项，采用默认的车床加工系统。

3．设置加工群组属性

在"加工群组 1"→"属性"列表中包含材料设置、刀具设置、文件和安全区域四项

内容，其具体步骤与 2.1.2 中介绍的一致。

（1）打开设置对话框 选择"机床系统"→"车床"→"系统默认"选项后，弹出"刀具路径"管理器。打开"刀具路径"管理器中"加工群组 1"树节菜单，选择"加工群组 1"→"属性"→"材料设置"选项，系统弹出"加工群组属性"对话框。

（2）设置材料参数

在弹出"加工群组属性"对话框中选择"材料设置"选项卡。在该选项卡中设置如下内容：

1）工件材料视角：采用默认设置的 TOP 视角。

2）设置 Stock 选项组：在该选项组中选择"左转"，单击 Parameters 按钮，系统弹出 Bar Stock 对话框。在该对话框中设置毛坯材料为 $\phi42$mm 棒料，在"OD"文本框中输入 110.0，在"Length"文本框中输入所需毛坯棒料长度 101.0，在 Base Z 文本框中输入 1（采用的坐标系原点为 0，0），选择基线在毛坯的右端面处 ○ On left face ● On right face ，单击 Preview...按钮，确认弹出的材料设置符合预期后，单击该对话框中的"确定"按钮 √ ，完成材料参数的设置。

技巧提示 ℚ

为了保证毛坯装夹，毛坯长度应大于工件长度；在 Base Z 处设置基线位置，文本框中的数值为基线的 Z 轴坐标（坐标系以 Mastercam X 绘图区的坐标系为基准），左、右端面指基线放置于工件的左端面处或右端面处。

3）在"材料设置"选项卡的 Chuck 选项组中选择"左转"单选按钮。

4）单击该选项组中的 Parameters 按钮，系统弹出 Chuck Jaw 对话框。在该对话框中设置卡盘形式，在 Clamping Method 中选择第一种方法，在 Shape 选项组中设定适当的卡爪尺寸。

5）在 Position 选项组中 User defined point 的文本框中输入 D 为 110、Z 为 -80，设置完成后，单击该对话框中的"确定"按钮 √ ，完成实例零件工件毛坯和夹爪的设置，如图 3-37 所示。

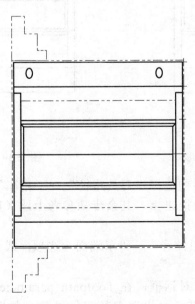

图 3-37 设置的工件毛坯、夹爪

4．自动编程的具体步骤

（1）断续车削加工外圆表面至尺寸。

1）在菜单栏中选择"刀具路径"→"粗车"选项，或者直接单击"刀具路径"管理器左侧工具栏中的按钮 📄。

2）系统弹出"串连选项"对话框。单击"部分串连"按钮 🔳，并选择"等待"复选框，按顺序指定加工轮廓（指定前在卡爪处打断轮廓线），如图 3-38 所示。在"串连选项"对话框中单击"确定"按钮 ✅，完成粗车轮廓外形的选择。

3）系统弹出"车床粗加工 属性"对话框。

① 在 Toolpath parameters 选项卡中选择 T0303 外圆车刀，并根据工艺分析要求设置相应的进给率、主轴转速和 Max.spindle 等。

② 根据零件外形选取刀具，如果没有合适的刀具，可双击相似刀具，进入 Define Tool 对话框，根据需要自行设置刀具。

4）选择 Rough parameters 选项卡，根据工艺分析设置粗车参数。

5）在"车床粗加工 属性"对话框单击"确定"按钮 ✅，创建的粗车刀具路径如图 3-39 所示。

6）在"刀具路径"管理器中选择该粗车操作，单击按钮 ≋，隐藏粗车的刀具路径。

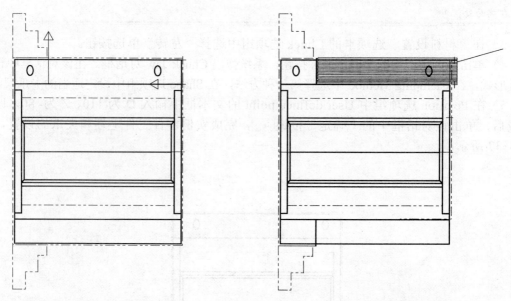

图 3-38　选择粗车轮廓外形　　　　　图 3-39　创建粗车刀具路径

（2）精车外圆　在菜单栏中选择"刀具路径"→"精车"选项，或者直接单击"刀具路径"管理器左侧工具栏中的按钮 📄。其余步骤参考上述（1）的车削步骤。

（3）车端面

1）在菜单栏中选择"刀具路径"→"车端面"选项，或者直接单击"刀具路径"管理器左侧工具栏中的按钮 ⬛。

2）系统弹出 Lathe Face 对话框。在 Toolpath parameters 选项卡中选择 T0303 外圆车刀，并按照以上分析的工艺要求设置刀具路径参数，如图 3-40 所示。

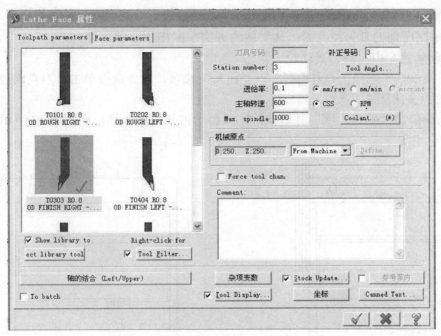

图 3-40 选择车刀并设置刀具路径参数

3）选择 Face parameters 选项卡，在选项卡中设置 Stock to leave 为 0，根据工艺要求设置车端面的其他参数，并在选项卡中选择 Select Points 单选按钮，如图 3-41 所示。

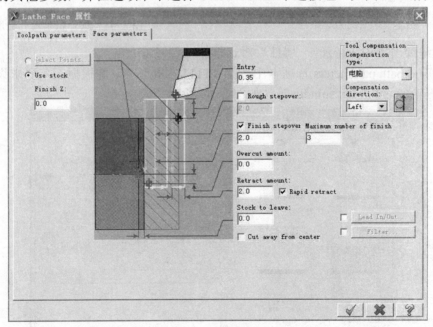

图 3-41 设置车端面参数

4）在"Lathe Face 属性"对话框中单击"确定"按钮 ✓ ，创建车端面的刀具路径，如图 3-42 所示。

5）在"刀具路径"管理器中选择车端面操作，单击按钮 ≋ ，隐藏车端面的刀具路径。

（4）内孔镗刀粗、精加工右边台阶内孔

内孔车削所选刀具为镗孔刀，其实质与外圆车削操作步骤一样。

（5）创建粗车内孔的刀具路径

1）在菜单栏中选择"刀具路径"→"粗车"选项，或者直接单击"刀具路径"管理器左侧工具栏中的按钮 。

2）系统弹出"串连选项"对话框，完成粗车内孔轮廓选择，如图 3-43 所示。

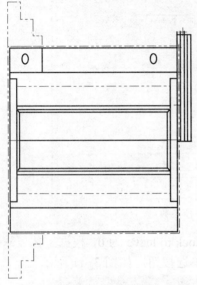

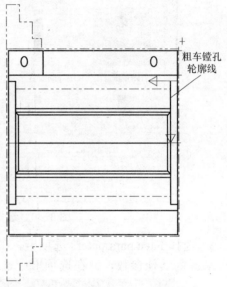

粗车镗孔轮廓线

图 3-42　创建车端面的刀具路径　　　　　　　图 3-43　选择粗车内孔轮廓

3）系统弹出"车床粗加工 属性"对话框。

① 在 Toolpath parameters 选项卡中选择 T1111 内孔镗刀，并根据工艺要求设置相应的进给率、主轴转速和 Max.spindle 等，如图 3-44 所示。

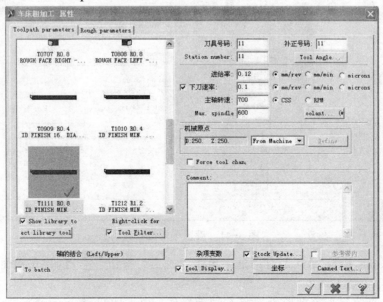

图 3-44　选择刀具并设置刀具路径参数

② 根据零件外形选取刀具，如果没有合适的刀具，可双击相似刀具，进入如图 3-45 所示 Define Tool 对话框，根据需要自行设置刀具。

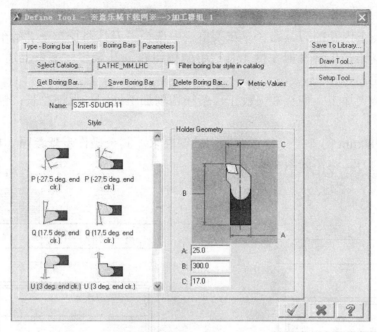

图 3-45　"Define Tool" 对话框

4）选择 Rough parameters 选项卡，根据工艺要求设置图 3-46 所示粗车参数。

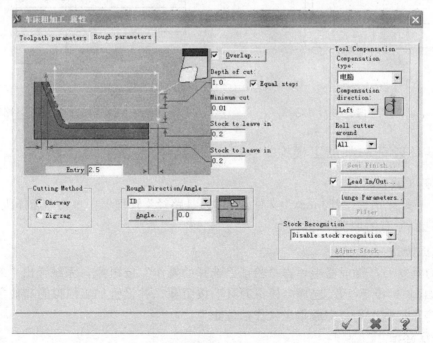

图 3-46　设置粗车参数

5）单击 "车床粗加工 属性" 对话框中的 "确定" 按钮 ☑，创建粗车内孔的刀具路径如图 3-47 所示。

6）在"刀具路径"管理器中选择该粗车操作，单击按钮 ≈，隐藏粗车内孔的刀具路径。

（6）创建精车内孔的刀具路径 在菜单栏中选择"刀具路径"→"精车"选项，或者直接单击"刀具路径"管理器左侧工具栏中的按钮 ☜。其余步骤参考上述（5）创建粗车内孔的刀具路径。

（7）调头装夹加工 调头装夹校正，断续切削加工外圆，保证总长；镗刀粗、精加工左侧台阶内孔。

调头装夹 ϕ80mm 的外圆，校正保证同轴度要求，其余操作步骤参照（1）、（2）、（3），创建调头加工的刀具路径如图 3-48 所示。

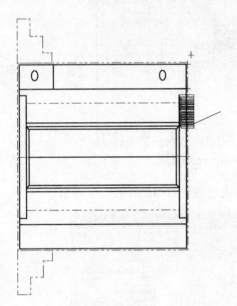

图 3-47 创建粗车内孔的刀具路径

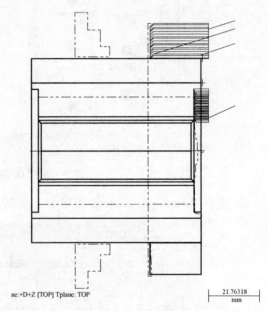

图 3-48 创建调头加工的刀具路径

3.2.4 实体验证车削加工模拟

1. 打开工具栏

打开"石蜡模组件 型腔.mcx"文件。在"刀具路径"管理器中单击"选择所有的操作"按钮 ，选择所有的加工操作。

2. 选择操作

在"刀具路径"管理器中单击"验证已选择的操作"按钮 ，系统弹出"实体验证"对话框，如图 3-49 所示，选择"模拟刀具"按钮 ，并设置加工模拟的其他参数，如可以设置"停止控制"为"完成每个操作后停止"。

3. 实体验证

单击"开始"按钮 ▶，系统开始实体验证加工模拟。每道工步的刀具路径被动态显示出来。图 3-50 所示为以等角视图显示的实体验证加工模拟的结果。

图 3-49　"实体验证"对话框

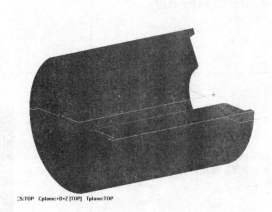

图 3-50　实体验证加工模拟的结果（型腔）

4. 实体验证加工模拟分段讲解

型腔的实体验证加工模拟过程见表 3-4。

表 3-4　型腔的实体验证加工模拟过程

序号	加工过程注解	加工过程示意
1	铣削加工型腔径向三等分之一部件	铣削加工型腔轴线三等分部件
2	断续切削加工外圆表面至尺寸要求	
3	车端面	

（续）

序号	加工过程注解	加工过程示意
4	粗、精加工右侧台阶内孔	
5	调头校正装夹,断续切削加工外圆表面至尺寸要求,保证总长	 Gview:TOP WCS:TOP Cplane:+D+Z [TOP] Tplane:TOP
6	内孔镗刀粗、精加工左侧台阶内孔	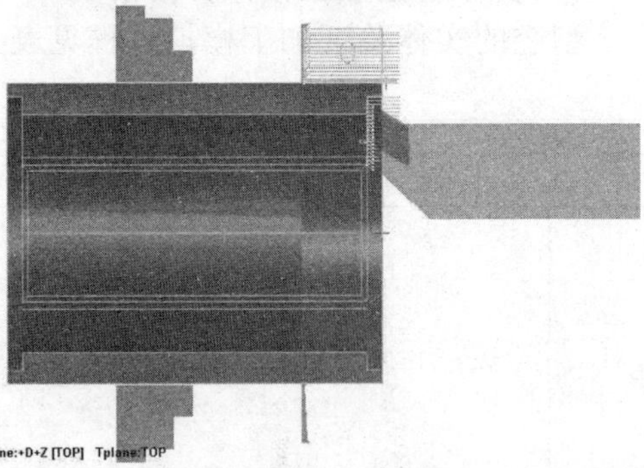 Gview:TOP WCS:TOP Cplane:+D+Z [TOP] Tplane:TOP

3.2.5 执行后处理

1. 打开对话框

在"刀具路径"管理器中单击"后处理程式"按钮 G1,系统弹出"后处理程式"对话框。

2. 设置参数

选择对话框中的"NC 文件"复选框,"NC 文件的扩展名"设为".NC",其他参数采用默认设置,单击"确定"按钮 ✓,系统弹出"另存为"对话框。

3. 生成程序

在"另存为"对话框"文件名"文本框输入程序名称,在此使用"模具组件 型腔",给生成的零件文件输入文件名后,单击"保存"按钮,生成 NC 程序,如图 3-51 所示。

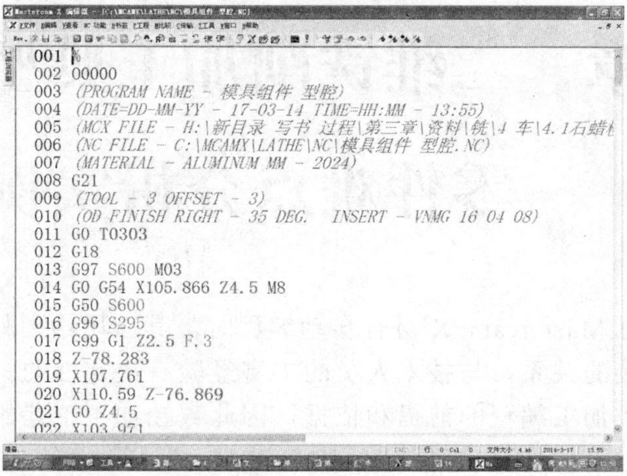

```
001 %
002 O0000
003 (PROGRAM NAME - 模具组件 型腔)
004 (DATE=DD-MM-YY - 17-03-14 TIME=HH:MM - 13:55)
005 (MCX FILE - H:\新目录 写书 过程\第三章\资料\铣\4 车\4.1石蜡
006 (NC FILE - C:\MCAMX\LATHE\NC\模具组件 型腔.NC)
007 (MATERIAL - ALUMINUM MM - 2024)
008 G21
009 (TOOL - 3 OFFSET - 3)
010 (OD FINISH RIGHT - 35 DEG.  INSERT - VNMG 16 04 08)
011 G0 T0303
012 G18
013 G97 S600 M03
014 G0 G54 X105.866 Z4.5 M8
015 G50 S600
016 G96 S295
017 G99 G1 Z2.5 F.3
018 Z-78.283
019 X107.761
020 X110.59 Z-76.869
021 G0 Z4.5
022 X103.971
```

图 3-51　生成的 NC 程序

4. 检查生成的 NC 程序

根据所使用数控机床的实际情况对图 3-51 所示文本框中的程序进行修改，包括 NC 程序的代码、起刀点位置、换刀点位置和中间的空走刀程序。经过检查后的正确程序既符合数控机床正常运行的要求，又可以节约加工时间，提高加工效率。

第4章 二维铣削加工典型复杂
零件难点分析实例

应用功能强大的 Mastercam X 进行自动编程时，其应用结果与数控加工工艺的分析、工艺设计有直接的关系，与技术人员的丰富经验有决定性的关系；数控加工工艺的分析与处理是数控加工编程的前提和依据，因此数控加工工艺的重要性被提到了更高的地位。

1）零件工艺分析首先是从图纸入手，根据零件的二维图，对零件进行零件图样分析（尺寸精度分析、几何精度分析）、零件结构分析及零件毛坯尺寸等方面分析。

2）针对铣削加工特点，进行外形铣削、型腔加工、钻孔加工、平面加工、曲面加工、实体加工以及多轴加工等的图形绘制、建模、程序生成等操作，根据分析结果，通过对零件加工工艺的分析，将其分解为多次简单加工的刀具路径。

3）Mastercam X 提供了丰富的曲面铣削加工方法，包括曲面粗加工方法和曲面精加工方法等，其中曲面粗加工方法有平行铣削粗加工、放射状铣削粗加工、投影铣削粗加工、曲面流线铣削粗加工、等高外形铣削粗加工、残料铣削粗加工、挖槽铣削粗加工和钻削式铣削粗加工，曲面精加工方法有平行铣削精加工、陡斜面精加工、放射状精加工、投影精加工、曲面流线精加工、等高外形精加工、浅平面精加工、交线清角精加工、残料精加工、环绕等距精加工和熔接精加工。

下面对铣削加工的刀具路径进行简单介绍。

1. 曲面粗加工的刀具路径

曲面粗加工包括平行铣削粗加工、放射状铣削粗加工、投影铣削粗加工、曲面流线铣削粗加工、等高外形铣削粗加工、残料铣削粗加工、挖槽铣削粗加工和钻削式铣削粗加工，用于创建这些曲面粗加工刀具路径的命令位于铣削模块的"刀具路径"→"曲面粗加工"的子菜单中，如图 4-1 所示。

☞ 平行铣削加工：以垂直于 XY 面为主切削面（可由加工角度决定），紧贴着曲面轮廓创建平行的粗加工刀具路径。

☞ 放射状铣削加工：以指定一点作为放射中心，以扇面形式创建放射状的粗加工刀具路径。该粗加工方式特别适用于圆形坯件的铣削加工。

☞ 投影加工：将已有的刀具路径、线条或点投影到曲面上来创建粗加工刀具路径。

☞ 曲面流线加工：其粗加工刀具路径沿着曲面流线方向切削。

☞ 等高外形加工：以 XY 为主切削面，紧贴着曲面边界创建粗加工刀具路径，并一层一层地往下推进。适用于已经铸锻成形的加工余量少且较为均匀的坯料。

☞ 残料加工：可以针对先前使用较大直径刀具加工所残留的区域进行再次加工，已达到精加工前残料满足设计要求的目的。

☞ 挖槽加工：加工时按照高度来将路径分层，在同一高度完成所有加工后再进行下一个高度的加工，可以将限制边界范围内的所有废料以挖槽方式铣削掉。完成粗加工的方式有"双向""等距环切""平行环切""平行环切清角""高速切削""螺旋切削""单项切削""依外形切削"等。

☞ 钻削式加工：指刀具在毛坯上采用类似于钻孔样式来铣削去除材料，能创建逐层钻削刀具路径，其刀具上下动作频繁，对机床轴运动和刀具要求较高。

在进行曲面粗加工时，需要选择加工曲面和设置相应的刀具路径参数、曲面加工参数和特有的铣削参数等。

2．曲面精加工的刀具路径

曲面精加工包括平行铣削精加工、陡斜面精加工、放射状精加工、投影加工、曲面流线精加工、等高外形精加工、浅平面加工、交线清角精加工、残料精加工、环绕等距精加工和熔接加工，用于创建这些曲面精加工刀具路径的命令位于铣削模块的"刀具路径""曲面精加工"的子菜单中，如图 4-2 所示。

图 4-1　"曲面粗加工"子菜单　　　　　图 4-2　"曲面精加工"子菜单

在这些曲面精加工中，有些是可以加工整个被选曲面，如平行铣削精加工、放射状精加工、投影加工、曲面流线精加工、等高外形精加工和环绕等距精加工，而有些是只可以加工部分被选择曲面，如陡斜面精加工、浅平面加工等。至于选择何种的曲面精加工，则主要由被加工件的结构特点来综合确定。在精加工阶段，通常需要将公差值设置的更低一些，并采用能够获得更好加工效果的切削加工方式。

☞ 平行铣削：用于创建平行的铣削精加工刀具路径。

☞ 陡斜面：主要用在粗加工或精加工之后，专门对相对较陡峭的曲面部分进行更进一步的精修加工，系统会根据设置的参数在众多的曲面中自动筛选出符合斜角范围的部分来创建相应的精加工刀具路径。

☞ 放射状：刀具围绕着一个指定的中心进行工件某一个范围内的放射状精加工，以扇面形式创建放射状的精加工刀具路径。

☞ 投影加工：将曲面、点或其他 NCI 文件投影到被选曲面上来创建相应的精加工刀具路径。

☞ 曲面流线加工：其刀具路径沿曲面流线方向运动切削，可以获得很好的曲面加工效果。

☞ 等高外形：用于沿三维模型外形创建精加工刀具路径，特点是完成一个高度面上的所有加工后再进行下一个高度的加工。该精加工方法适用于加工具有特定高度或斜度较大的工件。

☞ 浅平面加工：主要用于精加工一些比较平坦的曲面。

☞ 交线清角加工：主要用于清除曲面交角处的残余材料。从加工结果来看，该精加工相当于在曲面间增设倒圆面。

☞ 残料加工：通常采用较小的刀具来进行该方式加工，以消除残料。

☞ 环绕等距加工：加工时可按照高度来将路径分层，在同一高度完成所有加工后再进行下一个高度的加工，其刀具路径沿曲面环绕并且相互等距。该精加工方法适用于曲面变化较大的零件，通常用于当毛坯已经与零件效果很接近的时候。

☞ 熔接加工：主要对由两条曲线决定的区域进行铣削精加工。

本章主要是以数控铣削加工典型复杂零件为例，介绍数控加工工艺的分析以及曲面粗加工和曲面精加工的自动编程过程。运用二维铣削加工刀具路径解决典型复杂形状零件的加工，特别是曲面的加工，避免运用曲面铣削加工的刀具路径，这样既简化了自动编程操作，又降低了自动编程的复杂程度，节约了编程时间，是高级编程员必须掌握的技巧之一。

4.1 压盖加工实例

应用 Mastercam X 进行铣削加工自动编程时，首先在 Mastercam X 中绘图建模，建模后进行工艺分析；然后根据工艺分析的可行性进行工艺参数、刀具路径、刀具、切削参数的设定；最后进行后处理形成 NC 文件，通过传输软件或直接输入机床进行加工。

如图 4-3 所示，压盖是与箱体配合的最常见的工件之一，压盖加工使用软件中铣削模块的二维刀具路径进行数控加工。压盖加工涉及铣削模块的二维刀具路径的平面加工、外形铣削、型腔加工和钻孔加工。通过 Mastercam X 进行绘图建模、工艺分析、刀具路径、刀具及切削参数的设定，还可以通过软件中工件毛坯设置、刀具设置检验铣削加工中是否会发生互相干涉。

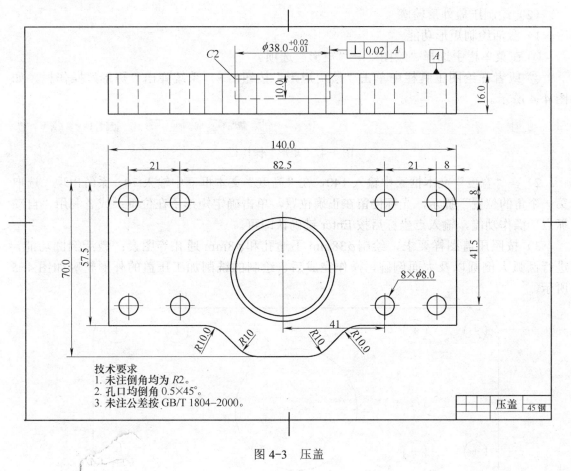

图 4-3　压盖

4.1.1　压盖的绘图与建模

1. 打开 Mastercam X

使用以下方法之一启动 Mastercam X，①选择"开始"→"程序"→"Mastercam X"→"Mastercam X"选项；②在桌面上双击 Mastercam X 的快捷方式图标 。

2. 建立文件

启动 Mastercam X 后，激活创建文件功能，文件的扩展名为".mcx"。本实例文件名为"压盖.mcx"。

（1）设置相关属性状态

1）构图面的设置。在 Mastercam X 操作界面中，单击辅助菜单中的"构图平面"按钮，弹出"构图平面"子菜单。根据铣床加工的特点及编程原点设定的原则，选择"俯视图"选项；为了便于观察，设置"屏幕视角"为"等视角"。

2）线型属性设置。在辅助菜单中的"线型"下拉列表框中选择"实心线"线型，在"线宽"下拉列表框中选择表示粗实线的线宽，颜色设置为默认。

3）构图深度、图层设置。在辅助菜单中设置构图深度为0，"图层"设置为1，单击图表中"确定"按钮 ☑ 。

（2）绘制压盖外形轮廓

1）激活绘制矩形功能

① 在菜单栏中选择"绘图"→"矩形"选项。

② 或者在绘图工具栏中单击"绘制矩形"按钮 ▣ ，系统弹出"矩形"操作栏，如图4-4所示。

图 4-4 "矩形"操作栏

2）在"宽度"文本框 中输入140，在"高度"文本框 中输入70。系统出现"选取第一个角的位置"提示，光标停留在正确位置，单击确定矩形所在位置；或者利用"自动抓点"操作功能，输入点坐标后按 Enter 键确认即可。

3）按照压盖图样要求，绘制 ϕ38mm 不通孔和 ϕ8mm 通孔等图素；激活倒圆功能，进行圆弧大倒圆以及大面倒圆，操作完成后，绘制的铣削加工压盖的外形轮廓如图4-5所示。

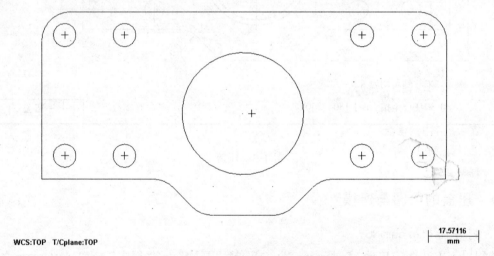

WCS:TOP T/Cplane:TOP

视角：俯视图 WCS：俯视图 绘图平面：X Y（俯视图）

图 4-5 绘制压盖的外形轮廓

（3）创建实体模型 给加工零件创建实体模型，有利于直观地检验零件的正确性。创建压盖实体模型的步骤是：首先创建长方体，第二步创建 8 个 ϕ8mm 通孔，最后创建 ϕ38mm 不通孔，其操作过程按下列顺序进行。

1）将"构图平面"设置为"等角视图"，将"屏幕视角"设置为"等视角"。

2）在菜单栏中选择"实体"→"挤出实体"选项，系统弹出图4-6所示的"串连选项"对话框。在绘图区选取要进行挤出操作的图素串连，选择后轮廓图素出现箭头，如图4-7所示。单击按钮 ⟷ ，可以改变箭头方向；单击"确定"按钮 ☑ ，完成图素选取。

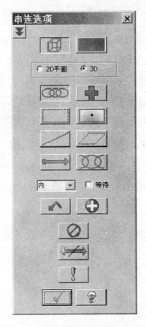

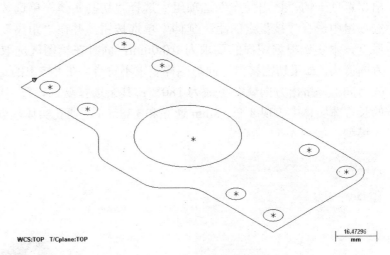

图 4-6　"串连选项"对话框　　　　　　　　图 4-7　选择挤出轮廓图素

　　系统弹出"实体挤出的设置"对话框，如图 4-8 所示。在对话框中做如下设置：

　　① 在"挤出"选项卡的"挤出操作"选项组中选择"建立实体"单选按钮；在"挤出的距离/方向"选项组中选择"按指定的距离延伸"单选按钮，并在"距离"文本框中输入挤出的实体厚度，本实例根据图样的要求为 16.0mm；同时在绘图区选取的封闭图素中出现挤出方向，如图 4-9 箭头所示。如果挤出方向与图样的要求不符，在"挤出的距离/方向"选项组中选择"更改方向"复选框，挤出方向就会更改为 180°，其余选择默认设置。

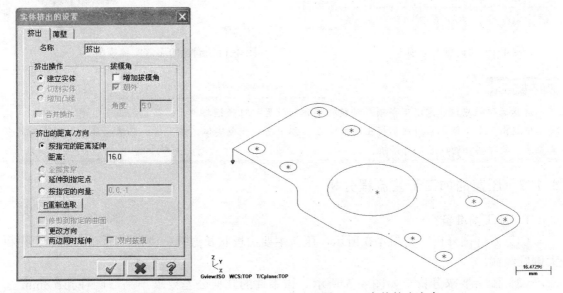

图 4-8　"实体挤出的设置"对话框　　　　　　图 4-9　实体挤出方向

② 在"薄壁"选项卡中选择默认设置，如图 4-10 所示。在"实体挤出的设置"对话框中单击"确定"（完成）按钮 ☑，选择的长方体完成实体挤出操作。

3）参照上述方法挤出创建 8 个 ϕ8mm 通孔、ϕ38mm 不通孔实体。所不同的是：在"挤出"选项卡的"挤出操作"选项组中选择"切割实体"单选按钮；在"挤出的距离/方向"选项组中选择"按指定的距离延伸"单选按钮，并在"距离"文本框中输入切割挤出实体厚度，本实例根据图样的要求为 10.0mm；同时在绘图区选取的封闭图素中出现切割挤出方向箭头，如果切割挤出方向与图样要求不符合，在"挤出的距离/方向"选项组中选择"更改方向"，挤出方向就会更改为 180°；其余选择默认设置。单击"确定"按钮 ☑，创建的长方体实体中出现 8 个 ϕ8mm 通孔和 ϕ38mm 不通孔实体，创建出符合图样要求的压盖实体模型，如图 4-11 所示。

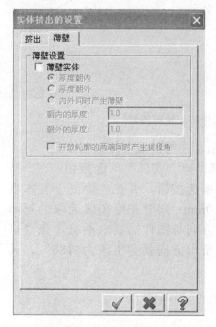

图 4-10　"薄壁"选项卡

图 4-11　创建的压盖实体模型

加工技巧

选择选项时应该注意以下事项："旋转实体的设置"对话框与"实体挤出的设置"对话框相似，在实体中挖出一个实体，采用切割挤出功能；在实体中增加一个实体，采用增加凸缘功能。其他选项的含义参见"旋转实体的设置"对话框。

4.1.2　压盖的加工工艺流程分析

1. 加工前准备

（1）零件图分析　如图 4-3 所示，压盖主要由板状长方体、圆柱不通孔、圆柱通孔和大倒圆组成。

（2）配合要求分析　如图 4-3 所示，该零件的几何公差要求不高，圆柱孔 ϕ8mm 之间圆心距公差等级按自由公差；根据压盖与箱体装配时的要求，需要保证上端面与圆柱

不通孔 $\phi 38.0^{+0.02}_{-0.01}$ mm 轴线垂直度为 0.02mm，其余公差要求按 GB/T 1804—2000 中的 m 要求执行。

（3）工艺分析

1）结构分析：压盖存在高精度圆柱不通孔，在加工时应考虑刚性、刀尖圆弧半径补偿及切削用量等问题，还要注意考虑刀具的锋利程度问题，尤其重点考虑加工时刀具不与圆柱不通孔发生干涉现象。

2）定位及装夹分析：平口钳装夹，校平加工长方体大面作基准，调面与机床工作台贴合，通过压板两次固定不同位置铣削外形，要防止工件在加工时的松动；最后精密平口钳装夹粗、精铣削上面、圆柱不通孔及圆柱通孔。

3）加工工艺分析：

① 经过以上分析，考虑到加工刚性，铣削时首先铣削加工长方体大面，采用较大直径的平面铣刀。

② 调面装夹铣削加工零件长方体外形的相邻两边，外形边存在 R10mm 的圆弧过渡连接，故采用 ϕ10mm 立铣刀。

③ 位置调换 180°压板装夹，以铣削的大面为基准，紧贴定位元件，压板压紧；铣削加工零件长方体外形对面的相邻两边。

④ 以铣削加工长方体大面为基准装夹，采用较大直径平面铣刀铣削加工端面；采用 ϕ18 键槽铣刀铣削圆柱不通孔。

⑤ 采用 ϕ8 钻头铣削圆柱通孔，钻孔前用中心钻钻孔定心。

⑥ 采用 45°倒角刀倒角铣削，倒角铣削加工余量为 0.6mm。加工时要求充分冷却工件。本实例要求依次使用 2D 平面铣削加工、外形铣削加工、挖槽加工、钻孔加工和 2D 倒角加工。

2. 刀具安排

根据以上工艺分析，加工图 4-3 所示的压盖所需刀具见表 4-1。

表 4-1　加工压盖所需刀具

产品名称或代号				零件名称		压盖	
刀具号	刀具名称	刀具规格			材料	数量	备注
T0101	平面铣刀	刀片	SDMT1205PDER-UL		CPM25		
		刀盘	SA90-50R3SD-P22		45 调质钢		
T0202	立铣刀	整体式	ϕ16mm		硬质合金		
T0303	键槽铣刀	整体式	ϕ12mm		硬质合金		
T0404	中心钻		ϕ2.5mm				
T0505	钻头	整体式	ϕ8mm		W6Mo5CrV2		
T0606	45°倒角刀	整体式	ϕ25mm		W6Mo5CrV2		

3. 工序流程安排

根据以上工艺分析，加工图 4-3 所示的压盖的工序流程安排见表 4-2。

表 4-2　加工压盖的工序流程安排（此工艺为批量铣削加工）

单位名称		产品名称及型号		零件名称		零件图号
××学院				压盖		028
工序	程序编号		夹具名称	使用设备		工件材料
	Mill-028			FV-800A		45 钢
工步	工步内容	刀号	切削用量	备注	工序简图	
1	铣削长方体大面	T0101	n=600r/min f=0.2mm/r a_p=1mm	平口钳装夹		
2	铣削外形	T0202	n=800r/min f=0.2mm/r a_p=2mm	压板装夹		
3	铣削外形	T0202	粗铣加工 n=600r/min f=0.02mm/r a_p=1.6mm	位置调换180°，压板装夹		
4	粗、精铣削端面与圆柱不通孔	T0303	粗铣加工 n=500r/min f=0.1mm/r 精铣加工 n=1000r/min f=0.06mm/r	工件突出精密平口钳6mm装夹		

工件

台虎钳

（续）

工步	工步内容	刀号	切削用量	备注	工序简图
5	钻削圆柱通孔	T0404 T0505	n=1000r/min f=0.02mm/r a_p=0.3mm	钻孔前需要加工中心孔定位	
6	倒角	T0606	n=600r/min f=0.3mm/r	45°倒角刀	

4.1.3 压盖加工自动编程的具体操作

1. 打开"压盖.mcx"文件

（1）粗加工轮廓线　在 Mastercam X 辅助菜单中单击"图层"按钮，弹出"图层管理器"对话框。选择零件轮廓线图层 1，关闭其他图层的图素，显示所需要的压盖外轮廓线如图 4-12 所示。

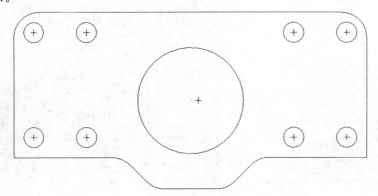

图 4-12　选择压盖外轮廓线

（2）设置机床加工系统　在 Mastercam X 系统中，从菜单中选择"机床类型"→"铣床"→"系统默认"选项，在图 4-13 中采用系统默认的铣床加工系统。打开"刀具路径"管理器。

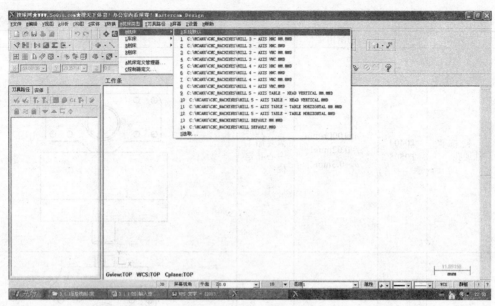

图 4-13　选择铣床加工系统

（3）设置加工群组属性　单击"刀具路径"管理器中的"加工群组 1"，如图 4-14 所示。在"加工群组 1"→"属性"列表中包含材料设置、刀具设置、文件和安全区域四项内容。这里主要介绍材料设置和刀具设置。

1）打开设置对话框。在"刀具路径"管理器中，双击"属性"树节点，或者单击该标识左侧的"＋"号，展开"属性"树节点，选择"属性"树节点下的"材料设置"选项，弹出"加工群组属性"对话框，如图 4-15 所示；同时系统进入"材料设置、刀具设置、文件设置、安全区域"设置选项卡，当前显示为"材料设置"选项卡。

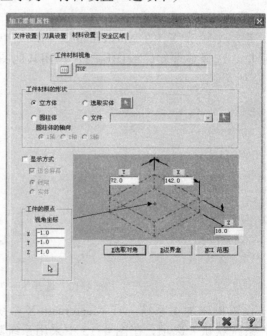

图 4-14　"加工群组 1"树节菜单　　　　图 4-15　"材料设置"选项卡

2）设置材料参数。在"材料设置"选项卡中设置如下内容：

① 工件材料视角：采用默认设置 TOP 视角，如图 4-15 所示。

② 工件材料的形状：在该选项组中选择"立方体"单选按钮。

③ 在"材料设置"选项卡设置立方体材料的长（X 轴）、宽（Y 轴）、高（Z 轴），在该对话框的文本框中输入毛坯尺寸，本实例长×宽×高为 142.0mm×72.0mm×18.0mm；在"工件的原点"选项组中的"视角坐标"文本框中输入工件的起始点，本实例设置为中心位置，其坐标如图 4-16 所示。

工件材料的尺寸也可以使用显示窗口下方的"选取对角""边界盒"或"NCI 范围"来确定，如图 4-17 所示。

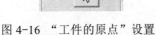

图 4-16　"工件的原点"设置　　　　　　图 4-17　工件材料确定方法

3）"刀具设置、文件设置、安全区域"选项卡选择默认设置。

在"加工群组属性"对话框中单击"确定"按钮 ，完成材料参数的设置。此时，单击"视觉控制"工具栏中的"等角视图"按钮 ，则可以比较直观地观察设置的工件材料（毛坯）的形状和大小，如图 4-18 所示。

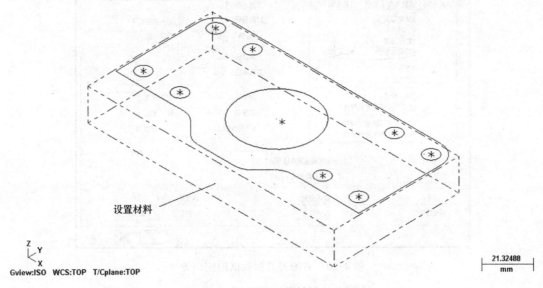

图 4-18　显示的工件材料（毛坯）

2. 自动编程的具体步骤

压盖毛坯设置完成后，根据工艺安排依次进行平面铣削、外形铣削、挖槽、钻孔和 2D 倒角加工的自动编程操作。

（1）平面铣削

1）在菜单栏中选择"刀具路径"→"平面铣削刀具路径"选项。

2）系统弹出"串连选项"对话框。单击"串连"按钮 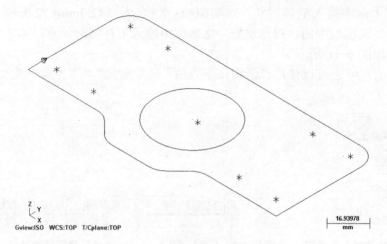，在绘图区选择串连平面轮廓，如图4-19所示；然后在"串连选项"对话框中单击"确定"按钮 ✓。

图4-19　选择串连平面轮廓

3）弹出"平面铣削"对话框。在"刀具参数"选项卡的刀具列表框的空白处右击，弹出图4-20所示的快捷菜单。选择"刀具管理器"选项，弹出"刀具管理器"对话框。

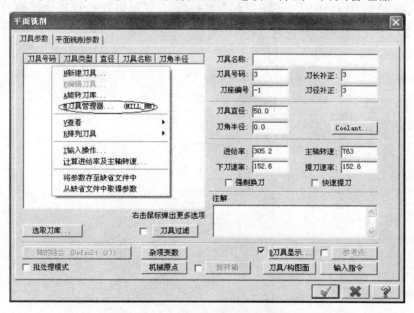

图4-20　右击刀具列表框的空白处

4）在刀具库的下拉列表 中选择Steel-MM.TOOLS刀具库，在列表框中选择直径为50mm的一种平面铣刀，单击"复制选取的资料库刀具至刀具管理器"按钮↑或者左键双击，将其添加到刀具列表框中，如图4-21所示。

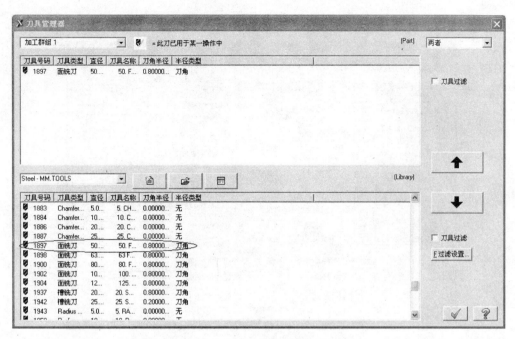

图 4-21　"刀具管理器"对话框

5）或者单击"选取刀库"按钮，进入刀具库中选择直径为 50mm 的平面铣刀，单击"确定"按钮[√]，将选择的刀具在刀具管理器中显示。

6）系统返回到"刀具参数"选项卡，设置进给率、下刀速率和主轴转速等参数，如图 4-22 所示。

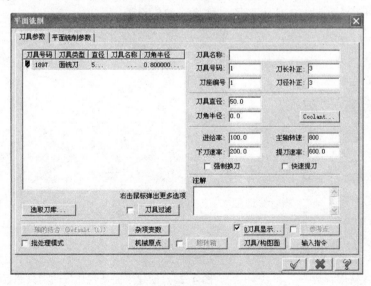

图 4-22　设置平面铣削刀具参数

操作说明

此平面铣削设置形成时间短、效率较高的刀具参数。在实际加工中，刀具参数要根据具体的机床、刀具使用手册和工件材料等因素来决定，设计的参数只作参考使用。

7）选择"平面铣削参数"选项卡，设置图 4-23 所示的平面铣削参数。

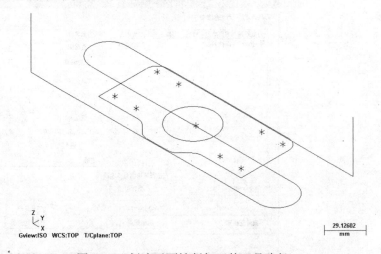

图 4-23　设置平面铣削参数

8）如果工件材料在 XY 平面区域余量较大，可以选用多次平面铣削。选择"P 分层铣深"复选框并单击该按钮，系统弹出"分层铣深设定"对话框，设置图 4-24 所示的分层切削参数，然后单击"确定"按钮 。

9）"平面铣削"对话框中的其余参数按照工艺规定设置。完成设置后单击"确定"按钮 ，创建的平面铣削加工刀具路径，如图 4-25 所示。

图 4-24　设置分层铣削参数　　　　图 4-25　创建平面铣削加工的刀具路径

10）选择该刀具路径进行模拟操作。单击"刀具路径"管理器中的按钮 ，弹出"刀具模拟"对话框。单击按钮 进行模拟，每按一次执行一句程序，观察加工步骤的正确性；如果一直按住按钮 ，则连续执行模拟程序，如图 4-26 所示。完成后单击"确定"按钮 。

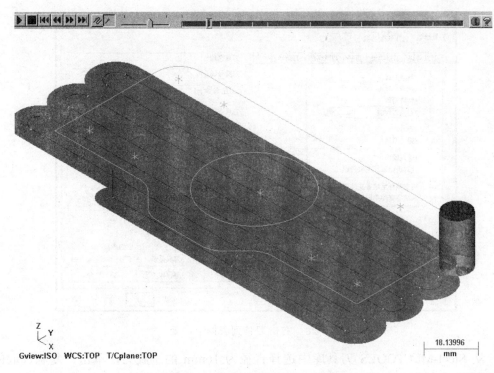

图 4-26　平面铣削刀具路径模拟

（2）外形铣削相邻两边

1）在菜单栏中选择"刀具路径"→"外形铣削刀具路径"选项。

2）系统弹出"串连选项"对话框。单击"串连"按钮 ⬚，选择串连外形轮廓，如图 4-27 所示。根据零件分析后的工艺安排，利用定位点定位、压板固定，先铣削零件外形相邻两边；然后在"串连选项"对话框中单击"确定"按钮 ⬚。

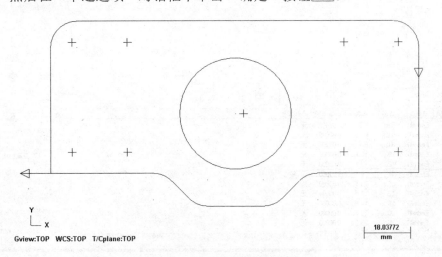

图 4-27　选择串连外形轮廓

3）系统弹出"外形（2D）"对话框。在"刀具参数"选项卡的刀具列表框空白处右击，如图 4-28 所示。在弹出的快捷菜单中选择"刀具管理器"选项，弹出"刀具管理器"对话框。

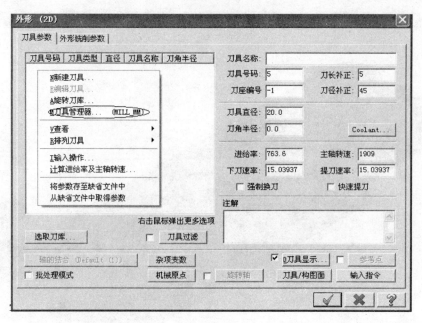

图 4-28　右击刀具列表框空白处

4）从 Steel-MM.TOOLS 刀具库中选择直径为 16mm 的平底刀，单击"复制选取的资料库刀具至刀具管理器"按钮 ⬆，将选择的刀具添加到刀具列表框中，如图 4-29 所示；然后单击"确定"按钮 ☑。

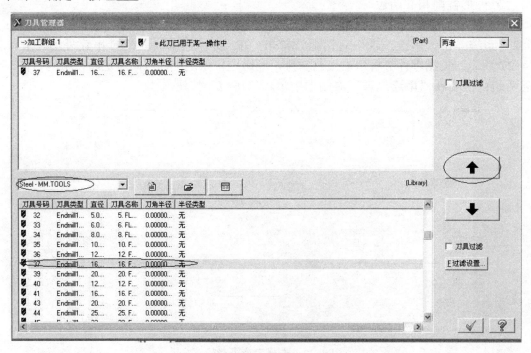

图 4-29　选择外形铣削刀具（相邻两边）

5）返回到"刀具参数"选项卡，设置进给率、下刀速率和主轴转速等参数，如图 4-30 所示。

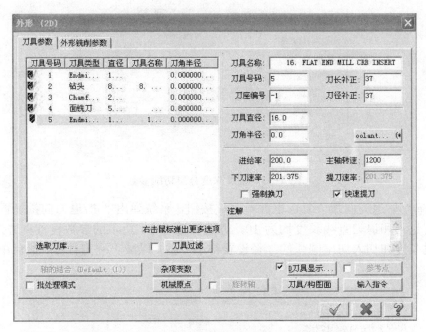

图 4-30 设置外形铣削刀具参数（相邻两边）

6）选择"外形铣削参数"选项卡，设置图 4-31 所示的外形铣削参数（相邻两边）。

7）考虑到工件材料在 XY 平面某区域的余量较大，可以选用多次平面铣削。选择"平面多次铣削"复选框并单击该按钮，系统弹出"XY 平面多次切削设置"对话框，设置图 4-32 所示的多次切削参数，然后单击"确定"按钮 ✓ 。

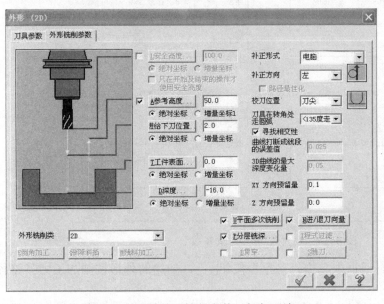

图 4-31 设置外形铣削参数（相邻两边） 　　图 4-32 设置多次切削参数

8）选择"P 分层铣深"复选框并单击该按钮，系统弹出"深度分层切削设置"对话框，设置图 4-33 所示的深度分层切削参数，然后单击"确定"按钮 ✓ 。

图4-33　设置深度分层切削参数

9）选择"进/退刀向量"复选框并单击该按钮，系统弹出"进/退刀向量设置"对话框。此实例设置进刀和退刀直线长度均为10，并进行图4-34所示的参数设置。适当将进刀和退刀的直线长度和切入切出圆弧的半径设置得小一些，以减少空刀行程，最后单击"确定"按钮☑。

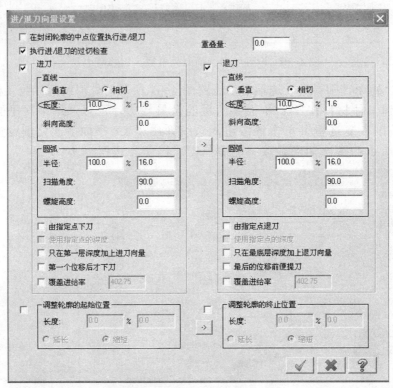

图4-34　设置进/退刀向量参数

10）在"外形（2D）"对话框中单击"确定"按钮☑，创建的外形铣削加工刀具路径如图4-35所示。

11）选择该刀具路径进行模拟操作。在"刀具路径"管理器中单击"刀具路径模拟"按钮≋，弹出"刀具模拟"对话框。单击该对话框中的"步进模拟播放"按钮▶▶，进行刀具路径模拟，每按一次执行一句程序，有利于观察加工步骤的正确性；如果一直按住"步进模拟播放"按钮▶▶，则连续执行模拟程序，如图4-36所示。完成刀具模拟后，在"刀具模拟"对话框中单击"确定"按钮 <img_1 />。

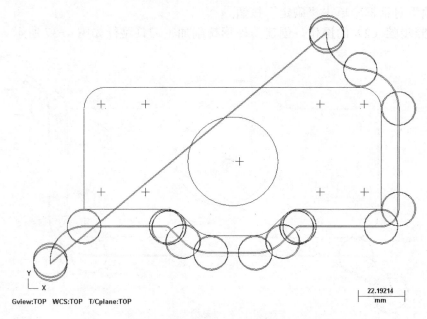

图 4-35　创建外形铣削加工的刀具路径（相邻两边）

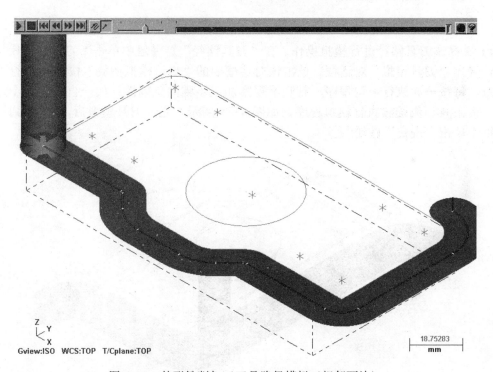

图 4-36　外形铣削加工刀具路径模拟（相邻两边）

（3）外形铣削压盖对面相邻两边

1）在菜单栏中选择"刀具路径"→"外形铣削刀具路径"选项。

2）系统弹出"串连选项"对话框。单击"部分串连"按钮，选择串连外形轮廓。

根据零件分析后的工艺安排，利用定位点定位、压板固定铣削压盖对面相邻两边；然后在"串连选项"对话框中单击"确定"按钮☑。

3）参照步骤（2）的操作，创建的外形铣削加工刀具路径如图 4-37 所示。

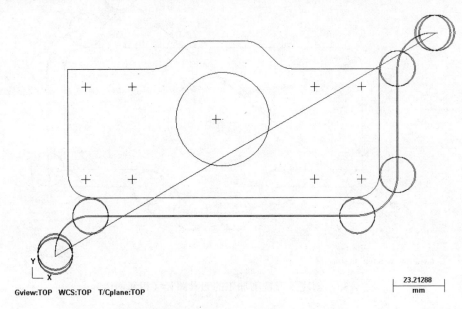

Gview:TOP   WCS:TOP   T/Cplane:TOP

23.21288
mm

图 4-37   创建外形铣削加工的刀具路径（压盖对面相邻两边）

4）选择该刀具路径进行模拟操作。在"刀具路径"管理器中单击"刀具路径模拟"按钮☷，弹出"刀具模拟"对话框。单击该对话框中的"步进模拟播放"按钮▶进行刀具路径模拟，每按一次执行一句程序，有利于观察加工步骤的正确性；如一直按住"步进模拟播放"按钮▶，则连续执行模拟程序，如图 4-38 所示。完成刀具模拟后，在"刀具模拟"对话框中单击"确定"按钮☑。

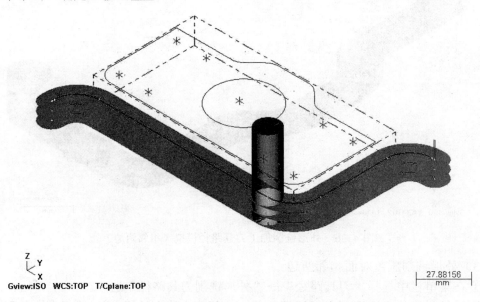

Gview:ISO   WCS:TOP   T/Cplane:TOP

27.88156
mm

图 4-38   外形铣削加工刀具路径模拟（压盖对面相邻两边）

（4）粗、精铣削端面　根据零件工艺安排，采用精密平口钳装夹。装夹时以铣削过的一面为基准，点定位校平后夹紧。铣削加工端面的自动编程操作参照步骤（1）操作。

（5）挖槽加工圆柱不通孔　挖槽加工有三种方法，分别为标准挖槽加工、使用岛屿深度挖槽加工和开放挖槽加工。该实例挖槽加工属于标准挖槽加工，根据图形特点、图形尺寸和加工特点选用合适的加工刀具和下刀点，操作步骤如下：

1）在菜单栏中选择"刀具路径"→"标准挖槽"选项。

2）系统弹出"串连选项"对话框。单击"串连"按钮 ◯◯◯，选择串连外形轮廓，在 p 点处单击选择所需的串连图形，如图 4-39 所示。单击"确定"按钮 ✓。

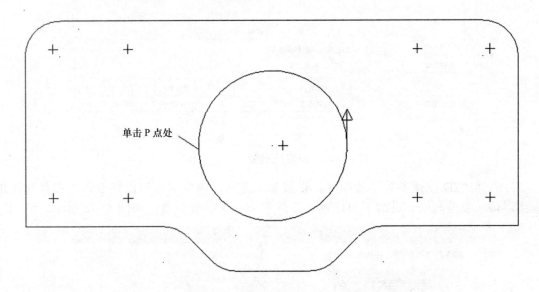

图 4-39　以串连方式选择图形轮廓

3）系统弹出"挖槽（标准挖槽）"对话框。在"刀具参数"选项卡单击"选取刀库"按钮，弹出"刀具选择"对话框。选择 Steel-MM.TOOLS，在刀具列表框中选择图 4-40 所示的直径为 12mm 平底型面铣刀，然后单击"确定"按钮 ✓。

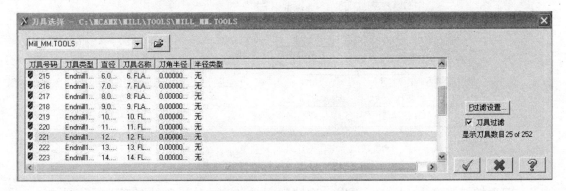

图 4-40　选择挖槽加工刀具

4）在"刀具参数"选项卡中设置进给率、下刀速率和主轴转速等参数，如图 4-41 所示。具体参数可根据铣床设备的实际情况和设计要求来自行设定。

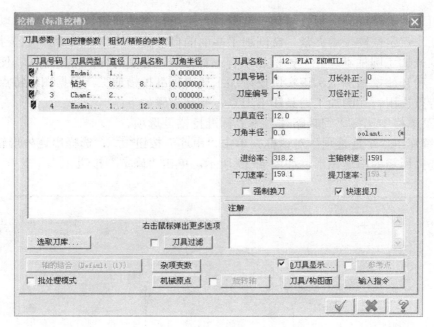

图 4-41　设置挖槽加工刀具参数

5）选择"2D 挖槽参数"选项卡，设置加工方向、两切削点的位移方式（刀具在转角处走圆角）、参考高度、进给下刀位置、工件表面和深度等参数，如图 4-42 所示。

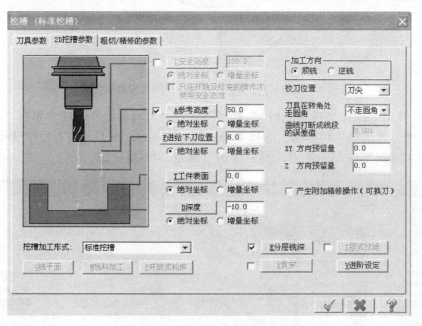

图 4-42　设置 2D 标准挖槽参数

6）因为挖槽深度为 10mm，不宜一次铣削完成，需要对其 Z 轴深度进行分层加工。设置方法是选择"E 分层铣深"复选框，系统弹出图 4-43 所示的"分层铣深设置"对话框。设置"最大粗切深度"为 5.0，"精修次数"为 1，"精修步进量"为 0.5，选择"不提刀"，"分层铣深的顺序"设置为"按区域"，然后单击对话框中的"确定"按钮。

7）选择"粗切/精修的参数"选项卡，选择"粗切"复选框，选择"切削方式"为"平行环切"，其他参数设置如图 4-44 所示。

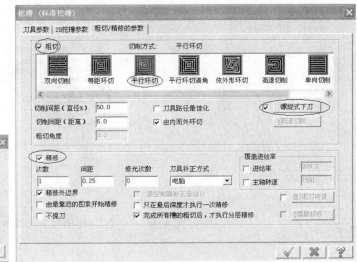

图 4-43　"分层铣深设置"对话框　　　　图 4-44　设置粗切/精修的参数

8）为了避免刀尖与工件毛坯的表面发生短暂的垂直撞击，可以考虑采用螺旋式下刀。单击"螺旋式下刀"按钮，弹出"螺旋/斜插式下刀参数"对话框。在"螺旋式下刀"选项卡中设置图 4-45 所示的螺旋式下刀参数，然后单击"确定"按钮。

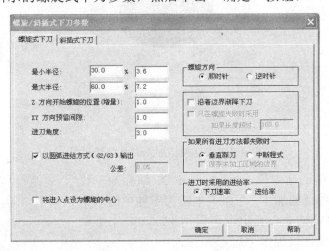

图 4-45　设置螺旋式下刀参数

9）在"挖槽（标准挖槽）"对话框中单击"确定"按钮 ，创建图 4-46 所示的 2D 挖槽加工刀具路径（以等角视图显示）。

10）选择该刀具路径进行模拟操作。单击"刀具路径"管理器中的"刀具路径模拟"按钮 ，弹出"刀具模拟"对话框。单击该对话框中的"步进模拟播放"按钮 ，进行刀具路径模拟，每按一次执行一句程序，有利于观察加工步骤的正确性；如果一直按住"步进模拟播放"按钮 ，则连续执行模拟程序，如图 4-47 所示。完成刀具路径模拟后，在"刀具模拟"对话框中单击"确定"按钮 。

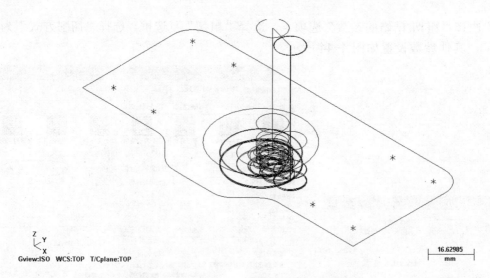

图 4-46　创建 2D 挖槽加工的刀具路径

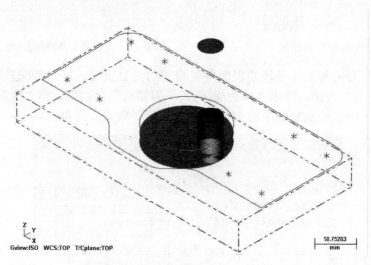

图 4-47　2D 挖槽加工刀具路径模拟

（6）钻孔铣削中心钻定位　Mastercam X 钻孔加工程序可用于零件中各种点的加工，在加工本实例零件中的 8 个 ϕ 8mm 通孔之前需要钻中心孔定位，采用 ϕ 2.5mm 中心钻刀具加工。其加工操作过程如下：

1）在菜单栏中选择"刀具路径"→"钻孔刀具路径"选项。

2）系统弹出图 4-48 所示的"选取钻孔的点"对话框，单击按钮 ，或者单击"自动选取""选取图素""窗选"中的任意一个按钮，设置钻孔加工的位置点。

3）使用鼠标依次选择图 4-49 所示的 8 个位置点。以"窗选"等方式选择钻孔的位置点后，如果对系统自动安排的点的排序不满意，则可以单击"排序"按钮，利用弹出的"排

图 4-48　"选取钻孔的点"对话框

178

序"对话框设置排序方式，如图 4-50 所示。系统提供了三种点的排序方式，即"2D 排序""旋转排序"和"交叉断面排序"。

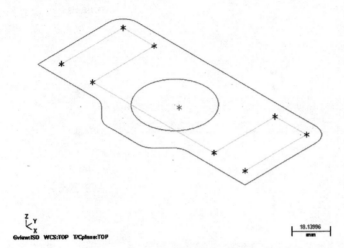

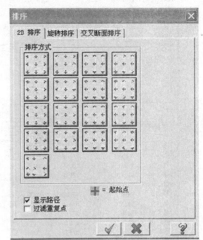

图 4-49　设置钻孔加工的位置点　　　　图 4-50　设置钻孔点的排序方式

4）在"选取钻孔的点"对话框中单击"确定"按钮 ✓ 。

5）系统弹出"简单钻孔"对话框。在"刀具参数"选项卡的刀具列表框的空白处右击，如图 4-51 所示。在弹出的快捷菜单中选择"刀具管理器"选项，弹出"刀具管理器"对话框。

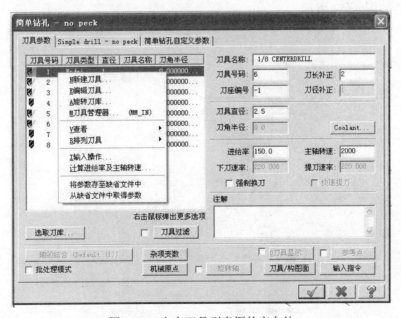

图 4-51　右击刀具列表框的空白处

6）在刀具库下拉列表中选择 MM_IN.Tools，在其中选择与要求直径相近的一种中心钻，单击"复制选取的资料库刀具至刀具管理器"按钮 ，或者左键双击，将选取的刀具（中心钻）添加到刀具管理器，如图 4-52 所示。

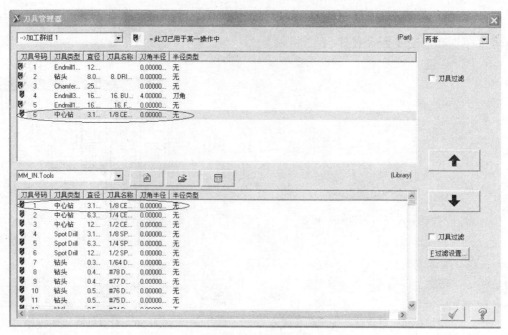

图 4-52   选取中心钻

7）或者单击"选取刀库"按钮，选择与要求直径相近的一种中心钻，单击"确定"按
钮 。

8）左键双击中心钻图标，弹出"定义刀具"对话框。设置中心钻的"直径"为 2.5，
其他参数设置如图 4-53 所示。

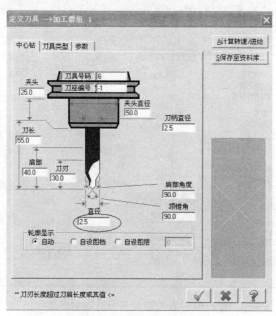

图 4-53   设置中心钻的参数

9）单击"确定"按钮 返回"刀具参数"选项卡。在"刀具参数"选项卡中设置进
给率和主轴转速等参数，如图 4-54 所示。具体参数可根据铣床设备的实际情况和设计要求

来自行设定。

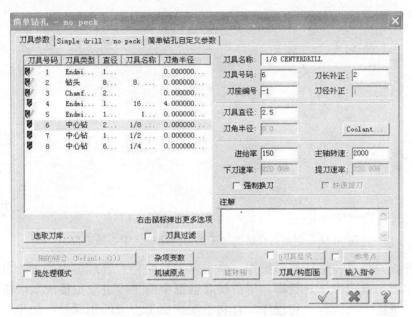

图 4-54　设置简单钻孔的刀具参数

10）选择"Simple drill-no peck"选项卡，设置钻孔循环方式、提刀、工件表面和深度等参数，如图 4-55 所示。

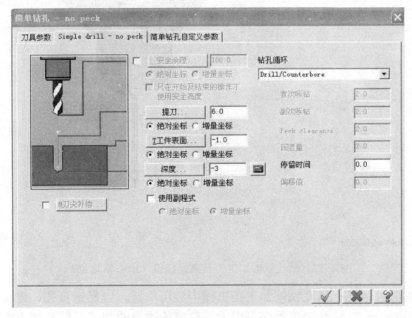

图 4-55　设置 Simple drill-no peck 选项卡

11）本实例钻削中心孔不需要刀尖补偿，所以不设置"钻头尖部补偿"对话框。

12）选择"简单钻孔自定义参数"选项卡，采用默认设置。在"简单钻孔"对话框中单击"确定"按钮，创建钻孔铣削加工的刀具路径如图 4-56 所示。

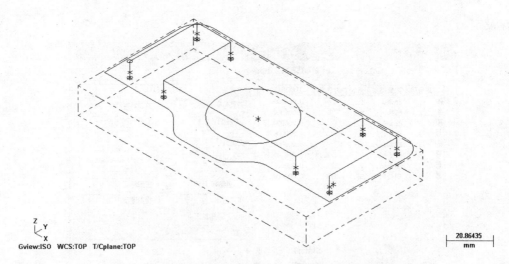

图 4-56 创建钻孔铣削加工的刀具路径（中心钻定位）

13）选择该刀具路径进行模拟操作。单击"刀具路径"管理器中的"刀具路径模拟"按钮 ≋，弹出"刀具模拟"对话框。单击该对话框中的"步进模拟播放"按钮 ▶，进行刀具路径模拟，每按一次执行一句程序，有利于观察加工步骤的正确性；如果一直按住"步进模拟播放"按钮 ▶，则连续执行模拟程序，如图 4-57 所示。完成刀具路径模拟后，在"刀具模拟"对话框中单击"确定"按钮 ✔。

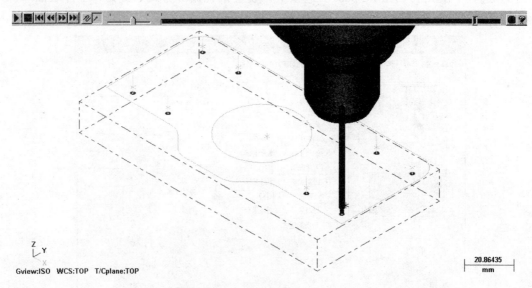

图 4-57 钻孔铣削加工刀具路径模拟（中心钻定位）

（7）钻削圆柱通孔 钻孔铣削加工在机械中应用广泛，包括钻直孔、镗孔和攻螺纹孔等加工。Mastercam X 钻孔加工程序可用于零件中各种点的加工，钻孔加工需要设置的参数包括公共刀具路径参数、钻孔铣削参数和用户自定义参数。

本实例零件要求加工出 8 个 ϕ 8mm 的通孔，根据零件特点及尺寸要求，可采用 ϕ 8mm 钻孔刀具进行数控加工。其加工操作过程如下：

1）在菜单栏中选择"刀具路径"→"钻孔刀具路径"选项。

2）系统弹出图 4-58 所示的"选取钻孔的点"对话框。单击按钮 ▷，或者单击"自动选取""选取图素""窗选"中的任意一个按钮，设置钻孔加工的位置点。

3）使用鼠标依次选择图 4-59 所示的 8 个位置点。

图 4-58　"选取钻孔的点"对话框

图 4-59　设置钻孔加工位置点

4）以"窗选"等方式选择钻孔的位置点后，如果对系统自动安排的点的排序不满意，则可以单击"排序"按钮，利用弹出的"排序"对话框设置排序方式，如图 4-60 所示。系统提供了三种点的排序方式，即"2D排序""旋转排序"和"交叉断面排序"。

5）在"选取钻孔的点"对话框中单击"确定"按钮 ✔。

6）系统弹出"简单钻孔"对话框。在"刀具参数"选项卡单击"选取刀库"按钮，弹出刀具选择对话框，选择 Mill-MM.TOOLS 刀具库，在其刀具列表框中选择图 4-61 所示的直径为 8mm 钻孔刀具，单击"确定"按钮 ✔。

"刀具参数"选项卡中的设置如图 4-62 所示。具体参数可根据铣床设备的实际情况和设计要求来自行设定。

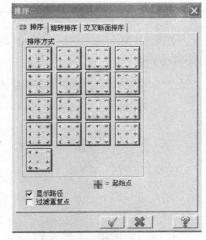

图 4-60　设置钻孔点的排序方式

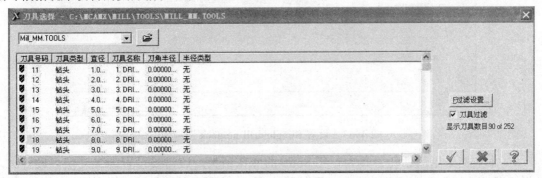

图 4-61　选择钻孔刀具

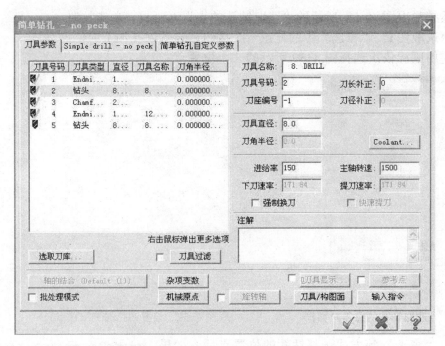

图 4-62 设置"刀具参数"选项卡

7）选择 Simple drill-no peck 选项卡，设置钻孔循环、提刀、工件表面和深度等参数，如图 4-63 所示。

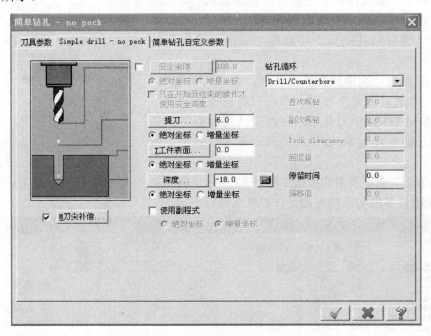

图 4-63 设置 Simple drill-no peck 选项卡

8）本实例选用的钻孔刀具为直径 8mm 的麻花钻头，还需要设置刀尖补偿。设置时，选择"刀尖补偿"复选框并单击它，系统弹出图 4-64 所示的"钻头尖部补偿"对话框。设置钻头尖部补偿参数，并根据工艺要求正确设置参数，防止钻头钻削深度不够，然后单击对话框"确定"按钮☑️，返回"简单钻孔"对话框。

9）选择"简单钻孔自定义参数"选项卡中的默认设置，在"简单钻孔"对话框中单击"确定"按钮☑️，创建钻孔铣削加工的刀具路径如图 4-65 所示。

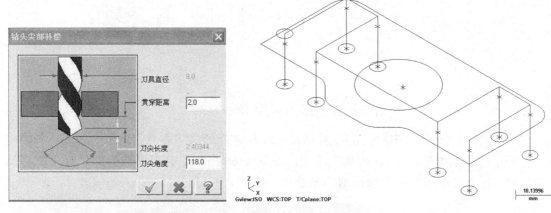

图 4-64　"钻头尖部补偿"对话框　　　　图 4-65　创建钻孔铣削加工的刀具路径（圆柱通孔）

10）选择该刀具路径进行模拟操作。单击按钮≋，弹出"刀具模拟"对话框。单击按钮▶▶进行模拟，每按一次执行一句程序，观察加工步骤的正确性；如果一直按住按钮▶▶，则连续执行模拟程序，如图 4-66 所示。完成后单击"确定"按钮☑️。

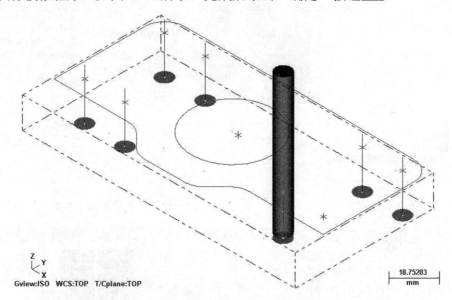

图 4-66　钻孔铣削加工刀具路径模拟（圆柱通孔）

（8）"2D 倒角"外形铣削

1）在菜单栏中选择"刀具路径"→"外形铣削刀具路径"选项。

2）系统弹出"串连选项"对话框。单击"串连"按钮🔗，选择图 4-67 所示的外形（串连选择所需倒角外形轮廓），然后在"串连选项"对话框中单击"确定"按钮☑️。

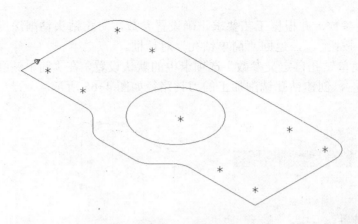

图 4-67　串连选择所需倒角外形轮廓

3）系统弹出"外形（2D 倒角）"对话框。选择"外形铣削参数"选项卡，从"外形铣削类"下拉列表框中选择"2D 倒角"选项，如图 4-68 所示，并取消选择的"U 平面多次铣削"和"P 分层铣深"两个按钮前的复选框，如图 4-69 所示。

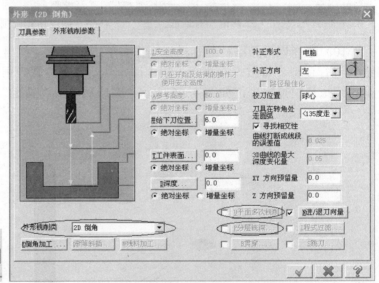

图 4-68　设置外形铣削类型　　　　　图 4-69　设置倒角外形加工参数

4）此时"E 倒角加工"按钮被激活，单击后弹出"倒角加工"对话框。设置倒角"宽度"和"尖部补偿"，如图 4-70 所示，然后单击"确定"按钮 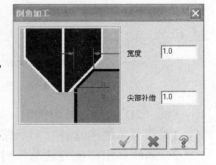。

5）在"外形（2D 倒角）"对话框中选择"刀具参数"选项卡，在刀具列表框的空白处右击，在弹出的图 4-71 所示的快捷菜单中选择"刀具管理"选项。

6）从 Steel-MM.TOOLS 刀具库中选择直径为 10mm 的 90°倒角刀，单击按钮↑，将选取的刀具添加到刀具管理器中，如图 4-72 所示，然后单击"确定"按钮，

图 4-70　设置倒角加工参数

返回"外形（2D 倒角）"对话框。

图 4-71 右击刀具列表框的空白处

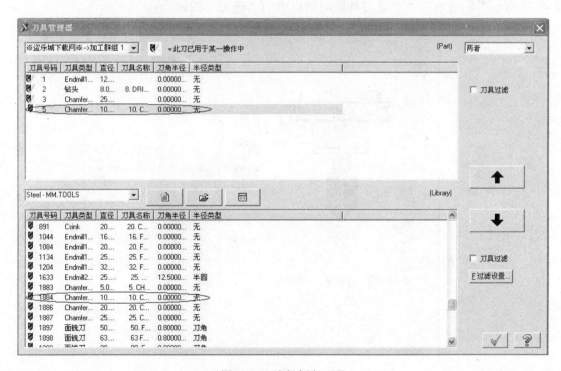

图 4-72 选择倒角刀具

7）在"外形（2D 倒角）"对话框的"刀具参数"选项卡中进行图 4-73 所示的参数设置，包括进给率、下刀速率和主轴转速等。

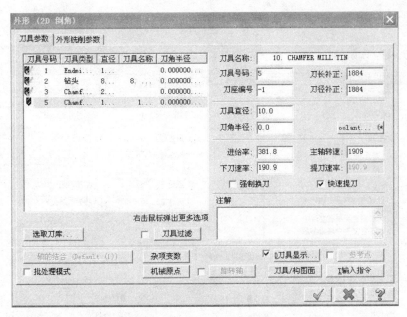

图 4-73 设置倒角刀具参数

8）在刀具库中如果没有适合直径的刀具，可以采用下列方法：在"刀具参数"选项卡中左键双击指定的倒角铣刀，系统弹出"定义刀具"对话框。根据需要修改直径值，如图 4-74 所示；然后单击"定义刀具"对话框中的"确定"按钮 ✓ 。

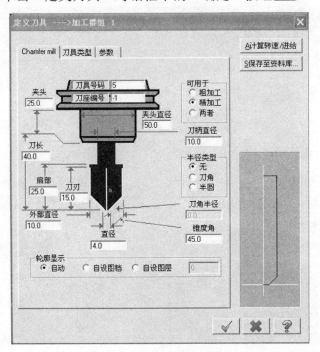

图 4-74 修改倒角铣刀的参数

9）在"外形（2D 倒角）"对话框中单击"确定"按钮 ✓ ，从而创建外形倒角铣削的刀具路径，如图 4-75 所示。

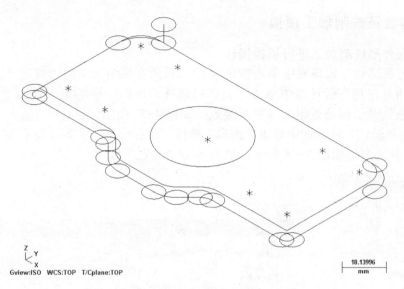

图 4-75　创建外形倒角铣削的刀具路径

10）选择该刀具路径进行模拟操作。在"刀具路径"管理器中，单击"刀具路径模拟"按钮，弹出"刀具模拟"对话框。单击该对话框中的"步进模拟播放"按钮，进行刀具路径模拟，每按一次执行一句程序，观察加工步骤的正确性，如果一直按住"步进模拟播放"按钮，则连续执行模拟程序，如图 4-76 所示。完成后单击"确定"按钮。

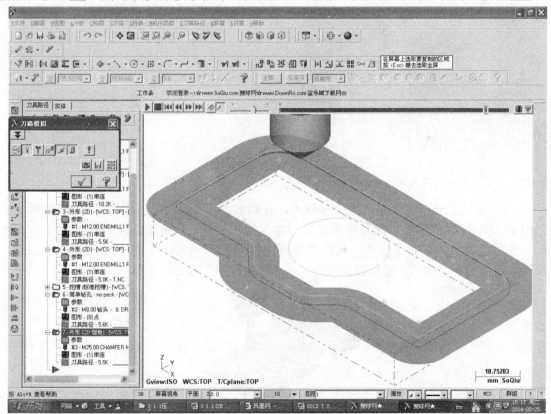

图 4-76　外形倒角铣削刀具路径模拟

4.1.4　实体验证铣削加工模拟

1．对所有外形铣削加工进行模拟操作

1）在"刀具路径"管理器中单击按钮，选择所有铣削加工的刀具路径。

2）在"刀具路径"管理器中单击"验证已选择的操作"按钮，弹出"实体验证"对话框。"验证"对话框设置相关选项及参数，如图 4-77 所示。

3）在"实体验证"对话框中单击"选项"按钮，系统弹出"实体验证选项"对话框。选择"排屑"复选框，如图 4-78 所示；然后单击"确定"按钮。

图 4-77　"实体验证"对话框

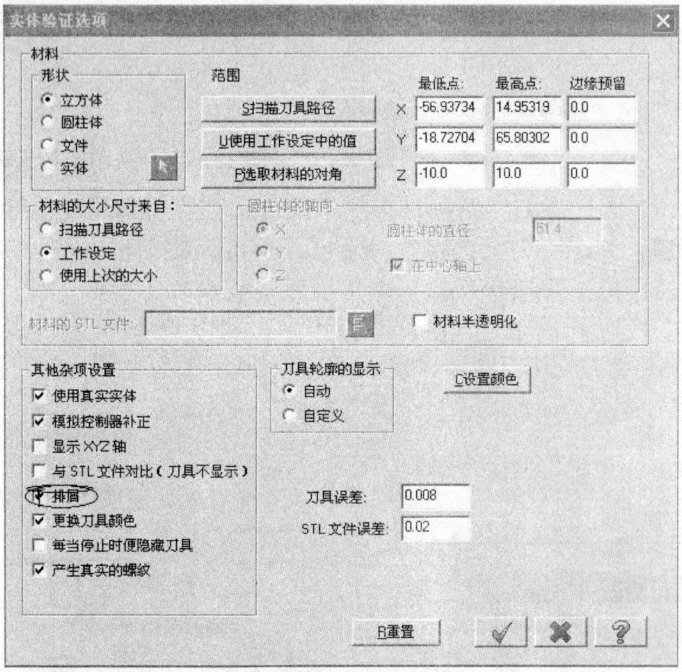

图 4-78　设置实体验证选项

4）在"实体验证"对话框中单击按钮，开始加工模拟，每道工步的刀具路径被动态显示出来。图 4-79 所示为以等角视图显示的加工模拟结果，系统还会弹出"拾取碎片"对话框。在"拾取碎片"对话框中，选择"保留（仅一个）"单选按钮，单击"拾取"按钮，用鼠标指针在绘制区中单击要保留的部分，在"拾取碎片"对话框中单击"确定"按钮。

图 4-79　实体验证加工模拟结果（压盖）

2. 所有外形铣削加工模拟过程

在"实体验证"对话框中单击"确定"按钮 ☑。压盖的外形铣削加工模拟过程见表 4-3。

表 4-3　压盖的外形铣削加工模拟过程

序号	加工过程注解	加工过程示意
1	铣削长方体大面平口钳装夹 注意： 铣削平面时采用较大直径平面铣刀，刀具超出工件边缘的距离需大于等于刀具半径	
2	铣削外形粗加工 注意： 1）装夹前以铣削的大面为基准，紧贴定位元件，压板压紧 2）铣削加工实例零件长方体外形的相邻两边	
3	铣削外形精加工 注意： 1）在原有装夹基础上外形铣削精加工 2）铣削参数及路径设置符合铣削精加工的要求	
4	粗铣削对面外形 注意： 1）实例零件长方体外形位置调换 180° 2）以铣削的大面为基准，紧贴定位元件，压板压紧 3）铣削加工实例零件长方体外形对面的相邻两边	
5	精铣削对面外形 注意铣削用量参数的选择	
6	粗、精铣削端面与圆柱不通孔 注意： 1）以铣削加工长方体大面为基准，装夹采用精密平口钳装夹，粗、精铣削端面 2）铣削圆柱不通孔时，采用 ϕ18mm 键槽铣刀，下刀点保证不与工件不通孔干涉	
7	钻削圆柱通孔 注意： 1）钻孔前用中心钻钻孔定心 2）铣削圆柱通孔采用 ϕ8mm 钻头 3）钻头将要贯穿时，进给量要减小	
8	倒角铣削 注意： 1）在上述装夹条件下进行倒角铣削 2）倒角铣削采用 45° 倒角刀	

4.1.5　执行后处理

1. 打开对话框，设置参数

在"刀具路径"管理器中将需要后处理的刀具路径选中，接着单击"后处理程式"按钮 ，系统弹出图 4-80 所示的"后处理程式"对话框，分别设置 NC 文件和 NCI 文件选项。选择"后处理程式"对话框中的"NC 文件"复选框，在"NC 文件的扩展名"文本框输入".NC"，选择"将 NC 程式传输至"复选框。传输前调整后处理程式的数控系统，使之与数控机床的数控系统匹配，其他参数按照默认设置，单击"确定"按钮。

2. 生成程序

系统弹出"另存为"对话框。在"另存为"对话框"文件名"文本框中输入程序名称，在此使用"实例一压盖"，完成文件名的选择。单击"保存"按钮，弹出图 4-81 所示的"组合后处理程序"后，即生成 NC 程序。

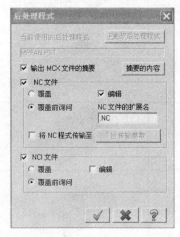

图 4-80 "后处理程式"对话框

图 4-81 组合后处理程序

系统弹出图 4-82 所示的"Mastercam X 编辑器"窗口，在该编辑器窗口中显示生成的加工程序。

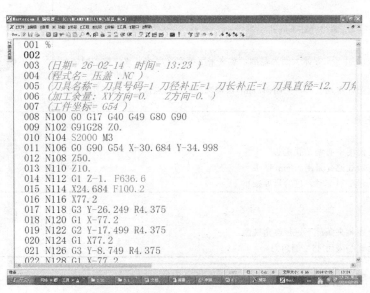

图 4-82 "Mastercam X 编辑器"窗口

3. 检查、传输 NC 程序

检查生成的 NC 程序：根据所使用数控机床的实际情况对图 4-82 所示文本框中的

程序进行检查、修改，包括 NC 程序的代码、起刀点位置、换刀点位置和中间的空走刀程序。经过检查后的程序要求减少空行程，缩短加工时间，并符合数控机床正常运行的要求。

通过 RS232 接口传输至机床储存：经过以上操作设置，并通过 RS232 联系功能窗口，打开机床传送功能。机床参数设置参照机床说明书，选择软件菜单栏中的"传送"功能。传送前调整后处理程式的数控系统，使之与数控机床的数控系统匹配。传送的程序即可在数控机床中存储，调用此程序，就可使数控机床正常运行，完成压盖的加工。

4.2　成型面刀排加工实例

如图 4-83 所示，成型面刀排实例零件是在方刀排上铣削加工与数控刀片匹配的成型面，其中间位置是平面，侧面设有一定的角度，角度大小与数控刀片角度匹配；刀排两侧设计为两个成型面，可以安装两个数控刀片，两个数控刀片的形状规格可以相同，也可以不相同。

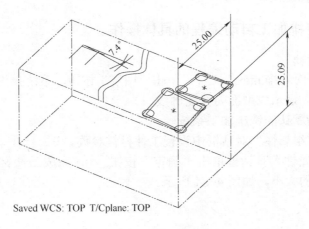

Saved WCS: TOP　T/Cplane: TOP

图 4-83　成型面刀排

成型面刀排实例零件需要加工两个形状、规格不一样的成型面，虽然增加了加工难度，但利用 Mastercam X 中的"外形铣削加工"模块解决斜面的铣削加工问题，就会简化自动编程的操作，降低自动编程和加工的难度。

成型面刀排实例零件自动编程运用 Mastercam X 铣削模块中二维铣削加工的"挖槽加工、外形铣削"刀具路径功能，并且运用外形铣削中"锥度面"的加工功能，避免了运用"曲面加工"创建刀具路径。

成型面刀排实例零件的加工工艺简单，但要满足加工精度要求并不简单，应使铣削成型面与数控刀片的匹配程度最大化，使它们贴合紧密，中心螺纹孔的位置与成型面的位置应满足精度要求，否则刀片容易损坏。

4.2.1　成型面刀排加工自动编程前的准备

1. 打开建立的文件"成型面刀排.mcx"文件

启动 Mastercam X，激活创建文件功能，打开"成型面刀排.mcx"文件。

2．零件图分析

如图 4-83 所示，该零件由正方形槽、菱形槽组成，槽壁倾斜 7.4°，加工的尺寸精度要求不高，形状简单，槽壁与中心螺纹孔有位置度要求。

4.2.2 成型面刀排的加工工艺流程分析

1．零件加工刀具安排

加工时需要的刀具：ϕ2mm 键槽刀、ϕ3.2mm 钻头和 M4 丝锥。

2．工序流程安排

加工内容主要在正面加工槽，台虎钳装夹加工，具体工艺流程安排如下：

1）挖槽铣削加工成型面四个角的 ϕ3mm 孔，并与成型面等高。

2）挖槽铣削加工成型面，此时与侧面垂直。

3）外形铣削加工 7.4° 的侧面，以上均采用 ϕ2mm 键槽刀。

4）采用 ϕ3.2mm 钻头加工螺纹底孔。

5）M4 丝锥加工螺纹。

4.2.3 成型面刀排加工自动编程的具体操作

1．设置工件材料

1）打开"成型面刀排.mcx"文件。单击"图层"按钮，系统弹出"图层管理器"对话框，选择所有图层，显示成型面刀排轮廓线。

2）设置机床为默认的铣床加工系统。

3）在"加工群组属性"对话框中设置工件材料参数。

在"加工群组属性"对话框单击"确定"按钮 ✓，完成工件材料参数的设置，绘图区中显示工件材料的大小，如图 4-84 所示。

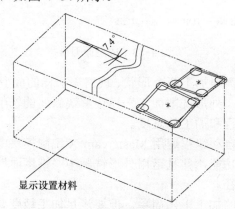

图 4-84　显示设置的工件材料

2．按照加工工艺编程

1）成型面刀排工件材料设置完成后，根据工艺流程安排，依次进行挖槽、外形铣削、钻孔及螺旋钻孔加工的自动编程操作。

铣削成型面刀排的具体工步如图 4-85 所示。铣削加工的刀具路径完成创建，如图 4-86 所示。

图 4-85　铣削的具体工步

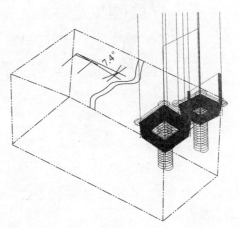

图 4-86　创建铣削加工的刀具路径

2）选择该刀具路径，进行实体验证加工模拟，如图 4-87 所示。完成刀具路径模拟后，在"实体验证"对话框中单击"确定"按钮 。

3．自动编程的具体步骤

（1）挖槽铣削加工成型面四个角的 ϕ3mm 孔，并与成型面等高

1）打开成型面刀排挖槽加工轮廓图形。

2）挖槽加工。根据成型面刀排的图形和尺寸特点，选用 ϕ2mm 键槽铣刀，在成型面四角加工出合适的让刀孔，这样有利于刀具进刀、退刀和切屑排出。其操作步骤如下：

① 在菜单栏中选择"刀具路径"→"标准挖槽"选项。

② 选择串连外形轮廓，如图 4-88 所示。单击"确定"按钮 。

图 4-87　实体验证加工模拟

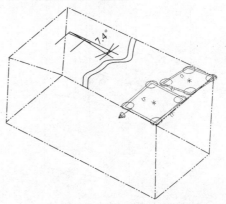

图 4-88　选择串连外形轮廓

③ 系统弹出"挖槽（标准挖槽）"对话框，在刀具库中选择直径 ϕ 2mm 键槽铣刀，单击"刀具选择"对话框中的"确定"按钮 ✓ 。

④ 在"刀具参数"选项卡中设置进给率为 100、主轴转速为 3000 等参数。

⑤ 选择"2D 挖槽参数"选项卡，设置加工方向、刀具在转角处不走圆角、参考高度、进给下刀位置、工件表面和深度（−4.0）等参数，如图 4-89 所示。

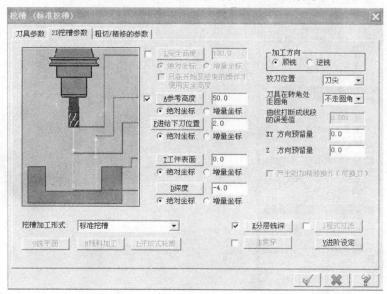

图 4-89　设置 2D 标准挖槽参数

⑥ 考虑到刀具直径较小，需要多次铣削完成，故对其 Z 轴深度进行分层加工。选择"E 分层铣深"复选框，在"分层铣深设置"对话框中设置"最大粗切深度"为 1.0。

⑦ 选择"粗切/精修的参数"选项卡，选择"粗切"复选框，选择"切削方式"为"平行环切清角"。

⑧ 单击"确定"按钮 ✓ ，创建图 4-90 所示的 2D 挖槽加工刀具路径（以等角视图显示）。

3）选择该刀具路径进行"实体验证"模拟操作，如图 4-91 所示。完成刀具路径模拟后，在"实体验证"对话框中单击"确定"按钮 ✓ 。

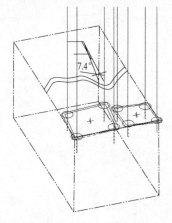
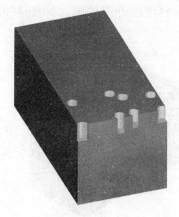

图 4-90　创建 2D 挖槽加工的刀具路径（ϕ 3mm 孔）　图 4-91　实体验证模拟操作（ϕ 3mm 孔）

（2）挖槽铣削加工成型面 此时与侧面垂直，其具体自动编程步骤如下：

1）参照 4.1 压盖加工实例，创建成型面挖槽铣削加工的刀具路径，如图 4-92 所示。

2）选择该刀具路径，进行"实体验证"模拟操作，如图 4-93 所示。

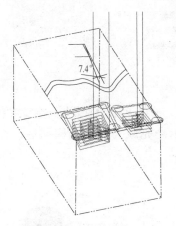

图 4-92 创建成型面挖槽铣削加工的刀具路径

图 4-93 实体验证加工模拟（成型面）

（3）外形铣削加工 7.4°侧面

1）在菜单栏中选择"刀具路径"→"外形铣削刀具路径"选项。

2）系统弹出"串连选项"对话框。选择铣削加工外形轮廓，单击"确定"按钮 ✓ 。

3）系统弹出"外形（2D）"对话框。在刀具库中选择 ϕ2mm 键槽刀，并设置进给率、下刀速率和主轴转速等参数。

4）选择"外形铣削参数"选项卡，设置图 4-94 所示的外形铣削参数。

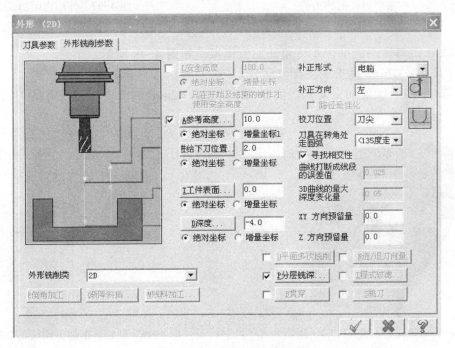

图 4-94 设置外形铣削参数

5）在"外形铣削类"下拉列表中选择"2D"。

6）选择"P 分层铣深"按钮前的复选框并单击该按钮，弹出"深度分层切削设置"对话框。选择"锥度斜壁"复选框，并在"锥度角"文本框中输入 7.4°，设置其他的分层切削参数，如图 4-95 所示；然后单击"确定"按钮。

7）在"外形（2D）"对话框中单击"确定"按钮，创建外形铣削加工的刀具路径如图 4-96 所示。

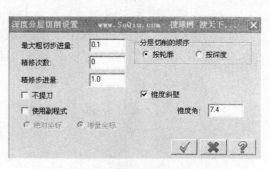

图 4-95 设置分层切削参数

8）选择该刀具路径进行模拟操作，如图 4-97 所示。完成刀具路径模拟后，在"实体验证"对话框中单击"确定"按钮。

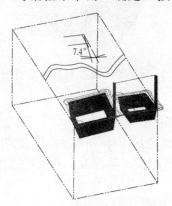

图 4-96 创建外形铣削加工的
刀具路径（7.4° 侧面）

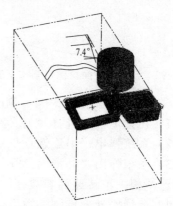

图 4-97 外形铣削加工刀具
路径模拟（7.4° 侧面）

9）选择该刀具路径进行实体验证加工模拟，如图 4-98 所示。

（4）采用 ϕ3.2mm 钻头加工螺纹底孔

1）参照 4.1 压盖加工实例，创建钻削加工 ϕ3.2mm×20mm 螺纹底孔的刀具路径，如图 4-99 所示。

图 4-98 实体验证加工模拟（7.4° 侧面）

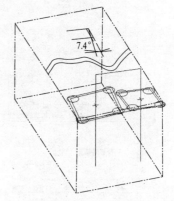

图 4-99 创建钻削加工螺纹底孔的刀具路径

2）选择该刀具路径，进行实体验证加工模拟，如图 4-100 所示。

（5）M4 丝锥加工螺纹

1）在菜单栏中选择"刀具路径"→"全圆加工"→"螺旋钻孔"选项。

2）系统弹出"选取钻孔的点"对话框。选择需要攻丝的位置点，如图 4-101 所示。单击"确定"按钮 ☑ 。

图 4-100　实体验证加工模拟（螺纹底孔）

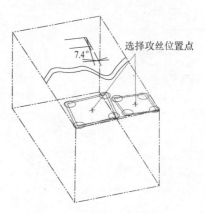

图 4-101　点选攻丝位置点

3）系统弹出"螺旋钻孔参数"对话框。在刀具库中选择直径为 4mm 右旋攻螺纹刀具，单击"刀具选择"对话框中的"确定"按钮 ☑ 。

4）选择"刀具参数"选项卡，设置进给率为 450、主轴转速为 600 等参数。

5）选择"螺旋钻孔加工参数"选项卡，选择"由圆心开始""垂直进刀"复选框，设置进给下刀位置、工件表面、深度和圆的直径等参数，如图 4-102 所示。

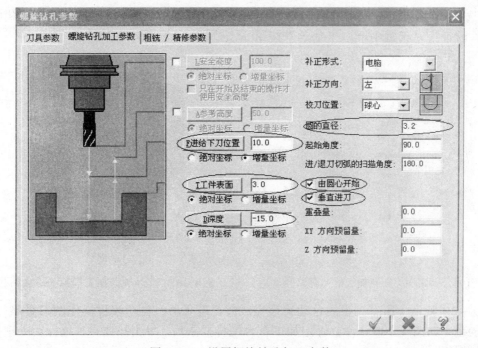

图 4-102　设置螺旋钻孔加工参数

6) 选择"粗铣/精修的参数"选项卡，设置如图 4-103 所示。

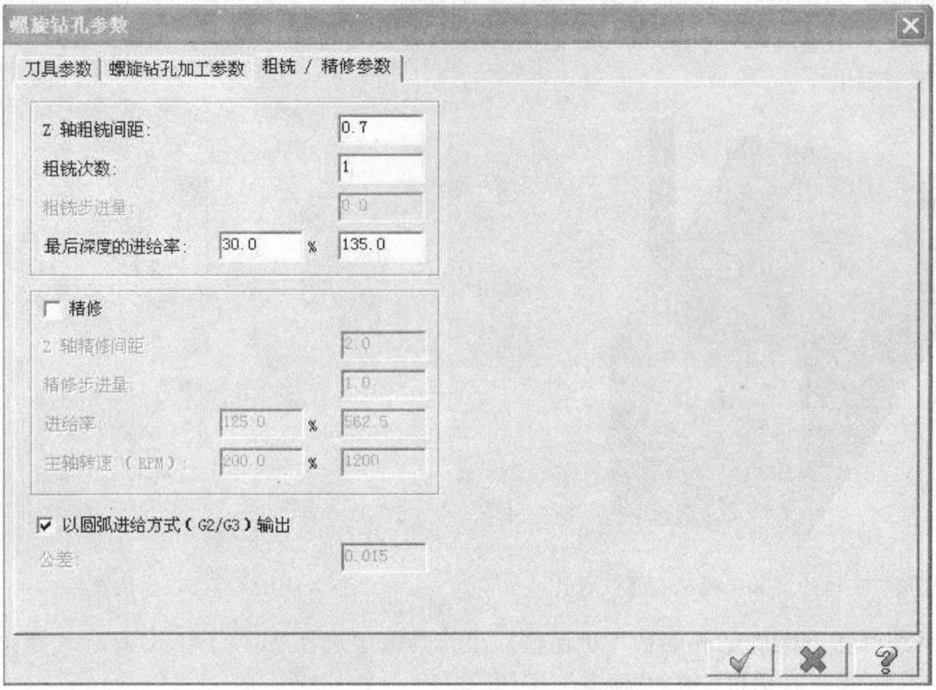

图 4-103　设置粗铣/精修的参数

7) 单击"确定"按钮 ✓，创建图 4-104 所示的螺旋钻孔加工的刀具路径（以等角视图显示）。

8) 选择该刀具路径，进行实体验证加工模拟，如图 4-105 所示。完成刀具路径模拟后，在"实体验证"对话框中单击"确定"按钮 ✓。

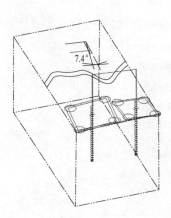

图 4-104　创建螺旋钻孔加工的刀具路径

图 4-105　实体验证加工模拟（螺旋钻孔）

（6）实体验证　所有工步的自动编程完成后，选择所有自动编程操作的刀具路径，进行实体验证，如图 4-106 所示。确定加工符合图样要求后，单击按钮 G1，进行后处理操作，生成 NC 程序。

图 4-106　实体验证所有刀具路径

4.2.4　检查 NC 程序并传输至机床存储

1. 检查生成的 NC 程序

根据所使用数控机床的实际情况对程序进行检查、修改，包括 NC 程序的代码、起刀点位置、换刀点位置和其中的空走刀程序。

2. 编辑生成的 NC 程序

对检查后的程序进行编辑，要求减少空行程、缩短加工时间，并满足所使用数控机床的程序及正常运行的要求。

3. 通过 RS232 接口传输至机床存储

将经过以上步骤操作创建的程序传输到机床内，具体步骤是：通过 RS232 联系功能窗口，打开机床传送功能。机床参数设置参照机床说明书，选择软件菜单栏中"传送"功能。传送前调整后处理程式的数控系统，使之与数控机床的数控系统匹配。传送的程序即可在数控机床中存储，调用此程序，就可使数控机床正常运行，完成成型面刀排的加工。

4.3　填充块加工实例

如图 4-107 所示，填充块实例零件为带有圆弧曲面的零件，斜面上设有 ϕ10mm 通孔，长方体台阶与带有圆弧的平面融为一体，属于外形结构较复杂的零件。

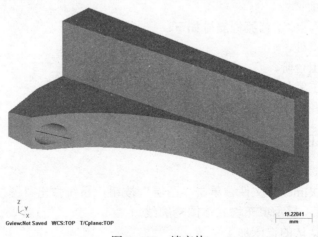

图 4-107　填充块

对于填充块，如果采用曲面加工的铣削方式，就会增加零件自动编程的难度，所以加工此种零件的技巧是增加辅助轮廓线。这里采用二维铣削加工的刀具路径，这样操作简化了自动编程的步骤，减低了难度，缩短了编程时间。

通过加工工艺分析，填充块的加工涉及 Mastercam X 二维铣削加工中的挖槽、外形铣削、平面加工和钻孔加工模块，并且钻孔加工时需要转换坐标系。

4.3.1 填充块加工自动编程前的准备

1．打开建立的"填充块.mcx"文件

启动 Mastercam X，激活创建文件功能，打开"填充块.mcx"文件。

2．零件图分析

将需要进行挖槽、外形铣削、平面加工和钻孔加工的图形轮廓辅助线设置在不同的图层中，一种铣削加工方式的刀具路径设置一个图层，这样有利于观察。将图形分别设置在 5 个图层中管理，如图 4-108 所示。

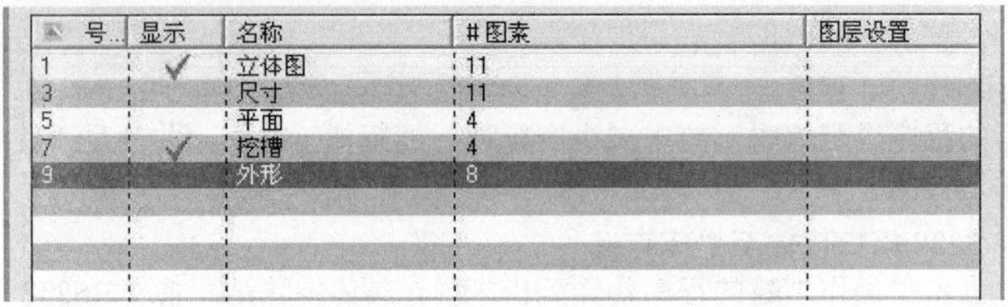

号	显示	名称	#图素	图层设置
1	✓	立体图	11	
3		尺寸	11	
5		平面	4	
7	✓	挖槽	4	
9		外形	8	

图 4-108 图层管理

4.3.2 填充块的加工工艺流程分析

1．零件加工装夹分析

根据零件的形状特点，遵循工艺安排的原则，选择台虎钳装夹加工，压板装夹台阶铣削加工外形。铣削加工时分两次装夹（具体工艺参考 4.1 压盖加工实例）。校平通孔的斜面装夹，加工通孔。

2．工序流程安排

根据工艺分析，具体工艺流程安排如下：

1）挖槽加工缺口处。

2）平面铣削加工台阶。

3）外形铣削加工零件外形。

4）钻削加工直径为 10mm 的圆柱孔。

4.3.3 填充块加工自动编程的具体操作

1．设置工件材料

1）打开"填充块.mcx"文件。单击"图层"按钮，系统弹出"图层管理器"对话框。选择"立体图"图层，显示填充块立体图轮廓线。

2）设置机床为默认的铣床加工系统。

3）在"加工群组属性"对话框中设置工件材料参数，如图 4-109 所示。

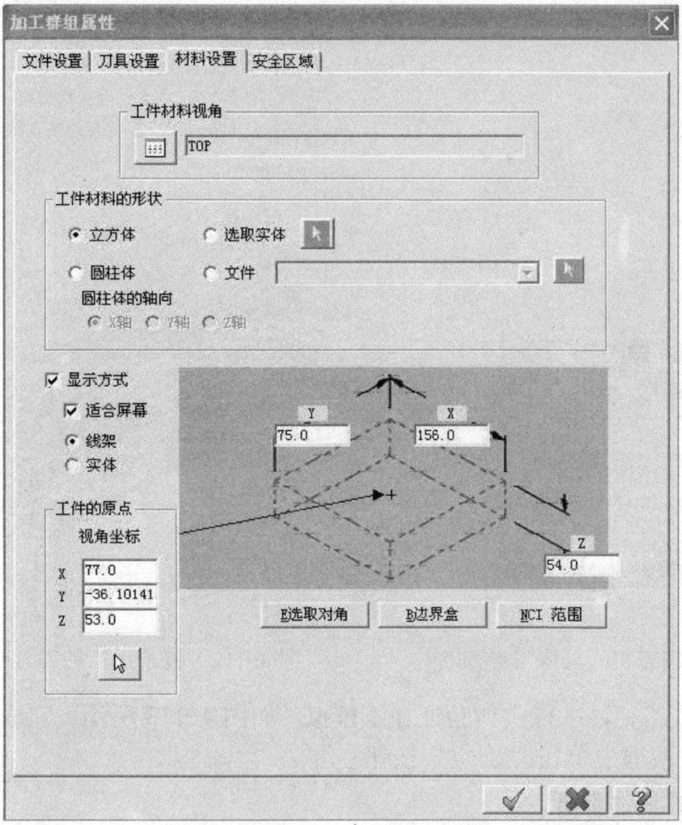

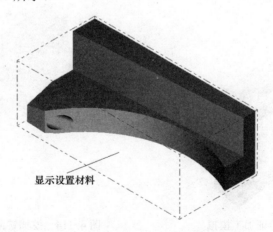

图 4-109　设置工件材料参数

在"加工群组属性"对话框中单击"确定"按钮 ✓ ，完成工件材料参数的设置，显示工件材料，如图 4-110 所示。

显示设置材料

图 4-110　显示设置的工件材料

2．按照加工工艺编程
1）填充块工件材料设置完成后，根据工艺安排，依次进行挖槽、平面铣削、外形铣削及钻孔加工的自动编程操作。

　　铣削填充块的具体工步如图 4-111 所示。铣削加工的刀具路径完成创建，如图 4-112 所示。

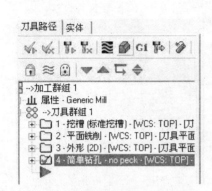

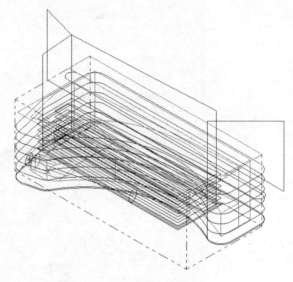

<table>
<tr><td>图 4-111　铣削填充块的具体工步</td><td>图 4-112　铣削加工的刀具路径</td></tr>
</table>

　　2）选择该刀具路径，进行实体验证加工模拟，如图 4-113 所示。完成刀具路径模拟后，在"实体验证"对话框中单击"确定"按钮 ✓ 。

3. 自动编程的具体步骤

（1）挖槽加工缺口处

1）在"图层管理器"中选择"挖槽"图层，显示挖槽铣削的辅助图形如图 4-114 所示，采用 ϕ20mm 铣刀以挖槽铣削方式加工圆弧平面。

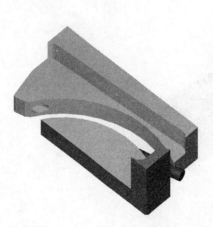

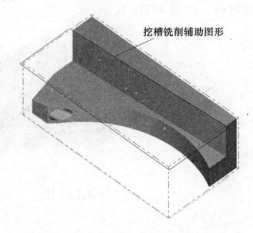

<table>
<tr><td>图 4-113　实体验证加工模拟</td><td>图 4-114　挖槽铣削的辅助图形</td></tr>
</table>

　　2）挖槽加工。

　　① 在菜单栏中选择"刀具路径"→"标准挖槽"选项。

　　② 以串连方式选择挖槽轮廓，如图 4-115 所示。单击"确定"按钮 ✓ 。

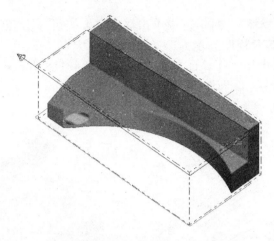

图 4-115　以串连方式选择挖槽轮廓

③ 系统弹出"挖槽（标准挖槽）"对话框。在刀具库中选择 ϕ20mm 立铣刀，在"刀具参数"选项卡中设置进给率、下刀速率和主轴转速等参数。

④ 选择"2D 挖槽参数"选项卡，设置加工方向、刀具在圆角处走圆角、参考高度、进给下刀位置、工件表面和深度等参数，如图 4-116 所示。

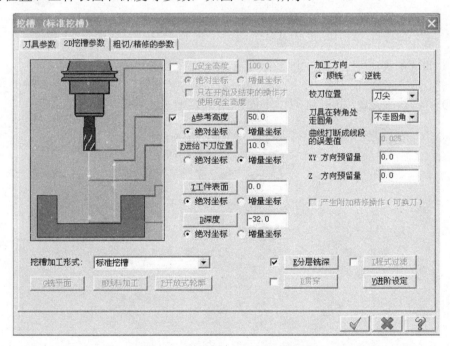

图 4-116　设置 2D 标准挖槽参数

⑤ 挖槽深度为 32mm，对深度进行分层加工。设置"最大切削深度"为 6.0，"精修次数"为 1，"精修量"为 1，选择"不提刀"，"分层铣深的顺序"设置为"按区域"，单击对话框中的"确定"按钮 ✔。

⑥ 选择"粗切/精修的参数"选项卡，选择"粗切"复选框，选择"铣削方式"为"平行环切清角"，其他参数设置为默认。

⑦ 在"挖槽（标准挖槽）"对话框中单击"确定"按钮 ✓，创建图 4-117 所示的 2D 挖槽加工刀具路径（以等角视图显示）。

3）选择该刀具路径进行实体验证加工模拟，如图 4-118 所示。完成刀具路径模拟后，在"实体验证"对话框中单击"确定"按钮 ✓。

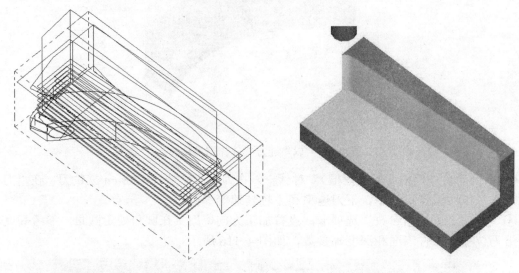

图 4-117　创建 2D 挖槽加工的刀具路径　　　　图 4-118　实体验证加工模拟（缺口）

（2）平面铣削加工长方形台阶

1）在"图层"对话框中打开"平面"图层，显示平面铣削加工长方形台阶的辅助图形如图 4-119 所示。采用 ϕ20mm 铣刀以平面铣削方式加工长方形台阶平面。

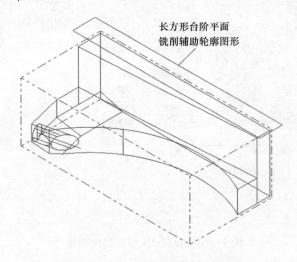

长方形台阶平面
铣削辅助轮廓图形

图 4-119　平面铣削的辅助图形

2）按照二维铣削平面加工方式自动编程的操作步骤，创建图 4-120 所示的平面铣削加工的刀具路径。

3）选择该刀具路径进行实体验证加工模拟，如图 4-121 所示。完成刀具路径模拟后，在"实体验证"对话框中单击"确定"按钮 ✓。

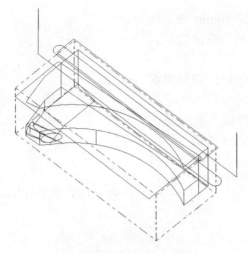

图 4-120　创建平面铣削加工的刀具路径

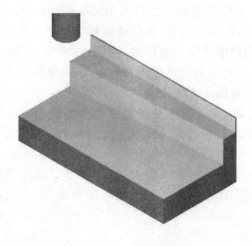

图 4-121　实体验证加工模拟（台阶）

（3）外形铣削加工零件外形

1）在"图层"对话框中打开"外形"图层，显示外形铣削加工的辅助图形，如图 4-122 所示，采用 ϕ20mm 铣刀以铣削外形方式加工零件外形。

2）参照 4.1　压盖加工实例，创建图 4-123 所示的外形铣削刀具路径。

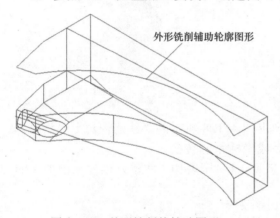

外形铣削辅助轮廓图形

图 4-122　外形铣削的辅助图形

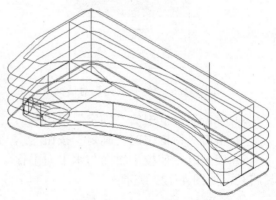

图 4-123　创建外形铣削的刀具路径

3）选择该刀具路径，进行实体验证加工模拟，如图 4-124 所示。

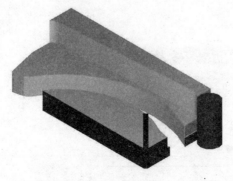

图 4-124　实体验证加工模拟（外形）

（4）钻削加工直径为 10mm 的圆柱孔　直径 10mm 的圆柱孔垂直于斜面，故在自动编程时需要转换坐标系，转换为以斜面为切削平面的坐标系，其具体操作步骤如下：

1）单击工具栏中按钮 ，在绘图区旋转图形，将斜面朝上，如图 4-125 所示。

2）单击工具栏中按钮 旁边的下三角按钮，在弹出的下拉菜单中选择"设置平面为命名视角" ，系统弹出"选取平面上的图素，2 条直线或 3 个点"提示；然后在绘图区选择斜平面，系统弹出图 4-126 所示的"选择视角"对话框。同时，绘图区图形中显示坐标系，如图 4-127 所示。

图 4-125　旋转后图形

图 4-127　显示坐标系

图 4-126　"选择视角"对话框

3）单击对话框中的"确定"按钮，弹出图 4-128 所示的"新建视角"对话框。

4）单击对话框中的"确定"按钮，完成坐标系的转换。

5）装夹时，使校平斜面与水平面平行。参照 4.1　压盖加工实例，创建钻削加工的刀具路径，如图 4-129 所示。

图 4-128　"新建视角"对话框

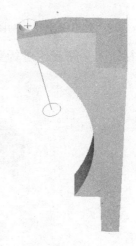

图 4-129　创建钻削加工的刀具路径

4.3.4　执行后处理

1. 检查生成的 NC 程序

选择所有自动编程操作的刀具路径，单击按钮 CI，进行后处理操作，生成 NC 程序。

根据所使用数控机床的实际情况，对程序进行检查、修改，包括 NC 程序的代码、起刀点位置、换刀点位置和其中的空走刀程序。

2. 编辑生成的 NC 程序

对检查后的程序进行编辑，要求减少空行程，缩短加工时间，并满足所使用数控机床的程序及正常运行的要求。

3. 通过 RS232 接口传输至机床存储

将经过以上步骤操作创建的程序传输到机床内，具体步骤：通过 RS232 联系功能窗口，打开机床传送功能。机床的参数设置参照机床说明书，选择软件菜单栏中"传送"功能。传送前调整后处理程式的数控系统，使之与数控机床的数控系统匹配，传送的程序即可在数控机床中存储，调用此程序，即可使数控机床正常运行，完成填充块的加工。

第5章 二维铣削加工特殊复杂零件难点分析实例

本章实例介绍运用二维铣削加工刀具路径解决复杂形状零件，特别是曲面的加工的自动编程问题。结合工艺要求，运用 Mastercam X 曲面铣削加工模块的功能，解决复杂零件加工的实际问题，是高级编程员必须掌握的技巧。

5.1 底板盒加工实例

如图 5-1 所示，底板盒属于薄型盒体零件，其中间位置设有两个曲面台阶，对加工增加了难度。底板盒加工涉及铣削模块的二维铣削加工的平面加工、外形铣削、钻孔加工，还需要创建曲面加工的刀具路径，并且需要多次运用或交叉运用上述加工形式的刀具路径。

加工底板盒的关键在于对零件的工艺分析，特别要注意解决薄型零件加工中刚性不够；在此基础上，经过经验丰富的技术人员给予自动编程的切削三要素的赋值，两者合理结合才能加工出合格的复杂零件。下面对图 5-1 所示的底板盒进行剖析，运用 Mastercam X 进行自动编程操作。

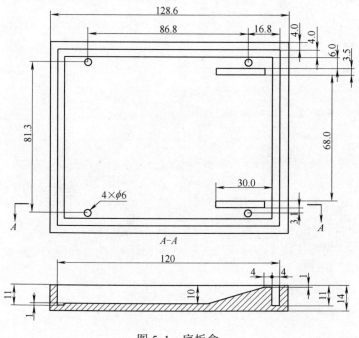

图 5-1　底板盒

5.1.1　底板盒加工自动编程前的准备

1. 打开建立的文件"底板盒.mcx"文件

启动 Mastercam X，激活创建文件功能，打开"底板盒.mcx"文件。

2. 零件图分析

1）将需要加工的不同图形设置在不同的图层中，一种加工方式的刀具路径设置一个图层，这样有利于观察。

2）经过对零件工艺要求与加工要求的分析，将图形分别设置在 5 个图层中，如图 5-2 所示。

号码	显示	名称	#图素	图层设置
1	✓	平面加工	17	
2	✓	挖槽	6	
3	✓	曲面台阶加工	2	
5	✓	外形	12	
4	✓	钻孔	4	

图 5-2　图层管理

5.1.2　底板盒的加工工艺流程分析

1. 零件加工装夹分析

如图 5-1 所示，该零件加工主要是正面挖槽、曲面台阶铣削加工以及正面、四周铣削加工。以正面为装夹基准，正确压板定位、四周边缘装夹加工其余部位。

2. 工序流程分析及安排

（1）结构及加工工艺分析　底板盒由方形槽、曲面台阶和圆柱孔等组成，对加工的尺寸精度要求不高，形状简单，但是两个台阶带有斜曲面，增加了加工难度。其加工步骤如下：

1）底板盒为成型铸造毛坯，外形、型腔加工余量小，切削力较小。

2）正面和四周铣削加工。

3）以正面为装夹基准，压板定位压紧四周边缘装夹，采用直径小于 8mm 的立铣刀挖槽。

4）粗、精加工曲面台阶。

5）外形铣削台阶面要求低于四周 1mm。

6）铣削加工台阶底部四周 1mm 的槽。

7）钻削加工圆柱孔，直径为 6mm 的钻头。

（2）工序流程安排　根据铣削加工工艺分析，加工底板盒的工序流程安排见表 5-1。

表 5-1 加工底板盒的工序流程安排

单位名称		产品名称及型号		零件名称	零件图号
××学院				底板盒	038
工序	程序编号	夹具名称		使用设备	工件材料
				FV800-A	LY12

工步	工步内容	刀号	切削用量	备注	工序简图
1	正面和四周铣削加工	T0101	n=1200r/min f=0.2mm/r a_p=0.6mm	平口钳装夹	
2	挖槽加工	T0202 小于直径 8mm 的立铣刀	n=1300r/min f=0.2mm/r a_p=6mm	以正面为装夹基准，压板定位压紧四周边缘装夹	
3	粗、精加工，加工曲面台阶	T0303	粗加工 n=1000r/min f=0.2mm/r a_p=5mm 精加工 n=1600r/min f=0.6mm/r a_p=0.6mm		
4	外形铣削台阶面	T0404	n=1200r/min f=0.1mm/r a_p=1mm	低于四周 1mm	台阶平面 4 10
5	铣削加工台阶底部四周槽	T0505	n=1600r/min f=0.1mm/r a_p=1mm	深 1mm	铣削台阶底部1mm槽

（续）

工步	工步内容	刀号	切削用量	备注	工序简图
6	钻削加工圆柱孔	T0606	n=1200r/min f=0.2mm/r a_p=6mm	直径6mm钻头	钻削4mm×6mm圆柱孔

5.1.3 底板盒加工自动编程的具体操作

底板盒铣削自动编程的具体操作步骤如下：

1. 设置工件材料

1）打开"底板盒.mcx"文件。单击"图层"按钮，系统弹出"图层管理器"对话框。打开所有图层，显示底板盒轮廓线。

2）设置机床为默认的铣床加工系统。

3）在"加工群组属性"对话框中设置工件材料参数，如图 5-3 所示。

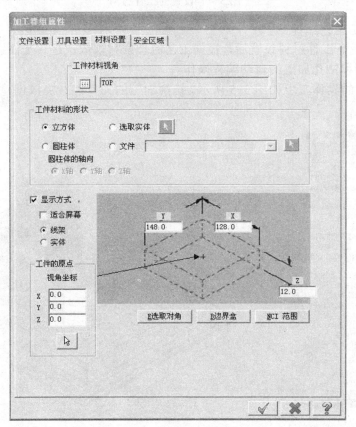

图 5-3　设置工件材料参数

在"加工群组属性"对话框中单击"确定"按钮 ✓ ，完成工件材料参数的设置。单击"视觉控制"工具栏中的"等角视图"按钮 ⊠ ，可以比较直观地观察设置的工件材料的形状和大小，如图 5-4 所示。

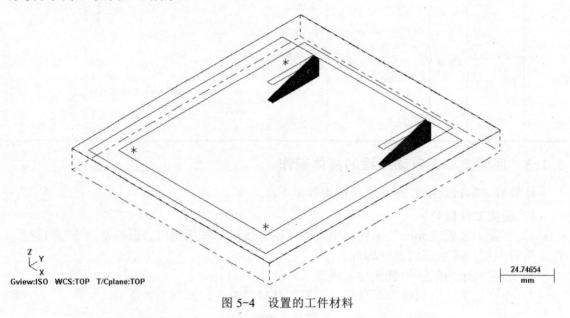

Gview:ISO　WCS:TOP　T/Cplane:TOP

图 5-4　设置的工件材料

2. 按照加工工艺编程

1）完成底板盒工件材料设置后，根据工艺流程安排，依次进行平面铣削、挖槽、曲面加工、外形铣削和钻孔加工的自动编程操作。

铣削底板盒的具体工步如图 5-5 所示。铣削加工的刀具路径完成创建，如图 5-6 所示。

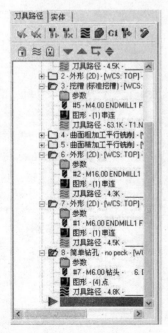

图 5-5　铣削的具体工步

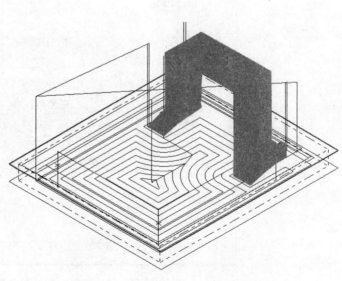

图 5-6　创建铣削加工的刀具路径

2）选择该刀具路径，进行实体验证加工模拟，如图 5-7 所示。完成刀具路径模拟后，在"实体验证"对话框中单击"确定"按钮 ☑。

3．自动编程的具体步骤

（1）正面和四周的铣削加工　根据工艺分析，底板盒的加工编程涉及平面铣削、挖槽、曲面粗加工平行铣削、曲面精加工平行铣削、外形铣削及钻孔加工的自动编程，这里着重介绍曲面台阶加工中的曲面粗加工平行铣削和曲面精加工平行铣削的自动编程，其余参照 4.1.3　压盖加工自动编程的具体操作。

图 5-7　实体验证加工模拟

参照 4.1.3，创建铣削加工正面和四周的刀具路径如图 5-8 所示。

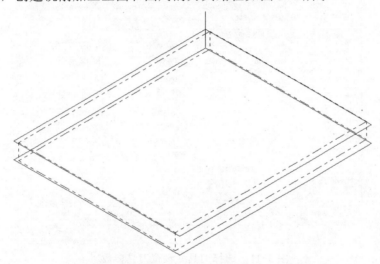

图 5-8　创建铣削加工正面和四周的刀具路径

选择该刀具路径，进行实体验证加工模拟，如图 5-9 所示。完成刀具路径模拟后，在"实体验证"对话框中单击"确定"按钮 ☑。

（2）挖槽加工　以正面为装夹基准　压板定位压紧四周边缘装夹，用直径小于 8mm 的立铣刀挖槽。

1）打开图层 2，显示底板盒挖槽加工轮廓图形。单击"图层"按钮，系统弹出"图层管理器"对话框。打开零件轮廓线图层 2，关闭其他图素的图层，显示需要进行挖槽加工的轮廓线。

2）挖槽加工。根据图形、尺寸和加工特点，选用合适的加工刀具和下刀点，其具体步骤如下：

① 在菜单栏中选择"刀具路径"→"标准挖槽"选项。

② 串连选择外形轮廓，如图 5-10 所示。单击"确定"（完成）按钮 ☑。

③ 系统弹出"挖槽（标准挖槽）"对话框，在"刀具参数"选项卡中选择直径为 8mm 的立铣刀，单击"刀具选择"对话框中的"确定"按钮 ☑。

④ 在"刀具参数"选项卡中设置进给率、下刀速率和主轴转速等参数，如图 5-11 所示。具体参数可根据铣床设备的实际情况和设计要求来自行设定。

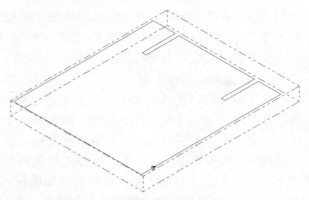

图 5-9　实体验证加工模拟（正面和四周）　　　　图 5-10　以串连方式选择图形轮廓

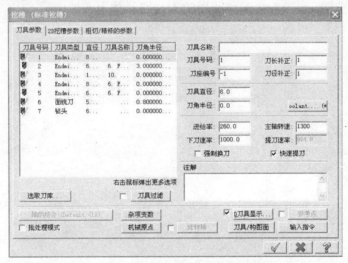

图 5-11　选择刀具并设置刀具参数

⑤ 选择 "2D 挖槽参数" 选项卡，设置加工方向、刀具在转角处不走圆角、参考高度、进给下刀位置、工件表面和深度等参数，如图 5-12 所示。

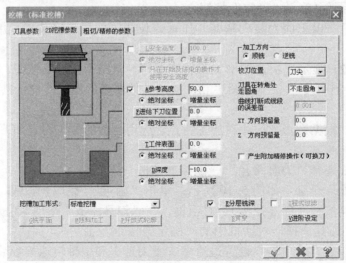

图 5-12　设置 2D 标准挖槽参数

⑥ 挖槽深度为 10mm，不宜一次铣削完成，对其 Z 轴深度进行分层加工，设置方法是：选择"E 分层铣深"复选框，系统弹出"分层铣深设置"对话框。设置"最大粗切深度"为 5.0，"精修次数"为 1，"精修步进量"为 0.5，选择"不提刀"复选框，"分层铣深的顺序"设置为"按区域"，单击对话框中的"确定"按钮 ✓。

⑦ 选择"粗切/精修的参数"选项卡，选择"粗切"复选框，选择"切削方式"为"平行环切"，其他参数设置如图 5-13 所示。

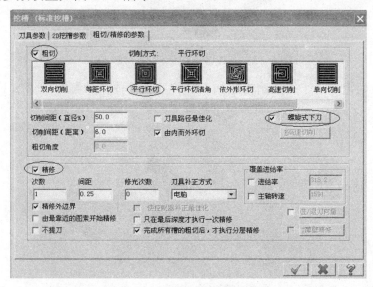

图 5-13　设置粗切/精修的参数

⑧ "螺旋式下刀"复选框并单击该按钮，弹出"螺旋/斜插式下刀参数"对话框。在"螺旋式下刀"选项卡中设置螺旋式下刀参数，单击"确定"按钮 ✓。

⑨ 在"挖槽（标准挖槽）"对话框中单击"确定"按钮 ✓，创建图 5-14 所示的 2D 挖槽加工刀具路径（以等角视图显示）。

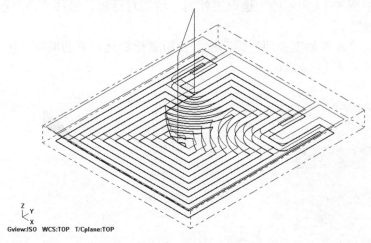

图 5-14　创建 2D 挖槽加工的刀具路径

3）选择该刀具路径，进行实体验证加工模拟，如图 5-15 所示。完成刀具路径模拟后，在"实体验证"对话框中单击"确定"按钮 ✓。

图 5-15　实体验证加工模拟（挖槽）

（3）采用曲面粗加工平行铣削方式加工台阶　其具体自动编程步骤如下：

1）打开图层 3，显示底板盒曲面台阶轮廓图形，如图 5-16 所示。

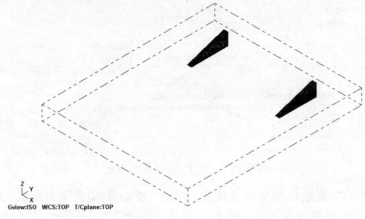

Gview:ISO　WCS:TOP　T/Cplane:TOP

图 5-16　曲面台阶轮廓图形

2）在菜单栏中选择"刀具路径"→"曲面粗加工"→"平行铣削"选项。

3）系统弹出图 5-17 所示的"选取工件的形状"对话框，选择"凸"单选按钮，然后单击"确定"按钮☑。

4）系统弹出"选取加工曲面"提示框，使用鼠标框选所有的曲面，如图 5-18 所示。按 Enter 键或者单击按钮⚪确认。

图 5-17　"选取工件的形状"对话框

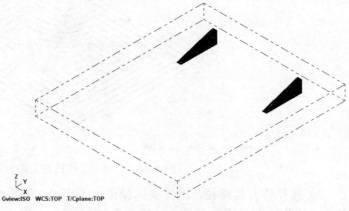

Gview:ISO　WCS:TOP　T/Cplane:TOP

图 5-18　选择加工曲面

5）系统弹出图 5-19 所示的"刀具路径的曲面选取"对话框，直接单击"确定"按钮 ✓ 。

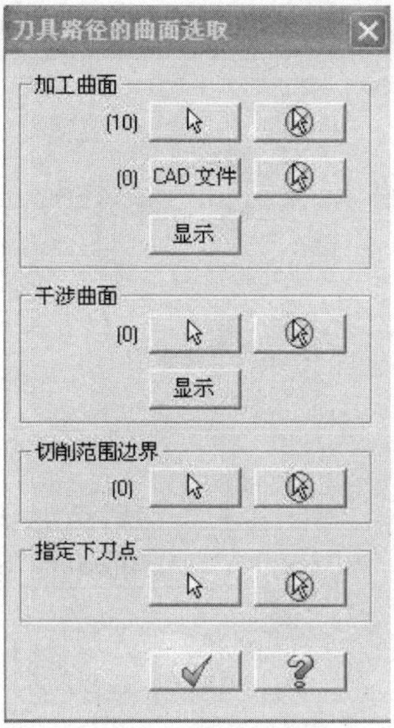

图 5-19　"刀具路径的曲面选取"对话框

6）系统弹出"曲面粗加工平行铣削"对话框。在"刀具参数"选项卡中，从 Steel-MM.TOOLS 刀具库的刀具列表框中选择 ϕ8mm 的立铣刀，并设置相应的"进给率"为 200，"下刀速率"为 1000，"主轴转速"为 1000 等，其他采用默认值。

7）选择"曲面参数"选项卡，从中设置图 5-20 所示的曲面参数，注意将"加工曲面的预留量"设置为 0。

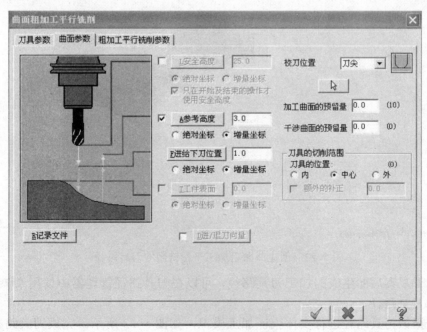

图 5-20　设置曲面参数（曲面粗加工）

8）选择"粗加工平行铣削参数"选项卡，设置图 5-21 所示的粗加工平行铣削参数。

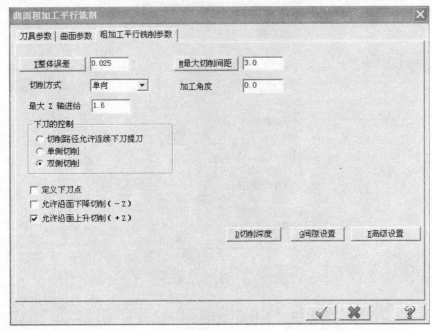

图 5-21　设置粗加工平行铣削参数

9）在"曲面粗加工平行铣削"对话框中单击"确定"按钮 ✓，创建图 5-22 所示的曲面粗加工平行铣削刀具路径。

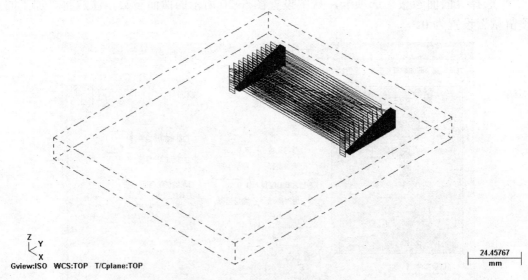

图 5-22　创建曲面粗加工平行铣削的刀具路径

为了便于观察后面生成的加工刀具路径，可以在刀具路径管理器中使用 " ≈ " 按钮隐藏新生成的刀具路径。

10）选择该刀具路径进行实体验证加工模拟，如图 5-23 所示。完成刀具路径模拟后，在"实体验证"对话框中单击"确定"按钮 ✓。

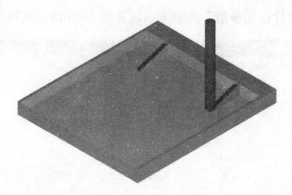

图 5-23　实体验证加工模拟（粗加工曲面台阶）

（4）采用曲面精加工平行铣削方式加工台阶　其具体自动编程步骤参照上述步骤（3）。

1）打开图层 3，显示底板盒曲面台阶轮廓图形。

2）在菜单栏中选择"刀具路径"→"曲面精加工"→"平行铣削"选项。

3）系统弹出"选取工件的形状"对话框。选择"凸"单选按钮，然后单击"确定"按钮☑。

4）系统弹出"选取加工曲面"提示框，使用鼠标框选所有的曲面，按 Enter 键或者单击按钮◯确认。

5）系统弹出"刀具路径的曲面选取"对话框，直接单击"确定"按钮☑。

6）系统弹出"曲面精加工平行铣削"对话框。在"刀具参数"选项卡中，从 Steel-MM.TOOLS 刀具库的刀具列表框中选择 ϕ12mm 的球刀，并设置相应的"进给率"为 300，"下刀速率"为 900，"主轴转速"为 1500 等，其他采用默认值。

7）选择"曲面参数"选项卡，从中设置图 5-24 所示的曲面参数，注意将"加工曲面的预留量"设置为 0。

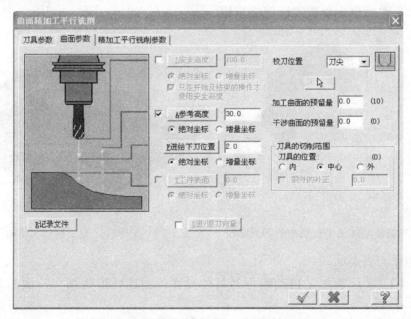

图 5-24　设置曲面参数（曲面精加工）

8）选择"精加工平行铣削参数"选项卡，设置图 5-25 所示的精加工平行铣削参数。

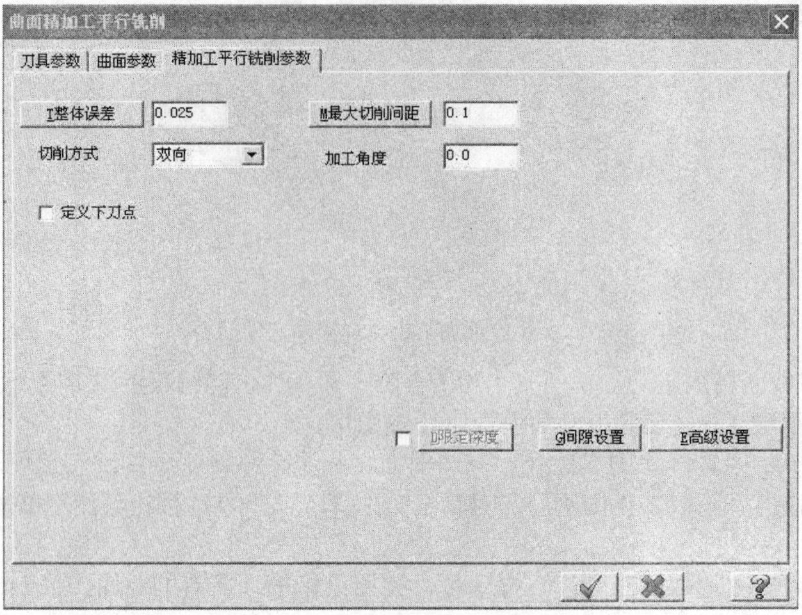

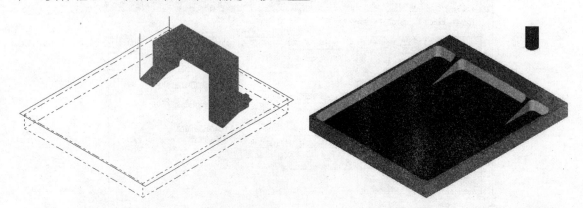

图 5-25　设置精加工平行铣削参数

9）在"曲面精加工平行铣削"对话框中单击"确定"按钮☑，创建图 5-26 所示的曲面精加工平行铣削刀具路径。

为了便于观察后续创建的加工刀具路径，在"刀具路径"管理器中单击按钮≋，隐藏新创建的刀具路径。

10）选择该刀具路径，进行实体验证加工模拟，如图 5-27 所示。完成刀具路径模拟后，在"实体验证"对话框中单击"确定"按钮☑。

图 5-26　创建曲面精加工平行铣削的刀具路径　　图 5-27　实体验证加工模拟（精加工曲面台阶）

（5）外形铣削台阶面

1）参照 4.1.3　压盖加工自动编程的具体操作，创建外形铣削台阶面的刀具路径如图 5-28 所示。

2）选择该刀具路径，进行实体验证加工模拟，如图 5-29 所示。

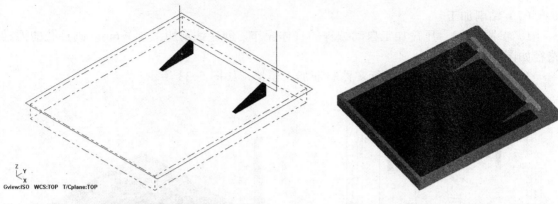

图 5-28　创建外形铣削台阶面的刀具路径　　　　图 5-29　实体验证加工模拟（台阶面）

（6）铣削加工台阶底部四周槽

1）参照 4.1.3　压盖加工自动编程的具体操作，创建铣削底部四周槽的刀具路径如图 5-30 所示。

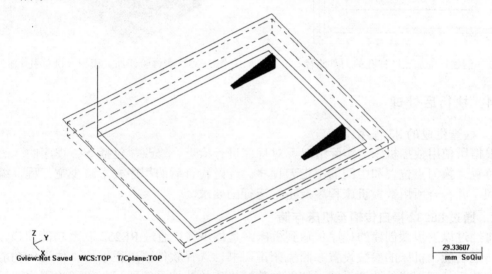

图 5-30　创建铣削底部四周槽的刀具路径

2）选择该刀具路径，进行实体验证加工模拟，如图 5-31 所示。

图 5-31　实体验证加工模拟（底部四周槽）

（7）钻削加工

1）参照 4.1.3　压盖加工自动编程的具体操作，创建钻削加工 4×ϕ6mm 圆柱孔的刀具路径如图 5-32 所示。

2）选择该刀具路径，进行实体验证加工模拟，如图 5-33 所示。

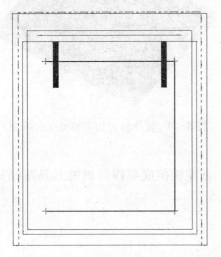
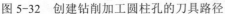

图 5-32　创建钻削加工圆柱孔的刀具路径

图 5-33　实体验证加工模拟（圆柱孔）

5.1.4　执行后处理

1. 检查生成的 NC 程序

根据所使用数控机床的实际情况，对程序进行检查、修改，包括 NC 程序的代码、起刀点位置、换刀点位置和中间的空走刀程序。经过检查后的程序要求减少空行程，缩短加工时间，并符合所用数控机床程序及正常运行的要求。

2. 通过 RS232 接口传输至机床存储

将经过以上步骤创建的程序传输到机床，具体步骤：通过 RS232 联系功能窗口，打开机床传送功能。机床的参数设置参照机床说明书，选择软件菜单栏中的"传送"功能，传送前调整后处理程式的数控系统，使之与数控机床的数控系统匹配。传送的程序即可在数控机床中存储，调用此程序，就可使数控机床正常运行完成底板盒的加工。

5.2　蛋形模具凸、凹模加工实例

图 5-64 所示为蛋形模具的凸、凹模。蛋形即椭圆截面生成的曲面形状，其加工涉及铣削模块的二维曲面加工的刀具路径，包括曲面粗加工刀具路径、曲面精加工刀具路径中的铣削加工形式；操作步骤同样要通过 Mastercam X 进行绘图建模、工艺分析，刀具路径、刀具选择、刀具设置、切削参数的设定，以及检验铣削加工中是否会互相干涉等；最后进行后处理形成 NC 文件，通过传输软件或直接输入机床进行加工。

曲面零件加工关键在于正确合理运用自动编程软件，这样可以快速简单地编制出程序。如果不采用自动编程软件而采用手动编程曲面零件的程序，其计算的工作量将很大，会使编程复杂程度加大，同时也容易出错。

下面针对图 5-34 所示的蛋形模具凸、凹模加工进行剖析，介绍运用 Mastercam X 对曲面加工进行自动编程的过程。

5.2.1　蛋形模具凸、凹模加工自动编程前的准备

1．打开建立的"蛋形模具凸、凹模加工.mcx"文件

启动 Mastercam X，激活创建文件功能，打开"蛋形模具凸、凹模加工.mcx"文件。

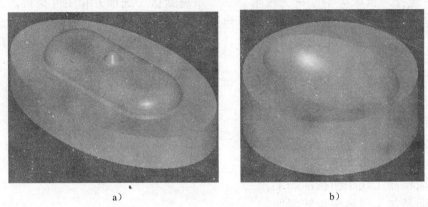

a）　　　　　　　　　　　　　　b）

图 5-34　蛋形模具的凸、凹模

a）凸模　b）凹模

2．零件图分析

1）将需要加工的凸、凹模加工图形设置在不同的图层中，一种加工方式的刀具路径设置一个图层，这样有利于观察。

2）经过对零件工艺要求与加工要求的分析，将凸模和凹模加工图形分别设置在不同的图层中，如图 5-35 所示。

图 5-35　图层管理

5.2.2　蛋形模具凸、凹模的加工工艺流程分析

1．零件加工装夹分析

（1）零件加工分析　如图 5-34 所示，该零件结构简单，主要由椭圆形状的凸起曲面、椭圆形状的凹型槽以及与之轴线垂直的平面组成。凸模加工主要是铣削加工椭圆凸起曲面及与之轴线垂直的平面，如图 5-34a 所示；凹模加工主要是铣削加工椭圆凹槽及与之轴线

垂直的平面，如图 5-34b 所示。

（2）配合要求分析　该零件对几何公差的要求是平面与曲面轴线垂直，保证合模后制作出均匀、合格的产品；该零件对尺寸要求不高，相对比较简单。

（3）装夹要求　保证一次装夹完成加工。

2. 工序流程安排

（1）工艺分析　根据蛋形模具凸、凹模曲面造型的图形特点，首先设置机床加工系统（在菜单中选择"机床类型"→"铣床"→"系统默认"选项）和工件材料，工件材料应该留有一定的余量；然后进行相应的曲面粗加工和曲面精加工操作。在进行曲面粗加工和曲面精加工时，需要认真考虑采用何种刀具，通常曲面精加工比曲面粗加工采用直径更小的刀具。

（2）凸模加工工艺分析　对于凸模，可采用下列曲面铣削加工方法：

1）曲面粗加工放射状铣削加工。

2）曲面精加工放射状铣削加工。

3）曲面精加工平行铣削加工。

4）曲面精加工等高外形铣削加工。

5）曲面精加工浅平面铣削加工。

6）曲面精加工残料清角铣削加工。

（3）凹模加工工艺分析　对于凹模，可采用下列曲面铣削加工方法：

1）曲面粗加工平行铣削加工。

2）曲面粗加工挖槽铣削加工。

3）曲面精加工平行铣削加工。

4）曲面精加工环绕等距铣削加工。

5）曲面精加工平行式陡斜面铣削加工。

（4）工序流程安排　根据铣削加工工艺分析，加工蛋形模具凸、凹模的工序流程安排见表 5-2。

表 5-2　加工蛋形模具凸、凹模的工序流程安排

单位名称		产品名称及型号		零件名称		零件图号
××学院				蛋形模具凸、凹模		028
工序	程序编号	夹具名称		使用设备		工件材料
				FV-800A		45 钢
工步	工步内容	刀号	切削用量	备注	工序简图	
1	铣削凸模凸起曲面、平面	T0101	n=600r/min f=0.2mm/r a_p=1mm	一次装夹完成加工	 铣削凸起曲面 铣削加工平面 Y X SO WCS:TOP T/Cplane:TOP	

（续）

工步	工步内容	刀号	切削用量	备注	工序简图
2	铣削凹模	T0101	n=800r/min f=0.2mm/r a_p=2mm	一次装夹 完成加工	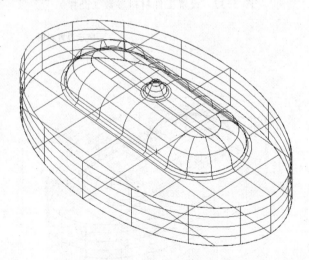

5.2.3　蛋形模具凸、凹模加工自动编程的具体操作

1．凸模加工自动编程的具体操作

（1）设置工件材料

1）打开"蛋形模具凸、凹模加工.mcx"文件。

2）打开图层 1，显示凸模轮廓图形。在 Mastercam X 辅助菜单中单击"图层"按钮，系统弹出"图层管理器"对话框。打开零件图层 1，关闭其他图素的图层，结果显示所需的凸模加工外轮廓线，如图 5-36 所示。

图 5-36　凸模加工外轮廓线

3）设置机床为默认的铣床加工系统。

4）在"加工群组属性"对话框中设置工件材料参数，如图 5-37 所示。

在"加工群组属性"对话框中单击"确定"按钮，完成工件材料参数的设置。单击"视觉控制"工具栏中的"等角视图"按钮，可以比较直观地观察设置的工件材料的形状和大小，如图 5-38 所示。

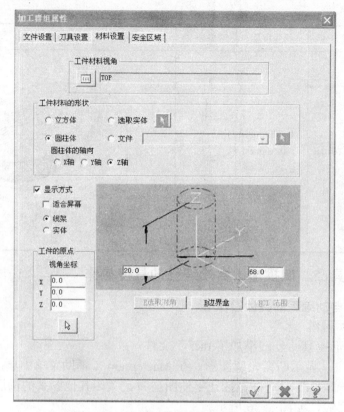

图 5-37 设置工件材料参数（凸模）

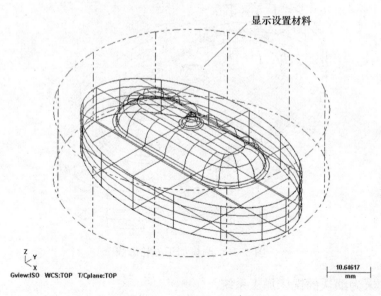

图 5-38 设置的工件材料

（2）按照加工工艺编程

1）凸模的工件材料设置完成后，根据工艺流程安排，依次进行曲面加工的自动编程操作。铣削凸模的具体工步如图 5-39 所示。创建的铣削加工刀具路径如图 5-40 所示。

图 5-39　铣削凸模的具体工步

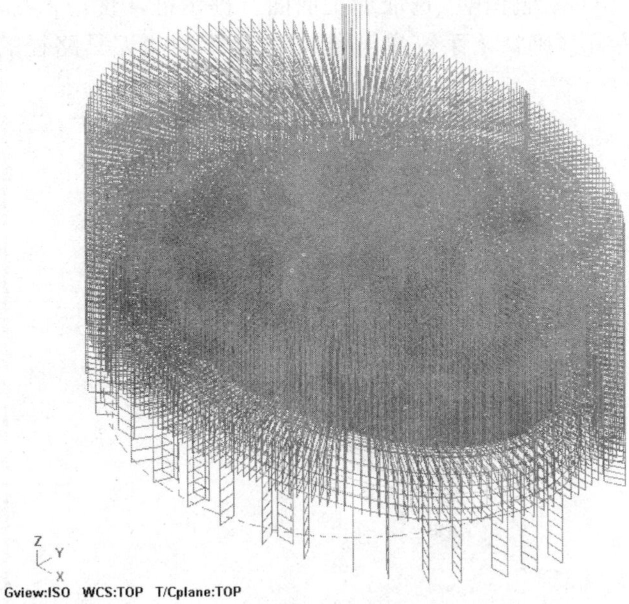

图 5-40　创建的铣削加工刀具路径（凸模）

2）选择该刀具路径，进行实体验证加工模拟，如图 5-41 所示。完成刀具路径模拟后，在"实体验证"对话框中单击"确定"按钮 ✓。

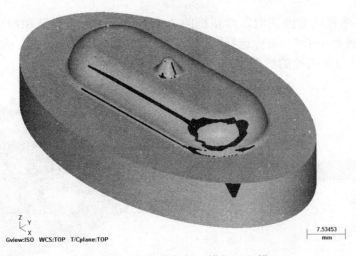

图 5-41　实体验证加工模拟（凸模）

（3）自动编程的具体步骤

1）曲面粗加工放射状铣削加工。

① 确保采用默认的铣床加工系统。在菜单栏中选择"机床类型"→"铣床"→"系统

默认"选项，接着选择"刀具路径"→"曲面粗加工"→"放射状"选项。

②系统弹出"选取工件的形状"对话框。选择"凸"单选按钮，如图 5-42 所示；然后单击"确定"按钮 。

③系统弹出"选取加工曲面"提示框，使用鼠标框选所有的曲面，按 Enter 键或者单击按钮 ⚫ 确认，系统弹出图 5-43 所示的"刀具路径的曲面选取"对话框。

图 5-42　"选取工件的形状"对话框　　　　图 5-43　"刀具路径的曲面选取"对话框

④在"刀具路径的曲面选取"对话框的"干涉曲面"选项组中单击"显示"按钮，弹出的"刀具路径/曲面资料"对话框中显示干涉曲面检查结果，如图 5-44 所示。单击确定按钮 ✓。

⑤在"刀具路径的曲面选取"对话框的"选取放射中心点"选项组中单击按钮 ⬚，系统提示"选择放射中心"。鼠标选择图 5-45 所示的点作为放射中心（或者输入 X0，Y0，Z0），然后返回"刀具路径的曲面选取"对话框，单击"确定"按钮 ✓。

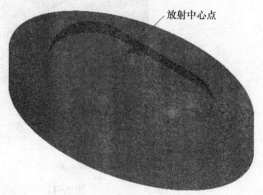

放射中心点

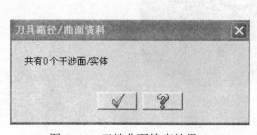

图 5-44　干涉曲面检查结果　　　　　　　图 5-45　选择放射中心

⑥系统弹出"曲面粗加工放射状"对话框。从 Steel-MM.TOOLS 刀具库中选择 ϕ12mm 的圆鼻刀，并设置进给率、下刀速率和主轴转速等参数，如图 5-46 所示。

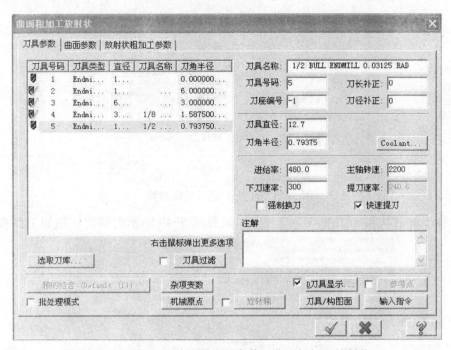

图 5-46　选择刀具并设置刀具参数（曲面粗加工放射状）

⑦ 选择"曲面参数"选项卡，设置图 5-47 所示的曲面参数。

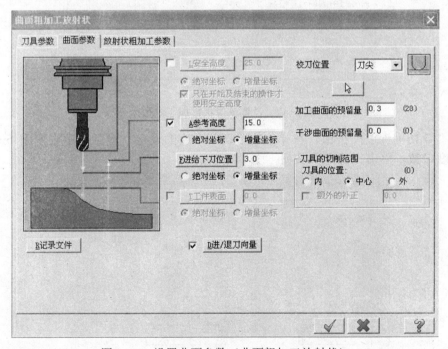

图 5-47　设置曲面参数（曲面粗加工放射状）

　　选择"D 进/退刀向量"复选框并单击该按钮，系统弹出"进/退刀向量"对话框，设置图 5-48 所示的参数。适当将进、退刀引线长度和切入、切出圆弧的半径设置得小一些，以减少空刀行程，单击"确定"按钮 ☑。

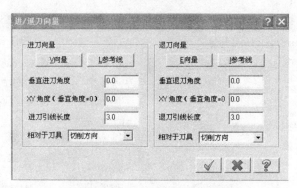

图 5-48　设置进/退刀向量参数

⑧ 选择"放射状粗加工参数"选项卡，设置图 5-49 所示的放射状粗加工参数。

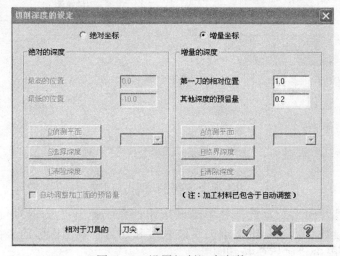

图 5-49　设置放射状粗加工参数

单击"D 切削深度"按钮，在弹出的"切削深度的设定"对话框中设置图 5-50 所示的切削深度参数，单击"确定"按钮 ☑ 。

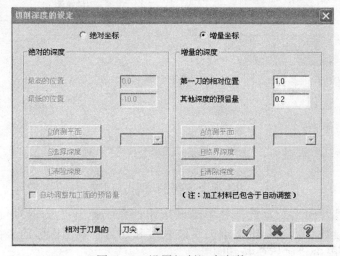

图 5-50　设置切削深度参数

在"放射状粗加工参数"选项卡中单击"G 间隙设置"按钮，系统弹出"刀具路径的间隙设置"对话框。在该对话框中设置图 5-51 所示的选项及参数，单击"确定"按钮 。

在"放射状粗加工参数"选项卡中单击"E 高级设置"按钮，系统弹出"高级设置"对话框。设置图 5-52 所示的选项，然后单击"确定"按钮 √。

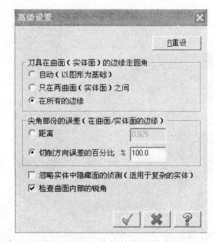

图 5-51 设置刀具路径的间隙   图 5-52 进行高级设置

在"曲面粗加工放射状"对话框中单击"确定"按钮 √，创建曲面粗加工放射状的刀具路径，如图 5-53 所示。

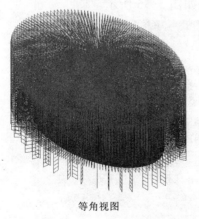

等角视图   俯视图

图 5-53 创建曲面粗加工放射状的刀具路径

⑨ 在"刀具路径"管理器中选择"曲面粗加工放射状"操作，单击按钮 ≈，隐藏创建的刀具路径。

⑩ 实体验证加工模拟，如图 5-54 所示。

2）曲面精加工放射状铣削加工。创建曲面精加工放射状的刀具路径，并进行实体验证加工模拟。

① 在菜单栏中选择"刀具路径"→"曲面精加工"→"放射状"选项。

② 使用鼠标框选所有曲面作为加工曲面，按 Enter 键确认。

③ 系统弹出图 5-55 所示的"刀具路径的曲面选取"对话框。在"选取放射中心点"选项组中单击"中心点"按钮🖰，此时系统提示"选择放射中心"。在自动抓点工具栏中单击"快速绘点"按钮，接着在"坐标"文本框中输入"X0，Y0，Z0"，按 Enter 键确认，从而将原点作为放射中心。

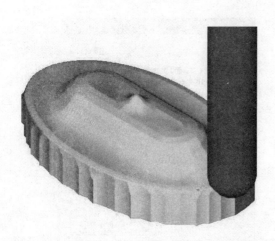

图 5-54 实体验证加工模拟（曲面粗加工放射状）

图 5-55 "刀具路径的曲面选取"对话框

④ 在"刀具路径的曲面选取"对话框中单击"确定"按钮 ✓，系统弹出"曲面精加工放射状"对话框。从 Steel-MM.TOOLS 刀具库中选择 φ6mm 的球刀，在"刀具参数"选项卡中设置进给率、下刀速率和主轴转速等参数，如图 5-56 所示。

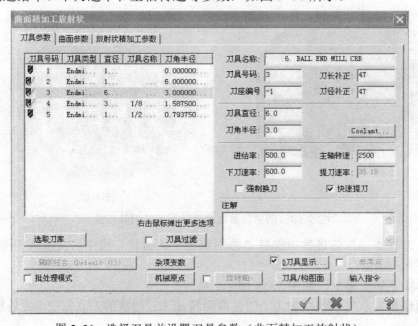

图 5-56 选择刀具并设置刀具参数（曲面精加工放射状）

⑤ 选择"曲面参数"选项卡，设置图 5-57 所示的曲面参数。

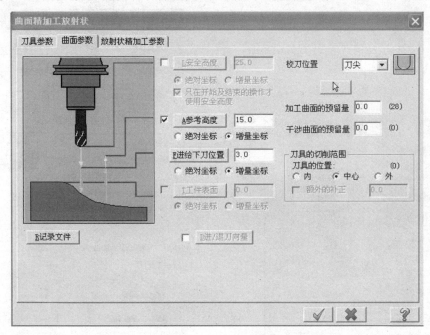

图 5-57　设置曲面参数（曲面精加工放射状）

⑥ 选择"放射状精加工参数"选项卡，设置图 5-58 所示的放射状精加工参数。

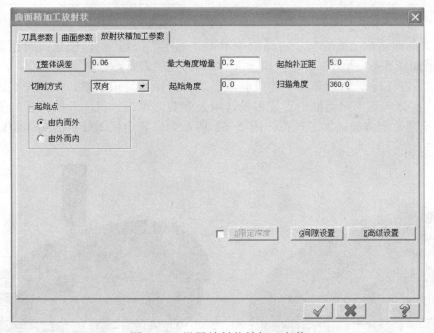

图 5-58　设置放射状精加工参数

单击"T 整体误差"按钮，系统弹出"整体误差设置"对话框。设置图 5-59 所示的参数，单击"确定"按钮 ✓。

单击"G 间隙设置"按钮，系统弹出"刀具路径的间隙设置"对话框。在该对话框中设置图 5-60 所示的刀具路径间隙参数，单击"确定"按钮 ☑。

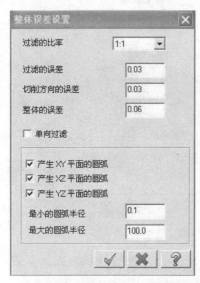

图 5-59　设置整体误差参数

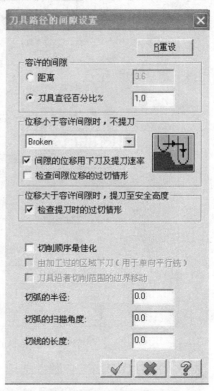

图 5-60　设置刀具路径间隙参数

⑦ 在"曲面精加工放射状"对话框中单击"确定"按钮 ☑，创建曲面精加工放射状的刀具路径如图 5-61 所示。单击按钮 ≋，隐藏创建的刀具路径。

⑧ 在"刀具路径"管理器中单击"验证已选择的操作"按钮 ▨，弹出"实体验证"对话框。在"实体验证"对话框中设置相关选项及参数，单击"机床开始执行加工模拟"按钮 ▶，系统开始实体验证加工模拟。图 5-62 所示为以等角视图显示的实体验证加工模拟结果。

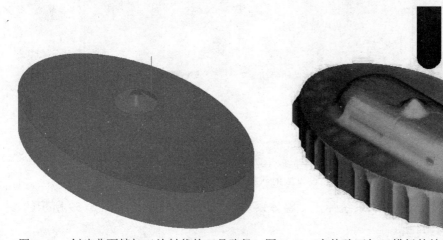

图 5-61　创建曲面精加工放射状的刀具路径　　图 5-62　实体验证加工模拟的结果（曲面精加工放射状）

3）曲面精加工平行铣削。其具体的自动编程操作参照 5.1.3　底板盒加工自动编程的具体操作。

① 在菜单栏中选择"刀具路径"→"曲面精加工"→"平行铣削"选项。

② 系统弹出"选取工件的形状"对话框。选择"凸"单选按钮，然后单击"确定"按钮✅。

③ 系统弹出"选取加工曲面"提示框，使用鼠标框选所有的曲面，按 Enter 键或者单击按钮⚪确认。

④ 系统弹出"刀具路径的曲面选取"对话框，直接单击"确定"按钮✅。

⑤ 系统弹出"曲面精加工平行铣削"对话框。从 Steel-MM.TOOLS 刀具库的刀具列表框中选择ϕ6mm 球刀，并设置相应的进给率、下刀速率和主轴转速等参数，其他采用默认值。

⑥ 选择"曲面参数"选项卡，设置曲面参数，注意将"加工曲面的预留量"设置为 0。

⑦ 选择"精加工平行铣削参数"选项卡，设置精加工平行铣削参数。

⑧ 在"曲面精加工平行铣削"对话框中单击"确定"按钮✅，创建图 5-63 所示的曲面精加工平行铣削刀具路径。为了便于观察后续创建的加工刀具路径，在"刀具路径"管理器中单击按钮≋，隐藏新创建的刀具路径。

⑨ 选择该刀具路径，进行实体验证加工模拟，如图 5-64 所示。完成模拟后，在"实体验证"对话框中单击"确定"按钮✅。

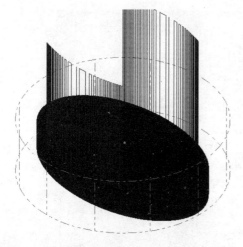

图 5-63　创建曲面精加工平行铣削的刀具路径　　图 5-64　实体验证加工模拟（曲面精加工平行铣削）

4）曲面精加工等高外形铣削加工。

① 在菜单栏中选择"刀具路径"→"曲面精加工"→"等高外形"选项。

② 系统提示"选择加工曲面"，使用鼠标框选所有的曲面，按 Enter 键确认。

③ 系统弹出"刀具路径的曲面选取"对话框，如图 5-65 所示。单击"确定"按钮✅。

④ 系统弹出"曲面精加工等高外形"对话框。从 Steel-MM.TOOLS 刀具库的刀具列表框中选择ϕ6mm 的球刀，确定后并设置图 5-66 所示的参数。

⑤ 在"曲面精加工等高外形"对话框中选择"曲面参数"选项卡，设置图 5-67 所示的曲面参数。

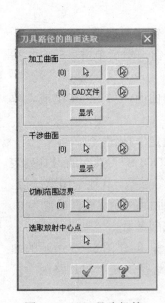

图 5-65　"刀具路径的
曲面选取"对话框

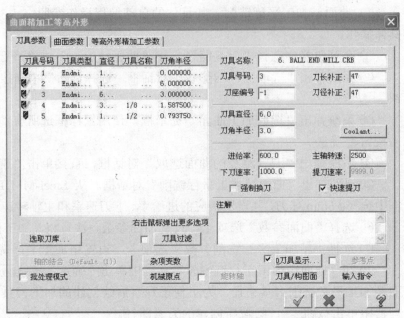

图 5-66　选择刀具并设置刀具参数（曲面精加工等高外形）

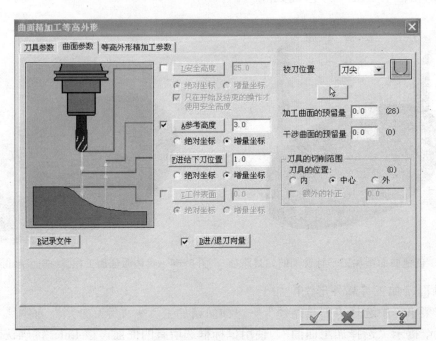

图 5-67　设置曲面参数（曲面精加工等高外形）

⑥ 在"曲面精加工等高外形"对话框中选择"曲面精加工等高外形"选项卡，设置图 5-68 所示的等高外形精加工参数。

⑦ 在"曲面精加工等高外形"对话框中单击"确定"按钮，创建曲面精加工等高外形的刀具路径如图 5-69 所示。

⑧ 在"刀具路径"管理器中单击"验证已选择的操作"按钮 ◙，弹出"实体验证"对话框。在"实体验证"对话框中设置相关选项及参数。在"刀具路径"管理器中单击"选择所有的操作"按钮 ◙。单击"机床开始执行加工模拟"按钮 ▶，系统开始实体验证加工模拟，如图 5-70 所示。

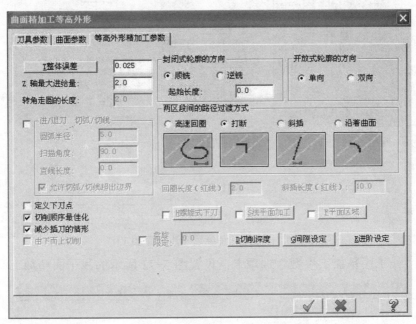

图 5-68　设置等高外形精加工参数

图 5-69　创建曲面精加工等高外形的刀具路径

图 5-70　实体验证加工模拟（曲面精加工等高外形）

5）曲面精加工浅平面铣削加工。

① 在菜单栏中选择"刀具路径"→"曲面精加工"→"浅平面加工"选项。

② 系统提示"选择加工曲面"。使用鼠标框选所有曲面作为加工曲面，按 Enter 键确认。

③ 系统弹出"刀具路径的曲面选取"对话框。单击"确定"按钮 ☑。

④ 系统弹出"曲面精加工浅平面"对话框。在"刀具参数"选项卡中设置刀具参数，并选择 ϕ5mm 的球刀。

⑤ 选择"曲面参数"选项卡，设置图 5-71 所示的曲面参数。

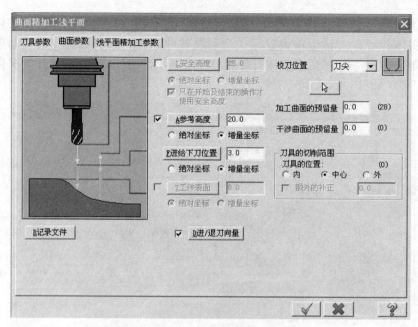

图 5-71 设置曲面参数（浅平面加工）

⑥ 选择"浅平面精加工参数"选项卡，设置图 5-72 所示的浅平面精加工参数。

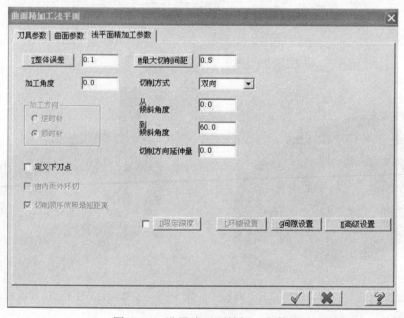

图 5-72 设置浅平面精加工参数

⑦ 在"曲面精加工浅平面"对话框中单击"确定"按钮 ✓ ，创建的浅平面精加工的刀具路径如图 5-73 所示（图中已隐藏了其他加工的刀具路径）。

⑧ 在"刀具路径"管理器中单击"验证已选择的操作"按钮 ，弹出"实体验证"对话框。在"实体验证"对话框中设置相关选项及参数；在"刀具路径"管理器中单击"选择所有的操作"按钮 。单击"机床开始执行加工模拟"按钮 ▶ ，系统开始实体验证加工模拟，如图 5-74 所示。

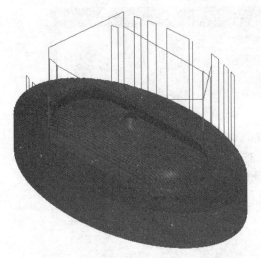

图 5-73　创建浅平面精加工的刀具路径　　　　图 5-74　实体验证加工模拟（浅平面加工）

6）曲面精加工残料清角铣削加工。

① 在菜单栏中选择"刀具路径"→"曲面精加工"→"残料清角"选项。

② 系统弹出"选取加工曲面"提示框，使用鼠标框选所有的曲面，按 Enter 键或者单击按钮●确认。

③ 系统弹出"刀具路径的曲面选取"对话框，单击"确定"按钮☑。

④ 系统弹出"曲面精加工残料清角"对话框。在"刀具参数"选项卡中设置图 5-75 所示的刀具参数，其中刀具选择ϕ6mm 的球刀。

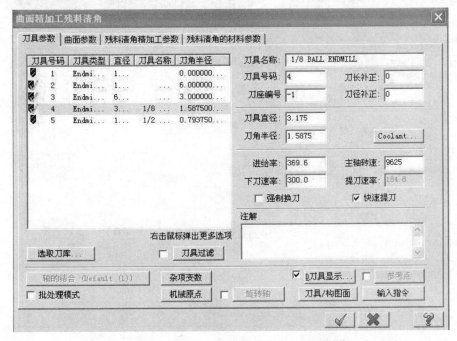

图 5-75　选择刀具并设置刀具参数（残料清角）

⑤ 选择"曲面参数"选项卡，设置图 5-76 所示的曲面参数。

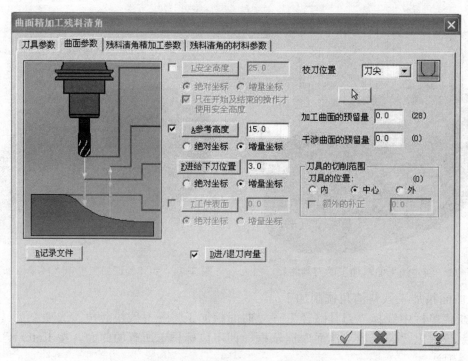

图 5-76　设置曲面参数（残料清角）

⑥ 选择"残料清角精加工参数"选项卡，设置图 5-77 所示的残料清角精加工参数。

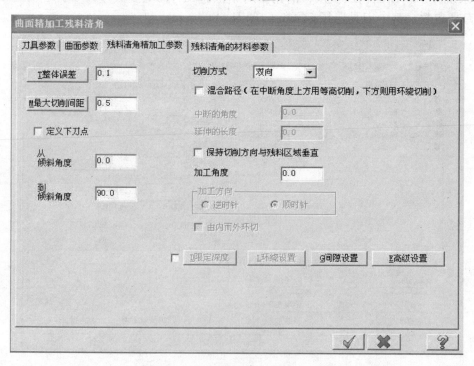

图 5-77　设置残料清角精加工参数

⑦ 选择"残料清角的材料参数"选项卡，设置图 5-78 所示的残料清角的材料参数。

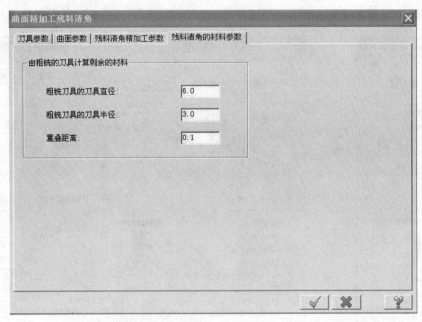

图 5-78　设置残料清角的材料参数

⑧ 在"曲面精加工残料清角"对话框中单击"确定"按钮 ✓，创建曲面精加工残料清角的刀具路径，如图 5-79 所示（图中已隐藏了其他加工的刀具路径）。

⑨ 在"刀具路径"管理器中单击"验证已选择的操作"按钮 ，弹出"实体验证"对话框。在"实体验证"对话框设置相关选项及参数；在"刀具路径"管理器中单击"选择所有的操作"按钮 。单击"机床开始执行加工模拟"按钮 ，系统开始实体验证加工模拟，如图 5-80 所示。

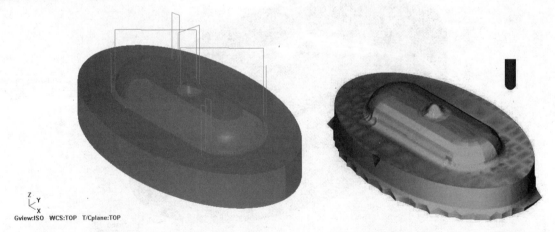

图 5-79　创建曲面精加工残料清角的刀具路径　　　图 5-80　实体验证加工模拟（残料清角）

7）实体验证凸模加工。

① 在"刀具路径"管理器中单击"选择所有的操作"按钮 。

② 在"刀具路径"管理器中单击"验证已选择的操作"按钮 ，弹出"实体验证"对话框，如图 5-81 所示。在"实体验证"对话框中设置相关选项及参数；单击"实体验证"对话框中"🔲"按钮，系统弹出"实体验证选项"对话框。选择"排屑"复选框，如图 5-82

所示；然后单击"确定"按钮  。

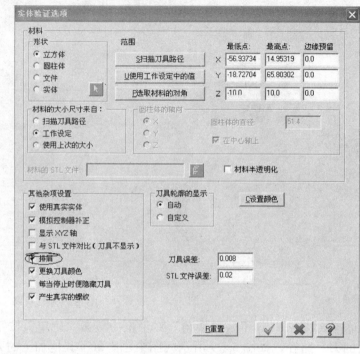

图 5-81　"实体验证"对话框　　　　　　　　图 5-82　设置验证选项

③ 单击"实体验证"对话框中的按钮 ▶，系统开始实体验证加工模拟。每道工步的刀具路径被动态显示出来。图 5-83 所示为以等角视图显示的凸模实体验证加工模拟。

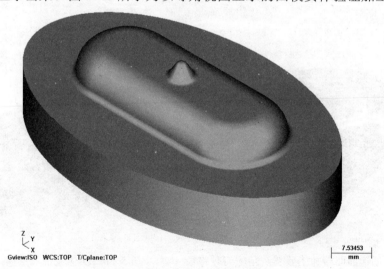

图 5-83　凸模实体验证加工模拟

④ 单击"确定"按钮 ✓，结束加工模拟操作。

2．凹模加工自动编程的具体操作

（1）设置工件材料

1）打开图层 2，显示凹模轮廓图形。在 Mastercam X 的辅助菜单中单击"图层"按钮，系统弹出"图层管理器"对话框。打开零件轮廓线图层 2，关闭其他图素的图层，结果显示所需的凹模加工外轮廓线如图 5-84 所示。

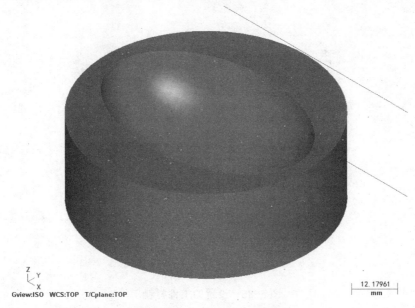

Gview:ISO　WCS:TOP　T/Cplane:TOP

图 5-84　凹模加工外轮廓线

2）设置机床为默认的铣床加工系统。

3）在"加工群组属性"对话框中设置工件材料参数，如图 5-85 所示。

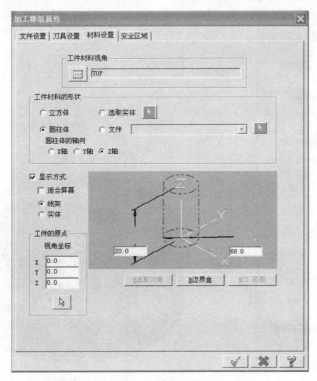

图 5-85　设置工件材料参数（凹模）

在"加工群组属性"对话框中单击"确定"按钮 ✓，完成工件材料参数的设置。单击"视觉控制"工具栏中的"等角视图"按钮 🔆，可以直观地观察设置的工件材料，如图 5-86 所示。

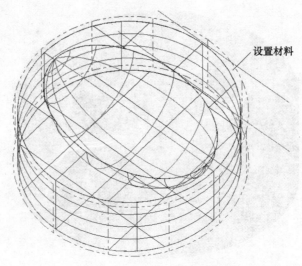

设置材料

图 5-86 设置的工件材料

（2）按照加工工艺编程

1）凹模的工件材料设置完成后，根据工艺流程安排，依次进行曲面加工自动编程操作。铣削凹模的具体工步如图 5-87 所示。创建的铣削加工刀具路径如图 5-88 所示。

图 5-87 铣削凹模的具体工步

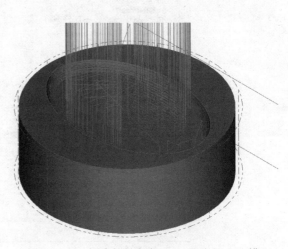

图 5-88 创建的铣削加工刀具路径（凹模）

2）选择该刀具路径，进行实体验证加工模拟，如图 5-89 所示。完成刀具路径模拟后，在"实体验证"对话框中单击"确定"按钮☑。

（3）自动编程的具体步骤

1）曲面粗加工平行铣削加工。

① 打开凹模曲面轮廓图形。

② 在菜单栏中选择"刀具路径"→"曲面粗加工"→"平行铣削"选项。

③ 系统弹出"选取工件的形状"对话框。选择"凹"单选按钮，单击"确定"按钮☑。

图 5-89　实体验证加工模拟（凹模）

④ 系统弹出"选取加工曲面"提示框，使用鼠标框选所有的曲面，按 Enter 键或者单击按钮⚪确认。

⑤ 系统弹出"刀具路径的曲面选取"对话框，直接单击"确定"按钮☑。

⑥ 系统弹出"曲面粗加工平行铣削"对话框。在刀具库中选择 ϕ8mm 球刀，并设置相应的进给率为 300、下刀速率为 800 和主轴转速为 1000 等参数，其他采用默认值。

⑦ 选择"曲面参数"选项卡，设置曲面参数，注意将"加工曲面的预留量"设置为 1。

⑧ 选择"粗加工平行铣削参数"选项卡，根据工艺要求设置参数。

⑨ 在"曲面粗加工平行铣削"对话框中单击"确定"按钮☑，创建图 5-90 所示的曲面粗加工平行铣削刀具路径。

为了便于观察后续创建的加工刀具路径，可以在"刀具路径"管理器中单击按钮 ≋，隐藏新创建的刀具路径。

⑩ 选择该刀具路径，进行实体验证加工模拟如图 5-91 所示。完成刀具路径模拟后，在"实体验证"对话框中单击"确定"按钮☑。

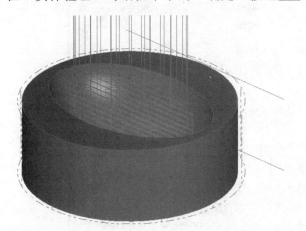

图 5-90　创建曲面粗加工平行
铣削的刀具路径

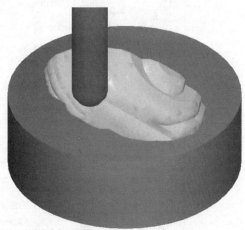

图 5-91　实体验证加工模拟
（曲面粗加工平面铣削）

2）曲面粗加工挖槽铣削加工。

① 在菜单栏中选择"刀具路径"→"曲面粗加工"→"挖槽"选项。

② 系统提示"选择加工曲面"，使用鼠标框选所有的曲面，按 Enter 键确认。

③ 系统弹出"刀具路径的曲面选取"对话框。在该对话框的"切削范围边界"选项组中单击"选择"按钮 ，以串连的方式选择图 5-92 所示的曲面边界线，按 Enter 键确认返回。

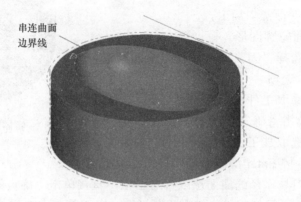

串连曲面
边界线

图 5-92 以串连方式选择曲面边界线

④ 在"刀具路径的曲面选取"对话框中单击"确定"按钮 。

⑤ 系统弹出"曲面粗加工挖槽"对话框，在"刀具参数"选项卡单击"选取刀库"按钮，系统弹出"刀具选择"对话框。从 Steel-MM.TOOLS 刀具库的刀具列表框中选择 φ8mm 的球刀，然后单击"刀具选择"对话框中的"确定"按钮 。

⑥ 在"刀具参数"选项卡中设置图 5-93 所示的刀具参数。

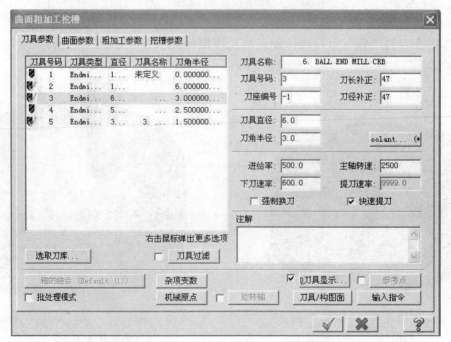

图 5-93 选择刀具并设置刀具参数（挖槽）

⑦ 选择"曲面参数"选项卡，设置图 5-94 所示的曲面参数。

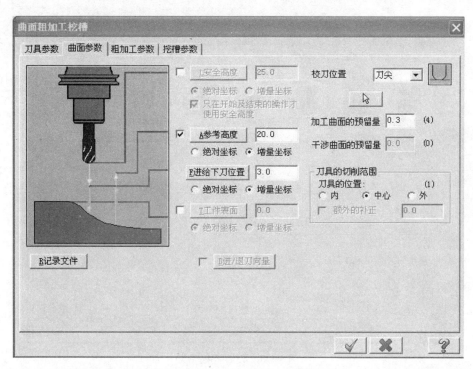

图 5-94　设置曲面参数（挖槽）

⑧ 选择"粗加工参数"选项卡，设置图 5-95 所示的粗加工参数。

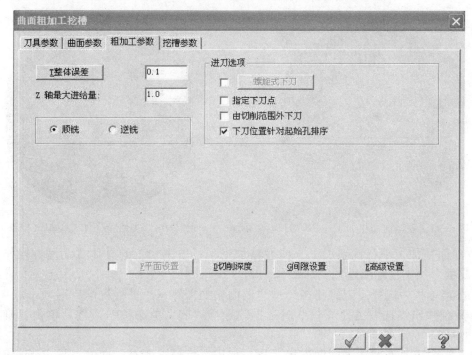

图 5-95　设置粗加工参数（挖槽）

⑨ 选择"挖槽参数"选项卡，设置图 5-96 所示的挖槽参数。

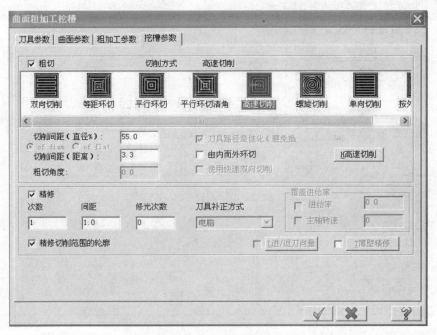

图 5-96　设置挖槽参数

⑩ 在"曲面粗加工挖槽"对话框中单击"确定"按钮，创建曲面粗加工挖槽的刀具路径，如图 5-97 所示。实体验证加工模拟如图 5-98 所示。

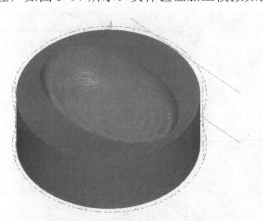

图 5-97　创建曲面粗加工挖槽的刀具路径

图 5-98　实体验证加工模拟（挖槽）

3）曲面精加工平行铣削加工。曲面精加工平行铣削加工的具体自动编程操作步骤见5.1.3　底板盒加工自动编程的具体操作。

① 在菜单栏中选择"刀具路径"→"曲面精加工"→"平行铣削"选项。

② 系统弹出"选取工件形状"对话框。选择"凹"单选按钮，然后单击"确定"按钮。

③ 系统弹出"选取加工曲面"提示框，使用鼠标框选所有的曲面，按 Enter 键或者单击按钮确认。

④ 系统弹出"刀具路径的曲面选取"对话框，直接单击"确定"按钮。

⑤ 系统弹出"曲面精加工平行铣削"对话框。选择 ϕ6mm 球刀，并设置相应的进给率、下刀速率和主轴转速等参数，其他采用默认值。

⑥ 选择"曲面参数"选项卡，设置曲面参数。

⑦ 选择"精加工平行铣削参数"选项卡，设置精加工平行铣削参数。

⑧ 在"曲面精加工平行铣削"对话框中单击"确定"按钮 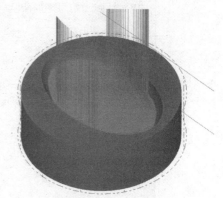，创建图 5-99 所示的曲面精加工平行铣削刀具路径。为了便于观察后续创建的加工刀具路径，在"刀具路径"管理器中单击按钮 ≋，隐藏新创建的刀具路径。

图 5-99　创建曲面精加工平行
铣削的刀具路径

4）曲面精加工环绕等距铣削加工。凹模的椭圆槽曲面变化较大，将椭圆槽曲面按照一定高度分层后依次加工，其刀具路径沿曲面环绕并且相互等距。其具体步骤如下：

① 在菜单栏中选择"刀具路径"→"曲面精加工"→"环绕等距"选项。

② 系统弹出"选取加工曲面"提示框，使用鼠标框选所有的曲面，按 Enter 键或者单击按钮 ○ 确认。

③ 系统弹出"刀具路径的曲面选取"对话框，直接单击"确定"按钮 ✓ 。

④ 系统弹出"曲面精加工环绕等距"对话框。选择 ϕ3mm 球刀，并设置相应的进给率、下刀速率和主轴转速等参数，其他采用默认值。

⑤ 选择"曲面参数"选项卡，设置图 5-100 所示的曲面参数。

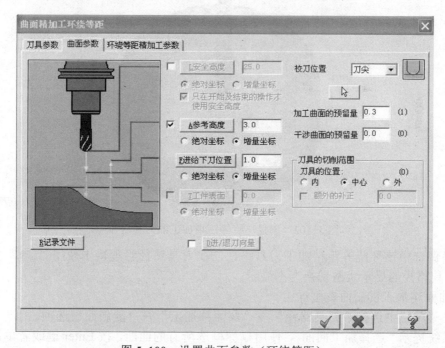

图 5-100　设置曲面参数（环绕等距）

⑥ 选择"环绕等距精加工参数"选项卡，设置图 5-101 所示的环绕等距精加工参数。

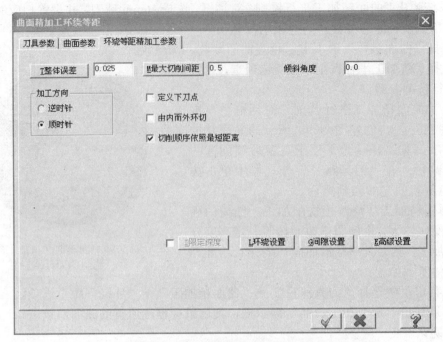

图 5-101　设置环绕等距精加工参数

⑦ 在"曲面精加工环绕等距"对话框中单击"确定"按钮 ，创建图 5-102 所示的环绕等距精加工刀具路径。

图 5-102　创建环绕等距精加工的刀具路径

⑧ 确保选中该环绕等距精加工刀具路径，在刀具路径管理器中使用"≋"按钮，从而将该刀具路径的显示状态切换为不显示。

5）曲面精加工陡斜面铣削加工。

① 在菜单栏中选择"刀具路径"→"曲面精加工"→"陡斜面"选项。

② 系统提示"选择加工曲面"，使用鼠标框选所有的曲面，按 Enter 键或者单击按钮 ⚫ 确认。

③ 系统弹出"刀具路径的曲面选取"对话框，直接单击"确定"按钮 ✓。

④ 系统弹出"曲面精加工平行式陡斜面"对话框。在"刀具参数"选项卡中单击"刀具库"按钮，从 Steel-MM.TOOLS 刀具库的刀具列表框中选择 ϕ 3mm 球刀，并设置相应的进给率为 600，主轴转速为 3600，提刀速率为 1000 等参数。

⑤ 选择"曲面参数"选项卡，设置图 5-103 所示的曲面参数。

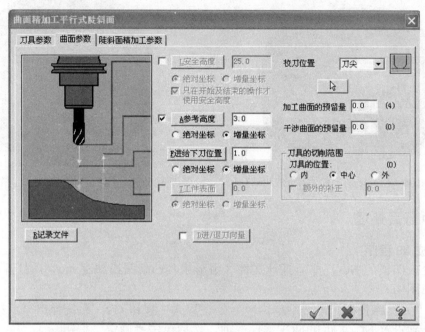

图 5-103　设置曲面参数（陡斜面精加工）

⑥ 选择"陡斜面精加工参数"选项卡，设置图 5-104 所示的陡斜面精加工参数。

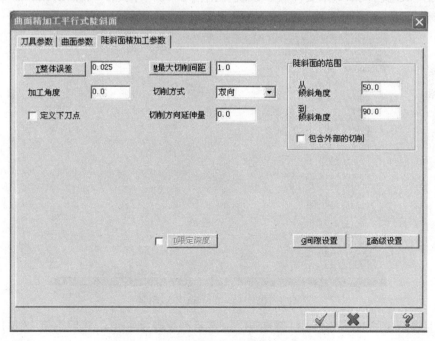

图 5-104　设置陡斜面精加工参数

⑦ 在"曲面精加工平行式陡斜面"对话框中单击"确定"按钮 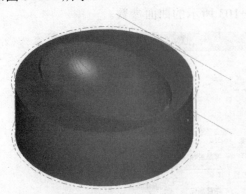✓，系统根据设置的相关数据，创建所需的平行式陡斜面精加工的刀具路径，如图 5-105 所示。实体验证加工模拟如图 5-106 所示。

图 5-105　创建陡斜面精加工的刀具路径　　　图 5-106　实体验证加工模拟（陡斜面精加工）

5.2.4　执行后处理

1. 生成 NC 程序

（1）生成凹模的 NC 程序　打开文件"蛋形模具凸、凹模加工.mcx"，打开图层 2，显示凹模轮廓图形。

1）在"刀具路径"管理器中单击"后处理程式"按钮 G1，系统弹出"后处理程式"对话框，分别设置 NC 文件和 NCI 文件选项，然后单击"确定"按钮✓。

2）系统弹出"另存为"对话框。在其中指定保存位置、文件名及保存类型等。

3）保存 NC 文件和 NCI 文件后，系统弹出图 5-107 所示的"Mastercam X 编辑器"窗口。该编辑器窗口中显示了生成的数控加工程序。

```
00001 %
00002 (程式名= 凹模 . NC )
00003 (刀具名称= 刀具号码=2 刀径补正=2 刀长补正=2 刀具直径=12. )
00004 (加工余量: XY方向=1.   Z方向=0. )
00005 (工件坐标= G54 )
00006 N100 G0 G17 G40 G49 G80 G90
00007 N102 G91G28 Z0.
00008 N104 S2546 M3
00009 N106 G0 G90 G54 X5.069 Y-14.688
00010 N108 Z50.
00011 N110 M8
00012 N112 Z5.
00013 N114 G1 Z.8 F407.4
00014 N116 X-5.069 F814.7
00015 N118 G0 Z5.
00016 N120 Z50.
00017 N122 X-15.802 Y-11.75
00018 N124 Z5.
00019 N126 G1 Z.8 F407.4
00020 N128 X15.802 F814.7
00021 N130 X20.721 Y-8.813
00022 N132 X-20.721
```

图 5-107　Mastercam X 编辑器

（2）生成凸模的 NC 程序　打开图层 1，显示凸模轮廓图形，然后重复上述 1）～3）的操作步骤。

2．检查、编辑生成的 NC 程序

参照 5.1.4　执行后处理中的相关内容。

3．通过 RS232 接口传输至机床存储

参照 5.1.4　执行后处理中的相关内容。

5.3　刻字加工实例

如图 5-108 所示，刻字加工零件是在平面上加工数字、名称等信息的椭圆形铭牌，涉及铣削模块的二维铣削加工中的外形铣削和雕刻加工。

图 5-108　刻字加工铭牌

在平面上刻字加工自动编程操作的关键在于信息内容的字体是 "凸" 形字还是 "凹" 形字，针对不同字体采取不同铣削加工方式的刀具路径。本实例字体为 "凹" 形字，采用挖槽、雕刻铣削加工方式，具体步骤如下。

5.3.1　刻字加工自动编程前的准备

1．打开建立的 "刻字加工.mcx" 文件

启动 Mastercam X，打开 "刻字加工.mcx" 文件。

2．零件图分析

将需要加工的不同的文字图形设置在不同的图层中，一种刀具路径设置一个图层，将椭圆及附近小孔轮廓图形置于图层 1，将数字轮廓图形置于图层 2，将文字 "机械出版社 ZGP" 轮廓图形置于图层 3。

5.3.2　刻字的加工工艺流程分析

1．零件加工、装夹分析

刻字加工是在薄板上铣削加工椭圆并在其上加工文字信息，操作简单，刀具直径小。材料为 2A12 四方形薄板，采用压板压紧材料四个边角装夹。加工顺序由 "内" 向 "外"，完成铭牌信息铣削加工后，然后铣削椭圆形状，铭牌从整体材料上被切削分离。

2．工序流程安排

1）钻削椭圆周边 ϕ3mm 通孔。

2）挖槽加工数字。

3）雕刻加工文字。

4）外形铣削文字外圈，然后铣削椭圆外框，从材料中分离。

5）外形铣削台阶面，使其低于四周 1mm。

6）铣削加工台阶底部四周 1mm 的槽。

7）钻削加工圆柱孔，直径为 6mm。

5.3.3 刻字加工自动编程的具体操作

1. 设置工件材料

1）打开"刻字加工.mcx"文件，单击"图层"按钮，系统弹出"图层管理器"对话框。打开所有图层，显示刻字加工的轮廓线。

2）设置机床为默认的铣床加工系统。

3）在"加工群组属性"对话框中设置工件材料参数，单击"确定"按钮 ☑，完成工件材料参数的设置。单击"视觉控制"工具栏中的按钮 ⌖，显示设置的工件材料，如图 5-109 所示。

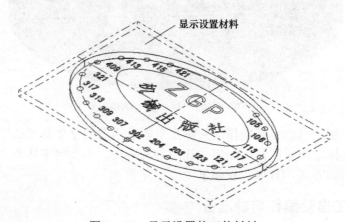

图 5-109　显示设置的工件材料

2. 按照加工工艺编程

1）完成刻字加工工件材料设置后，铣削刻字加工的具体工步如图 5-110 所示。铣削加工刀具路径完成操作，创建的铣削加工刀具路径如图 5-111 所示。

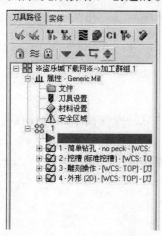

图 5-110　铣削刻字加工的具体工步

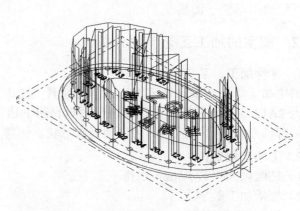

图 5-111　创建铣削加工的刀具路径

2）选择该刀具路径，进行实体验证加工模拟，如图 5-112 所示。完成刀具路径模拟后，在"实体验证"对话框中单击"确定"按钮 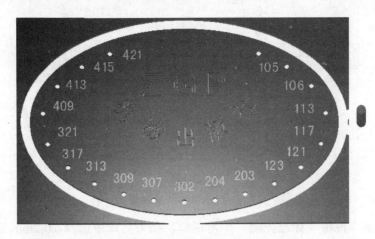 部分。

图 5-112　实体验证加工模拟（刻字加工）

3．自动编程的具体步骤

（1）钻削椭圆周边 ϕ 3mm 通孔　压板压紧工件材料四个边角装夹，钻削椭圆周边 ϕ 3mm 通孔，其自动编程操作步骤参照 4.1.3　压盖加工自动编程的具体操作。

（2）挖槽加工数字

1）打开图层 2，显示加工数字轮廓图形。单击"图层"按钮，系统弹出"图层管理器"对话框，打开零件轮廓线图层 2，关闭其他图素的图层，显示加工数字轮廓线，如图 5-113 所示。

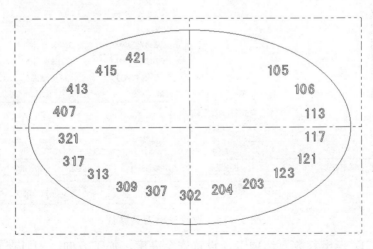

图 5-113　加工数字轮廓线

2）挖槽加工数字信息。根据图形特点、图形尺寸和加工特点，选用合适的加工刀具和下刀点。本实例选用 ϕ 0.2mm 键槽铣刀作为加工刀具，操作步骤如下：

① 在菜单栏中选择"刀具路径"→"标准挖槽"选项。

② 选择"窗选"形式，选择需要加工的轮廓，如图 5-114 所示。单击"确定"按钮 部分。

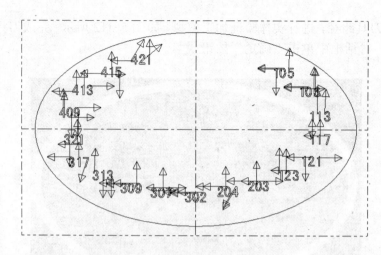

图 5-114　以串连方式选择图形轮廓

③ 系统弹出"挖槽（标准挖槽）"对话框。在刀具库中选择 ϕ 0.2mm 键槽铣刀，单击"刀具选择"对话框中的"确定"按钮 ☑。

④ 在"刀具参数"选项卡中设置进给率、下刀速率、主轴方向和主轴转速等参数，如图 5-115 所示。

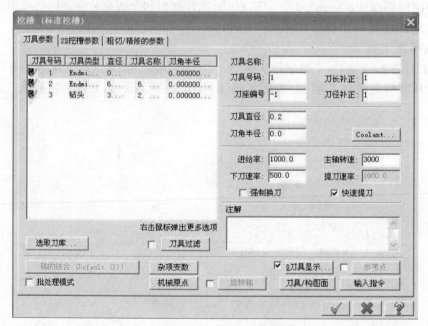

图 5-115　设置挖槽刀具参数

⑤ 选择"2D 挖槽参数"选项卡，设置安全高度、加工方向、刀具在转角处走圆角、进给下刀位置、工件表面和深度等参数，如图 5-116 所示。

⑥ 挖槽深度虽然为 0.6mm，但是刀具直径较小，不宜一次铣削完成，对其 Z 轴深度进行分层加工。设置方法是选择"E 分层铣深"复选框，系统弹出"分层铣深设置"对话框。设置最大粗切深度为 0.2，"精修次数"为 1，"精修步进量"为 0.1，选择"不提刀"，"分层铣深的顺序"设置为"按区域"，单击对话框中的"确定"按钮 ☑。

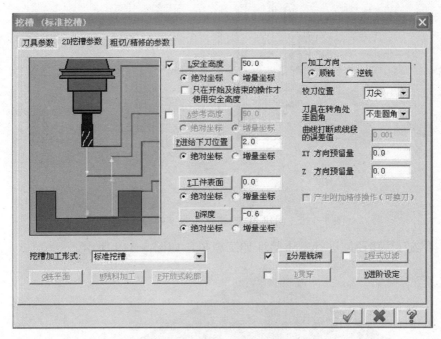

图 5-116　设置 2D 标准挖槽参数

⑦ 选择"粗切/精修的参数"选项卡，选择"粗切"复选框，选择"切削方式"为"双向切削"，其他参数设置如图 5-117 所示。

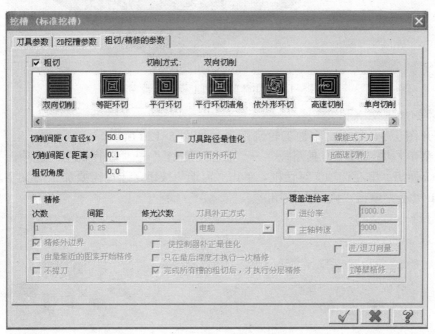

图 5-117　设置粗切/精修的参数

⑧ 在"挖槽（标准挖槽）"对话框中单击"确定"按钮 ✓，创建图 5-118 所示的 2D 挖槽加工数字刀具路径（以等角视图显示）。

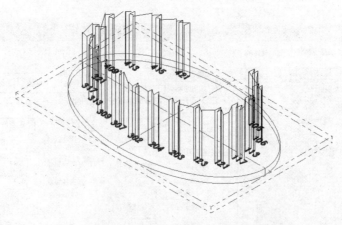

图 5-118　创建 2D 挖槽加工数字的刀具路径

3）选择该刀具路径，进行实体验证加工模拟，如图 5-119 所示。

图 5-119　实体验证加工模拟（数字）

（3）雕刻加工文字

1）打开图层 3，显示文字加工轮廓图形，如图 5-120 所示。

2）在菜单栏中选择"刀具路径"→"曲面粗加工"→"平行铣削"选项。

3）系统弹出"串连选项"对话框，单击"窗选"按钮，选择需要加工的文字轮廓图形，如图 5-121 所示。单击"确定"按钮 。

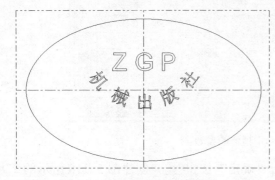

图 5-120　文字加工轮廓图形

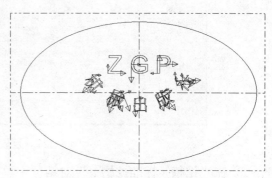

图 5-121　选择加工文字轮廓图形

4）系统弹出"雕刻加工设置"对话框。在"刀具参数"选项卡中选择 $\phi 0.2$mm 键槽铣刀，设置进给率、下刀速率、主轴转速和提刀速率等参数，如图 5-122 所示。

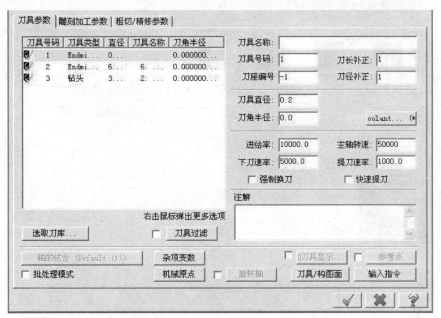

图 5-122 "雕刻加工设置"对话框

5）选择"雕刻加工参数"选项卡，设置安全高度、加工方向、刀具在转角处走圆角、参考高度、下刀平面、工件表面和深度等参数，如图 5-123 所示。

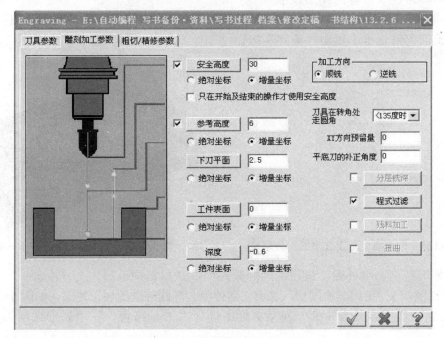

图 5-123 设置雕刻加工参数

6）选择"粗切/精修的参数"选项卡，选择"粗切"复选框，选择"切削方式"为"清角", 其他参数设置如图 5-124 所示。

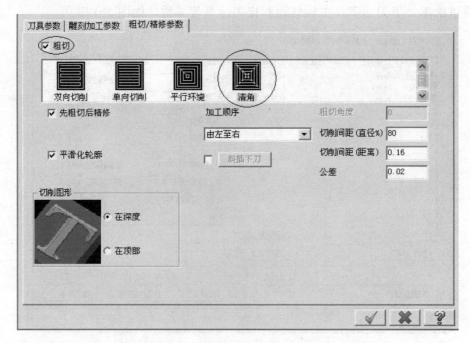

图 5-124　设置粗切/精修的参数

7) 在"雕刻加工设置"对话框中单击"确定"按钮 ✓, 创建图 5-125 所示的雕刻加工文字的刀具路径 (以等角视图显示)。

8) 选择该刀具路径, 进行实体验证加工模拟, 如图 5-126 所示。完成刀具路径模拟后, 在"实体验证"对话框中单击"确定"按钮 ✓。

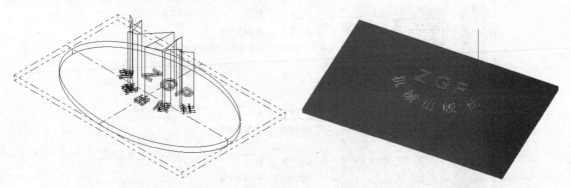

图 5-125　创建雕刻加工文字的刀具路径　　　　图 5-126　实体验证加工模拟 (文字)

(4) 外形铣削文字外圈, 最后铣削椭圆外框, 从材料中分离

1) 打开图层 1, 关闭其他图层, 显示文字外圈、椭圆外框的加工轮廓, 如图 5-127 所示。

2) 首先加工文字外圈轮廓。在菜单栏中选择"刀具路径"→"外形铣削刀具路径"选项。

3) 系统弹出"串连选项"对话框。单击"串连"按钮 ⊙⊙⊙, 选择需要加工的文字外圈, 如图 5-128 所示。单击"确定"按钮 ✓。

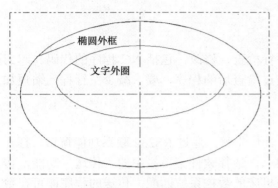

图 5-127　文字外圈、椭圆外框的加工轮廓　　　　图 5-128　选取文字外圈

4）参照 4.1.3　压盖加工自动编程的具体操作，创建外形铣削文字外圈的刀具路径，如图 5-129 所示。

5）外形铣削加工椭圆外框。参照上述操作步骤 4），创建外形铣削椭圆外框的刀具路径，如图 5-130 所示。

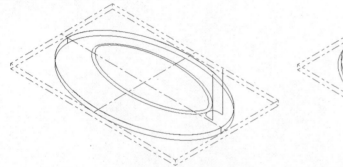
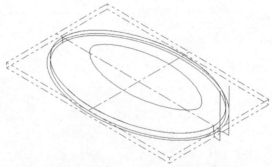

图 5-129　创建外形铣削文字外圈的刀具路径　　　　图 5-130　创建外形铣削椭圆外框的刀具路径

6）选择所有刀具路径，进行实体验证加工模拟，如图 5-131 所示。

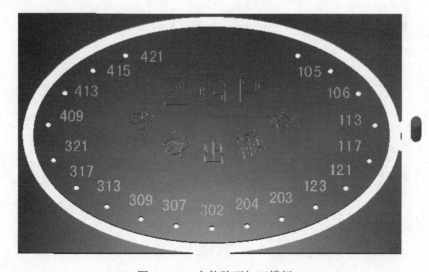

图 5-131　实体验证加工模拟

5.3.4　执行后处理

1．检查、编辑生成的 NC 程序

根据所使用数控机床的实际情况对程序进行检查、修改，包括 NC 程序的代码、起刀点位置、换刀点位置和中间的空走刀程序。经过检查后的程序，要求减少空行程、缩短加工时间，并符合数控机床正常运行的要求。

2．通过 RS232 接口传输至机床存储

将经过以上步骤创建的程序传输至机床，具体步骤：通过 RS232 联系功能窗口，打开机床传送功能。机床的参数设置参照机床说明书，选择软件菜单栏中的"传送"功能，传送前调整后处理程式的数控系统，使之与数控机床的数控系统匹配。传送的程序即可在数控机床中存储，调用此程序，就可使数控机床正常运行，完成刻字加工。

第 2 篇 高级编程知识及技巧

第 6 章 多轴车削加工复杂零件实例

6.1 单旋双向循环移动蜗杆加工实例

随着科技的发展，对零件的加工要求越来越高，零件的形状越来越复杂，零件的品种更趋于多样化。四轴联动加工相对三轴联动加工而言，具有很多优越性，它可以扩大加工范围，提高加工效率和加工精度等。因此，四轴联动加工目前在制造业的应用越来越广泛，四轴联动加工的刀具路径创建方法逐渐被各大 CAM 软件公司列为研究重点。作为实用性很强的 Mastercam X，在其新版本增加了比较成熟的四轴（含五轴）加工模块，提供了四轴联动加工的编程途径。本节介绍 Mastercam X 在四轴联动加工中典型的应用实例——单旋双向循环移动蜗杆的加工。

单旋双向循环移动蜗杆是在旋转体上加工出沟槽形状，实现单旋双向循环移动，是很多现代机械中的关键零件。利用 Mastercam X 自带的加工回转零件编程功能，通过"旋转轴的设定"窗口置换 X 或 Y 轴的功能，可以简单地将四轴加工编程转换成三轴加工编程的刀具路径，此方法确实是目前很好的一种解决方法。图 6-1 所示为已加工好的单旋双向循环移动蜗杆，图 6-2 所示为单旋双向循环移动蜗杆的尺寸图。

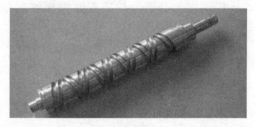

图 6-1 单旋双向循环移动蜗杆

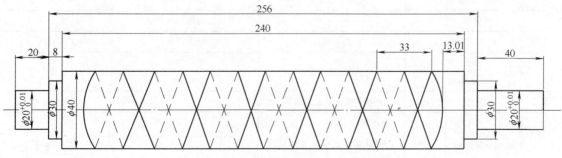

图 6-2 单旋双向循环移动蜗杆的尺寸图

6.1.1 打开绘图文件

打开保存的"单旋双向循环移动蜗杆"文件，显示加工模拟轮廓图形，如图 6-3 所示。

图 6-3 加工模拟轮廓图形

6.1.2 单旋双向循环移动蜗杆的加工工艺流程分析

1. 加工工艺分析

1）加工此零件时，首先编制左螺旋线的程序，再编制加工左螺旋线终点圆弧过渡到右旋线起点的程序，然后编制右螺旋线的程序，最后编制右螺旋线终点圆弧过渡到左螺旋线起点的程序，以此完成单旋双向循环移动蜗杆的编程。

2）四轴联动加工工件需要在加工中心上进行，此零件在车削加工中心或铣削加工中心都可完成加工。在铣削加工中心中需要安装数控圆周转动装置，在车削加工中心中只需把刀塔（C 轴）安装上旋转的刀架就可以实现加工。编好程序后传输入机床，使主轴与刀架同时运动，这样实现四轴联动，就可加工出蜗杆。

2. 定位及装夹分析

此零件采用"一夹一顶"装夹，即自动定心卡盘装夹、固定顶尖支撑，必要时增加跟刀架作为辅助支撑。

3. 加工工步分析

经过以上分析，单旋双向循环移动蜗杆的加工工步为：

1）"一夹一顶"，车端面和外圆。

2）调头加工外圆，保证总长。

3）在车削加工中心或铣削加工中心加工螺旋槽。

4）铣削加工过渡圆弧。

4. 工序流程安排

根据加工工艺分析，加工单旋双向循环移动蜗杆的工序流程安排见表 6-1。

表 6-1 加工单旋双向循环移动蜗杆的工序流程安排

单位名称		产品名称及型号		零件名称		零件图号
××大学				单旋双向循环移动蜗杆		070
工序	程序编号		夹具名称	使用设备		工件材料
	Lathe-70 Mill-70		自定心卡盘	CK6140 FV-800		45 钢
工步	工步内容	刀号	切削用量	备注	工序简图	
1	一夹一顶，车端面和外圆	T0101	n=800r/min f=0.2mm/r a_p=1mm	三爪装夹		

（续）

工步	工步内容	刀号	切削用量	备注	工序简图
2	调头加工外圆，保证总长	T4646	$n=800r/min$ $f=0.2mm/r$ $a_p=1mm$	—	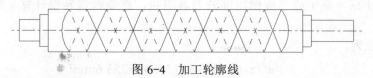
3	加工螺旋槽	T1111	$n=800r/min$ $a_p=1mm$	车削加工中心	
4	铣削加工过渡圆弧	T2424	$n=800r/min$ $f=0.1mm/r$ $a_p=1mm$	铣削加工中心	

6.1.3　单旋双向循环移动蜗杆自动编程的具体操作

1．打开绘制的加工轮廓线

打开保存的"单旋双向循环移动蜗杆"轮廓线图层 1，关闭其他图素的图层，结果显示所需要的加工轮廓线，如图 6-4 所示。

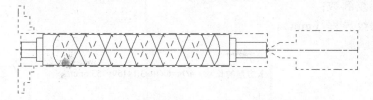

图 6-4　加工轮廓线

2．设置"加工群组属性"对话框

设置"材料设置""刀具设置""文件设置"和"安全区域"选项卡中的参数，单击该对话框中的"确定"按钮 ☑ ，完成加工群组属性的设置，如图 6-5 所示。

图 6-5　设置加工群组属性

3．创建车削加工外圆的刀具路径

根据上述工艺分析，车削加工按照下面的工序进行自动编程。

1）一夹一顶，车端面和外圆。

2）调头加工外圆，保证总长。加工完成的刀具路径如图 6-6 和图 6-7 所示。

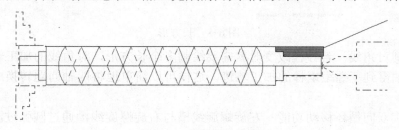

图 6-6　车削刀具路径

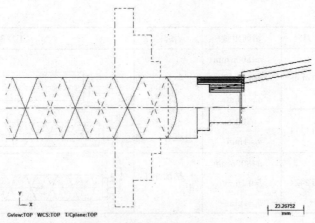

图 6-7　调头车削刀具路径

4．创建车削加工螺旋槽的刀具路径

螺旋槽的加工是单旋双向循环移动蜗杆的关键所在，其加工步骤需要增加转换旋转轴的过程，具体操作如下。

（1）转换计算　要生成螺旋槽轮廓的刀具路径，需要经过转换计算。绘制图 6-8 所示的长方形。

长方形的长为

$$L = nD\pi = 6 \times 40 \times 3.14159\text{mm} = 753.6\text{mm}$$

长方形的宽为

$$H = Tn = 6 \times 33\text{mm} = 198\text{mm}$$

式中　D——螺纹外径（mm）；

n——螺纹圈数；

T——螺纹导程（mm）。

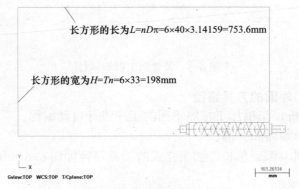

图 6-8　长方形

（2）绘制对角线　若导程改变时就需要绘制多个长方形，对角线的加工轨迹通过转换设置的旋转轴得到变螺距蜗杆的加工轨迹，这样可以简单地将四轴问题转换成三轴刀具路径进行加工。

（3）单旋双向循环移动功能　左旋螺旋线槽与右旋螺旋线槽通过圆弧过渡连接，实现单旋双向循环移动的功能。自动编程时，左旋螺旋线为长方形对角线 1，右旋螺旋线为对角线 2，如图 6-9 所示。

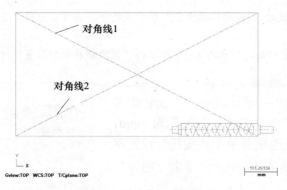

图 6-9　对角线的选取

（4）蜗杆导程　编程是以不同的导程为单位画长方形的方法来进行的，如果蜗杆的导程有变化，每个导程单位的长方形大小不同，对角线的长短与角度也不同，把长方形的对角依次相连，上一个导程的对角线终点坐标就是下一个导程对角线的起点坐标。

（5）创建左旋螺旋线槽加工的刀具路径

1）在菜单栏中选择"机床系统"→"铣床"→"系统默认"选项。

2）在菜单栏中选择"刀具路径"→"平面铣削刀具路径"选项。系统弹出"串连选项"对话框，选择图 6-10 所示的对角线图素，单击"确定"按钮 <u>✓</u>。

3）系统弹出"平面铣削"对话框。打开"刀具管理器"对话框，选择直径为 12mm 圆倒角 1mm 的平底铣刀，单击"确定"按钮 <u>✓</u>。

4）选择"刀具参数"选项卡，选择"旋转轴"复选框，

5）单击"旋转轴"按钮，弹出图 6-11 所示的"旋转轴的设定"对话框。

6）在"旋转轴的设定"对话框的"旋转形式"选项组中选择"轴的取代"单选按钮，在"轴的取代"选项组中选择"取代 X 轴"单选按钮，在"旋转的方向"选项组中选择"逆时针"单选按钮，在"旋转轴的直径"文本框中输入 40.0，如图 6-11 所示。

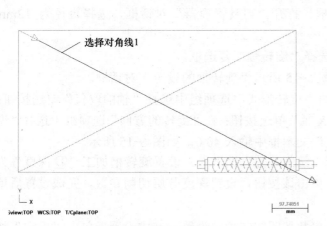

图 6-10　选择对角线 1

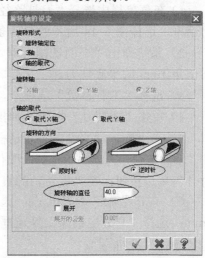

图 6-11　"旋转轴的设定"对话框

技巧提示

设置置换 X 轴的参数时，"旋转轴的直径"设置成展开图的理论直径。置换轴的依据是刀具轴线与什么轴平行就置换那个轴。

置换 X 轴的参数设置好后，弹出图 6-12 所示的"深度分层切削设置"对话框，此时需要设置刀具的加工深度。

7）单击"确定"按钮 ☑，选择"平面铣削参数"选项卡，设置旋转槽加工"**D** 深度"为 8mm，选择"**P** 分层铣深"复选框并单击该按钮，设置深度分层切削参数，如图 6-12 所示。单击"确定"按钮 ☑。

8）"平面铣削"对话框中的其余参数按照工艺规定设置，完成设置后单击"确定"按钮 ☑，创建的左旋螺旋线槽加工刀具路径如图 6-13 所示。

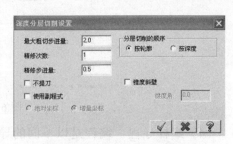

图 6-12 设置深度分层切削参数

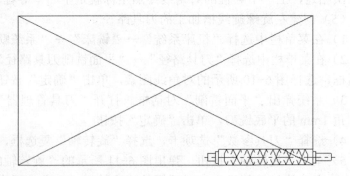

图 6-13 创建左旋螺旋线槽加工的刀具路径

（6）创建右旋螺旋线槽加工的刀具路径

1）在菜单栏中选择"刀具路径"→"平面铣削刀具路径"选项，系统弹出"串连选项"对话框，选择图 6-14 所示的另一条对角线图素，单击"确定"按钮 ☑。

2）系统弹出"平面铣削"对话框。打开"刀具管理器"对话框，选择直径为 12mm 圆倒角 1mm 的平底铣刀。

3）选择"刀具参数"选项卡，选择"旋转轴"复选框。

4）单击"旋转轴"按钮，弹出图 6-15 所示"旋转轴的设定"对话框。

5）在"旋转轴的设定"对话框的"旋转形式"选项组中选择"轴的取代"单选按钮；在"轴的取代"选项组中选择"取代 X 轴"单选按钮；在"旋转的方向"选项组中选择"逆时针"单选按钮；在"旋转轴的直径"文本框中输入 40.0，如图 6-15 所示。

6）单击"确定"按钮 ☑，选择"铣削参数"选项卡，设置旋转槽加工"**D** 深度"为 8mm；选择"**P** 分层铣深"复选框并单击该按钮，设置深度分层切削参数，完成设置后单击"确定"按钮 ☑。

7）"平面铣削"对话框中的其余参数按照工艺规定设置，完成设置后单击"确定"按钮 ☑，创建的右旋螺旋线槽加工刀具路径如图 6-16 所示。

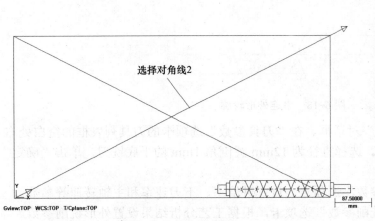

选择对角线2

Gview:TOP　WCS:TOP　T/Cplane:TOP

87.50000 mm

图 6-14　选择对角线 2

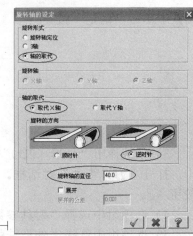

图 6-15　"旋转轴的设定"对话框

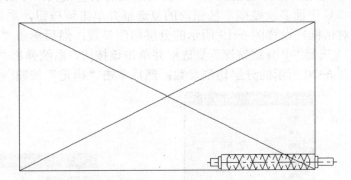

图 6-16　创建右旋螺旋线槽加工的刀具路径

8）选择左、右旋螺线槽加工的刀具路径，单击按钮 ≋，显示刀具路径，如图 6-17 所示。

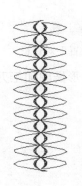

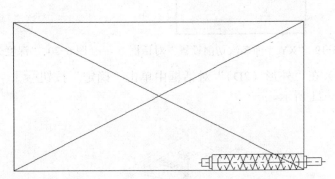

图 6-17　左、右旋螺线槽加工的刀具路径

（7）铣削加工过渡圆弧　采用"外形铣削"加工形式，将左、右两条螺旋线槽连接贯通，其步骤如下：

1）在菜单栏中选择"刀具路径"→"外形铣削刀具路径"选项。

2）系统弹出"串连选项"对话框，单击"部分串连"按钮；根据零件分析后的工艺安排，"一夹一顶"铣削加工，选择串连外形轮廓，如图 6-18 所示。在"串连选项"对话框中单击"确定"按钮✓。

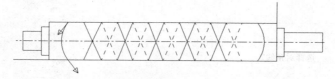

图 6-18　串连外形轮廓

3）系统弹出"外形（2D）"对话框。在"刀具参数"选项卡的刀具列表框的空白处右击，打开"刀具管理"对话框。选择直径为 12mm 圆倒角 1mm 的平底铣刀，单击"确定"按钮✓。

4）选项组中选择"刀具参数"选项卡，设置进给率、下刀速率和主轴转速等参数。

5）选项组中选择"外形铣削参数"选项卡，根据工艺分析结果设置外形铣削参数。

6）考虑到工件毛坯在 XY 平面某区域的余量较大，可以选用多次平面铣削。选项组中选择"U 平面多次铣削"按钮前的复选框并单击该按钮，系统弹出"XY 平面多次切削设置"对话框，设置图 6-19 所示的分层切削参数；然后单击"确定"按钮✓。

7）选择"P 分层铣深"复选框并单击该按钮，系统弹出"深度分层切削设置"对话框，设置图 6-20 所示的分层切削参数；然后单击"确定"按钮✓。

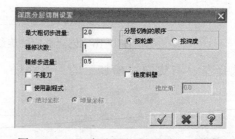

图 6-19　"XY 平面多次切削设置"对话框　　　图 6-20　"深度分层切削设置"对话框

8）在"外形（2D）"对话框中单击"确定"按钮✓，创建的外形铣削加工刀具路径如图 6-21 所示。

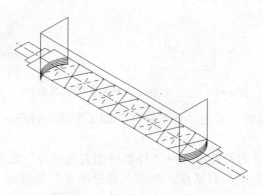

图 6-21　创建外形铣削加工的刀具路径

Mastercam X 中关于 4 轴、5 轴加工方面的内容还很丰富，值得去深入研究的东西还有很多，而且还应该在实践中不断积累经验，使编制的程序更加优化，不断提高编程效率、加工效率和加工质量。笔者在工作实践中，通过参考相关资料，仔细研究并验证，在此基础上应用 Mastercam X 的 4/5 轴加工模块，进行了一些较成功应用。本实例就是其中的一种。

6.1.4 实体验证加工模拟

1．打开工具栏

在"刀具路径"管理器中单击"选择所有的操作"按钮 ，激活"刀具路径"管理器的工具栏。

2．选择操作

在"刀具路径"管理器中单击"验证已选择的操作"按钮 ，系统弹出"实体验证"对话框。单击"模拟刀具"按钮 ，并设置加工模拟的其他参数。

3．实体验证

单击"开始"按钮 ，系统开始实体验证加工模拟。每道工步的刀具路径被动态显示出来。图 6-22 所示为以等角视图显示的实体验证加工模拟的结果。

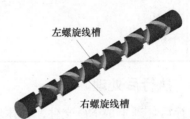

图 6-22　实体验证加工模拟的结果（蜗杆）

4．实体验证加工模拟分段讲解

单旋双向循环移动蜗杆的实体验证加工模拟过程见表 6-2。

表 6-2　单旋双向循环移动蜗杆的实体验证加工模拟过程

序号	加工过程注解	加工过程示意
1	"一夹一顶"车端面、外圆 注意： 1）端面车削时，应注意切削端面以后伸出工件，顶尖支撑 2）刀具和工件应装夹牢固	
2	调头加工外圆，保证总长	
3	加工左旋螺线槽	加工左螺旋线槽

（续）

序号	加工过程注解	加工过程示意
4	加工右旋螺线槽	加工右螺旋线槽
5	铣削加工过渡圆弧	铣削加工过渡圆弧 铣削加工过渡圆弧

6.1.5 执行后处理

执行后处理形成 NC 文件，具体步骤如下。

1．打开对话框

在"刀具路径"管理器单击按钮 GI，弹出"后处理程式"对话框。

2．设置参数

"NC 文件的扩展名"文本框设为".NC"，其他参数采用默认设置，单击"确定"按钮 ，系统弹出如图 6-23 所示的"另存为"对话框。

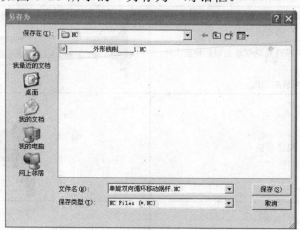

图 6-23 "另存为"对话框

3．生成程序

在图 6-23 所示的"另存为"对话框"文件名"文本框中输入程序名称，在此使用"单旋双向循环移动蜗杆"，完成文件名的设置后，单击"保存"按钮，生成 NC 程序，如图 6-24 所示。

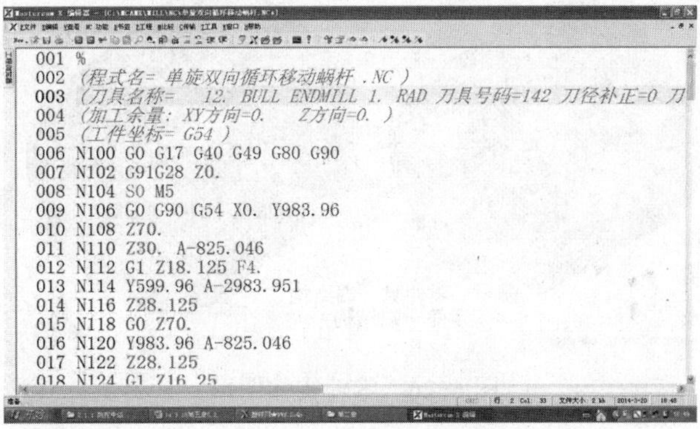

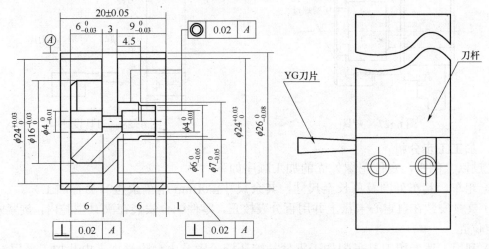

图 6-24　生成的 NC 程序

4. 检查生成的 NC 程序

根据所使用数控机床的实际情况，对图 6-24 所示的程序进行检查、修改，包括 NC 程序的代码、起刀点位置、换刀点位置和中间的空走刀程序。

6.2　定位陀螺外壳加工实例

随着航天航空事业的发展，钛基合金材料的应用越来越多。钛基合金材料的零件加工技巧也越来越需要人们来掌握。下面介绍的实例加工零件的材料就是钛合金，其加工需要在工艺和夹具上安排适当，车削的零件才能满足图样要求。

图 6-25 所示为航天定位导向陀螺仪的定位外壳车削零件图。其尺寸要求和几何公差要求较高，外壁较薄，特别是 $\phi 4mm$ 的内孔，尺寸精度为 0.01mm，要求高；端面环槽空间小，刀具要求特别，一般的正常刀具无法加工。

图 6-25　定位导向陀螺仪的外壳车削零件图

6.2.1　打开绘图文件

打开保存的"定位陀螺外壳"文件，显示零件实体图形，如图 6-26 所示。

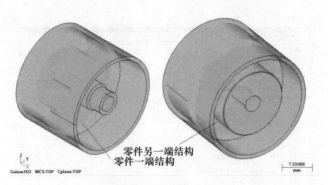

图 6-26　零件实体图形

6.2.2　定位陀螺外壳的加工工艺流程分析

1．结构分析

如图 6-25 所示，零件一端由环槽 ϕ24mm、内孔 $\phi 4_{-0.01}^{0}$ mm，另一端环槽 ϕ24mm 及内孔 $\phi 4_{-0.01}^{0}$ mm 组成，结构简单，但尺寸精度与几何公差要求较高，加工时需要辅助夹具与切削刀具。

2．定位及装夹分析

车削加工时，零件装夹不能采用普通方法，需要设计为图 6-27 所示的夹具进行装夹。

3．使用刀具

刀具设计如图 6-28 所示。刀杆采用 YG 系列刀具材料；线切割加工成的刀片安装在设计的刀排型腔内，才可以完成此类零件的车削加工。

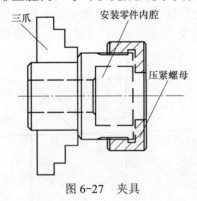

图 6-27　夹具　　　　　　　　　　　　　　图 6-28　刀具设计

4．加工工步分析

经过以上剖析，定位陀螺外壳的加工顺序如下：

1）粗车、精车外圆及总长至尺寸，其余尺寸留 1mm 精车余量（另行加工）。

2）夹具安装在自定心卡盘上并用百分表校正，零件配合安装在夹具型腔内，旋紧螺母，压紧定位壳。

3）利用上述专用刀具车削加工零件一端环槽轮廓及内台阶端面；内孔加工采用 ϕ4mm 键槽铣刀，安装在刀塔上进行内孔加工，否则难以达到加工精度。

4）调头装夹，车削加工另一端的环槽和内孔。

5．工序流程安排

根据加工工艺分析，加工定位陀螺外壳的工序流程安排见表 6-3。

表 6-3　加工定位陀螺外壳的工序流程安排

单位名称		产品名称及型号		零件名称	零件图号
××大学				定位陀螺外壳	072
工序	程序编号		夹具名称	使用设备	工件材料
	Lathe-72		专用夹具	N-84/21 FV-800	钛合金

工步	工步内容	刀号	切削用量	备注	工序简图
1	粗车、精车外圆及总长至尺寸，其余尺寸留 1mm 精车余量（另行加工）	T0101 外圆车刀	$n=500r/min$ $f=0.16mm/r$ $a_p=1mm$	三爪装夹	
2	夹具安装在自定心卡盘上，零件配合安装在夹具型腔内，旋紧螺母，压紧定位壳			用百分表校正夹具	
3	车削加工零件一端环槽和内台阶端面；内孔加工采用 ϕ4mm 键槽铣刀	T1111 ϕ4mm 键槽铣刀	$n=700r/min$ $f=0.08mm/r$ $a_p=0.35mm$	安装在刀塔上进行内孔加工	
4	调头装夹，车削加工另一端的环槽和内孔。	T2424 镗孔刀	$n=700r/min$ $f=0.08mm/r$ $a_p=0.35mm$	专用夹具	

6.2.3 定位陀螺外壳加工自动编程的具体操作

1. 打开绘制的加工轮廓线

打开保存的"定位陀螺外壳"零件轮廓线图层 1,关闭其他图素的图层,结果显示所需要的加工轮廓线,如图 6-29 所示。

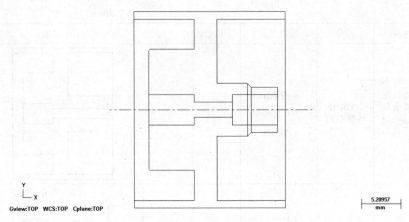

图 6-29 加工轮廓线

2. 设置加工群组属性

在"加工群组属性"对话框中包含材料设置、刀具设置、文件设置和安全区域四项内容。文件设置一般采用默认设置,安全区域根据实际情况设定,本加工实例主要介绍材料设置。

(1)打开设置对话框 选择"机床系统"→"车床"→"系统默认"选项后,弹出"刀具路径"管理器。在"刀具路径"管理器中含有"加工群组 1"树节菜单,选择"加工群组 1"树节点菜单中的"材料设置"选项,系统弹出"加工群组属性"对话框,并自动切换到"材料设置"选项卡。

(2)设置材料参数 在"材料设置"选项卡中设置如下内容:

1)工件材料视角:采用默认设置 TOP 视角。

2)设置 Stock 选项组:在该选项组中选择"左转",如图 6-30 所示。单击 Parameters 按钮,系统弹出图 6-31 所示的 Bar Stock 对话框。

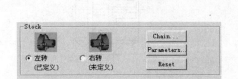

图 6-30 设置 Stock 选项组

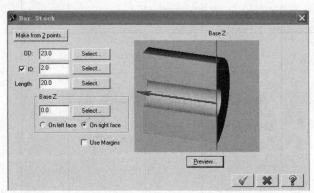

图 6-31 Bar Stock 对话框

在该对话框的 OD 文本框中输入 23.0，在"ID（内孔）"文本框中输入 2.0，在 Length 文本框中输入 20.0，在 Base Z 文本框中输入 0（数据根据采用的坐标系不同而不同），选择基线在毛坯的右端面处 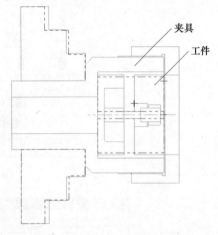 On left face　On right face，单击 Preview…按钮，弹出的材料设置符合预期后，单击该对话框中的"确定"按钮，完成材料参数的设置，同时系统返回"加工群属性"对话框。

技巧提示

为了保证毛坯装夹，毛坯的长度应大于工件长度；在 Base Z 处设置基线位置，文本框中的数值基线的 Z 轴坐标（坐标系以 Mastercam 绘图区的坐标系为基准），左、右端面指基线放置于工件的左端面处或右端面处。

3）"材料设置"选项卡 Chuck 选项组的设置参照 2.1.2　螺纹锥度轴加工自动编程的具体操作。单击"加工群组属性"对话框中的"确定"按钮，完成实例零件工件毛坯和夹爪的设置，如图 6-32 所示。

图 6-32　实例零件工件毛坯和夹爪的设置

3. 自动编程具体步骤

（1）车削加工零件一端环槽　车削本实例零件环槽难度较大，刀具容易损坏，需要上述专用刀具完成。在此只借助自动编程刀具路径方法，刀具需要另外设置而且切削用量较小。

1）在菜单栏中选择"刀具路径"→"径向车槽"选项，或者直接单击"刀具路径"管理器左侧工具栏中的按钮。

2）系统弹出 Grooving Options 对话框，如图 6-33 所示，选择"2points"单选按钮，在该对话框中单击"确定"按钮，完成加工图素方式的选择。

在绘图区中的零件图车削加工轮廓线中依次左键单击，选择车削凹槽区域对角线的点，如图 6-34 所示。选择完成后按 Enter 键。

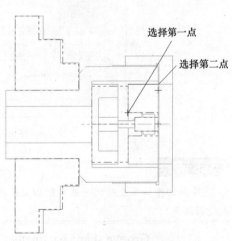

图 6-34　区域选择

图 6-33　Grooving Options 对话框

3）系统弹出"车床开槽 属性"对话框。Mastercam X 车削端面环槽所用刀具需要重新设置。在 Toolpath parameters 选项卡中选择 T3333 切槽刀，双击刀具图案，弹出 Define Tool 对话框。选择 Holders 选项卡，选择图 6-35 所示结构的切槽刀，单击对话框中的"确定"按钮 ，"车床开槽 属性"对话框中显示所选择的端面切槽刀。根据工艺分析要求，设置相应的进给率为 0.1mm/r、主轴转速为 600r/min、Max. spindle 为 900r/min 等，如图 6-36 所示。

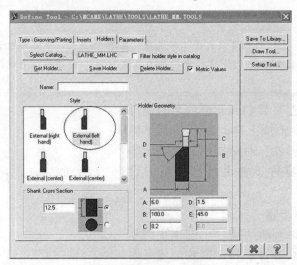

图 6-35　选择切槽刀

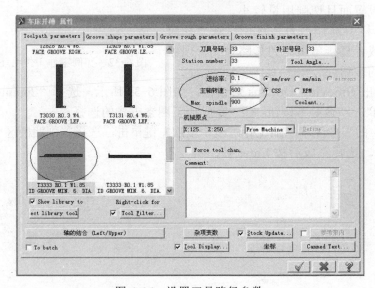

图 6-36　设置刀具路径参数

技巧提示

端面切槽加工速度比一般车削加工速度要小，一般为正常车削加工速度的 1/2 左右。进给时安排多次退刀排屑。

4）设置 Groove shape parameters 选项卡。

① 根据工艺分析要求，设置图 6-37 所示径向车削外形参数。

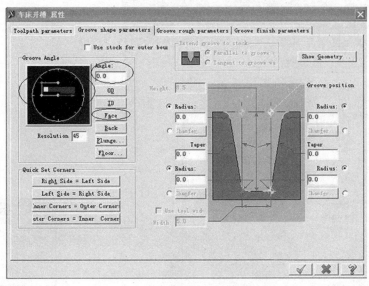

图 6-37 设置径向车削外形参数

② 在 Groove Angle 选项组中设置开槽的开口方向,可采用以下方法设置:一是直接在 Angle 文本框中输入角度值;二是使用鼠标拖动圆盘中的切槽来设置切槽的开口方向(水平方向);三是单击 Face 按钮,将切槽的外径设置在-Z 轴方向。此时角度设置为 0°。

5)选择 Groove rough parameters 选项卡,各参数设置参照 2.1.2 螺纹锥度轴加工自动编程的具体操作。

6)选择 Groove finish parameters 选项卡,各参数设置参照 2.1.2 螺纹锥度轴加工自动编程的具体操作。

7)在"车床开槽 属性"对话框中单击"确定"按钮 ,创建开槽的刀具路径,如图 6-38 所示。

8)在"刀具路径"管理器中选择该操作,单击按钮 ≋ ,隐藏开槽的刀具路径。

(2)加工内孔 内孔加工尺寸精度要求较高,采用 ϕ4mm 键槽铣刀安装在刀塔上进行内孔加工。自动编程采用钻孔刀具路径方法。

1)在菜单栏中选择"刀具路径"→"钻孔"选项,或者直接单击"刀具路径"管理器左侧工具栏中的按钮 。

2)在 Toolpath parameters 选项卡中选择 T4141 刀具,并双击此图标,在弹出的 Define

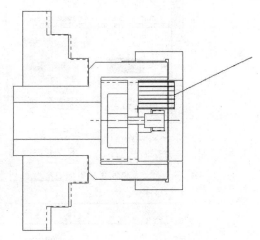

图 6-38 创建开槽的刀具路径

Tool 对话框中选择平铣刀类型,设置刀具直径为 4mm 如图 6-39 所示。单击"确定"按钮 。

在"车床钻孔 属性"对话框"机械原点"选项组中选择 User defined 选项,并单击 Define 按钮,系统弹出图 6-40 所示对话框。输入坐标值(25,50)作为换刀点位置,其他采用默认值,设置完成后单击"确定"按钮 。

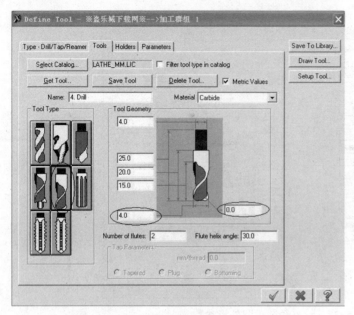

图 6-39 设置刀具

图 6-40 Home Position-
User Defined 对话框

根据工艺要求，设置相应的进给率、主轴转速和 Max. spindle 等，如图 6-41 所示。

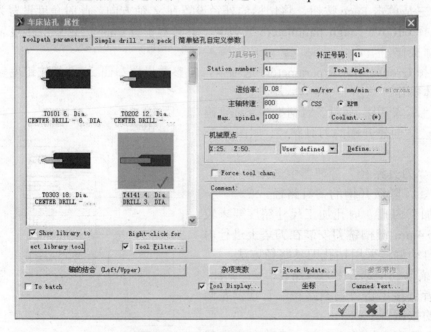

图 6-41 设置刀具路径参数

3）选择 Simple drill-no peck 选项卡，设置钻孔"深度"为-7.0。本实例的内孔加工不选择 Drill tip compens 复选框，其他参数采用默认设置，如图 6-42 所示。

4）在"车床钻孔 属性"对话框中单击"确定"按钮 ，创建钻孔的刀具路径，如图 6-43 所示。

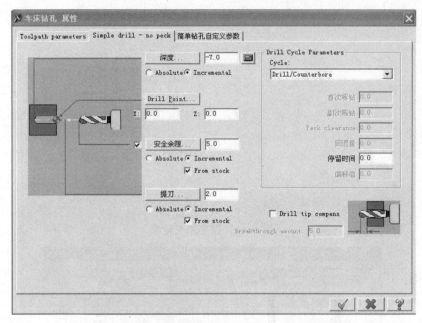

图 6-42　设置 Simple drill-no peck 选项卡

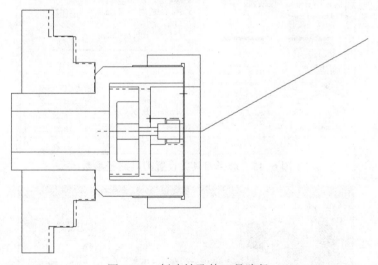

图 6-43　创建钻孔的刀具路径

（3）加工内台阶端面　利用镗孔刀具路径将内台阶的端面精车到尺寸。

1）在菜单栏中选择"刀具路径"→"精车"选项，或者直接单击"刀具路径"，管理器左侧工具栏中的按钮 ☞。

2）按顺序指定加工轮廓，如图 6-44 所示。在"串连选项"对话框中单击"确定"按钮 ☑，系统弹出"车床精加工 属性"对话框。

3）在 Toolpath parameters 选项卡中选择 T0909 车刀，并按工艺要求设置相应的参数，如图 6-45 所示。

4）选择 Finish parameters 选项卡，设置精车参数，如图 6-46 所示。

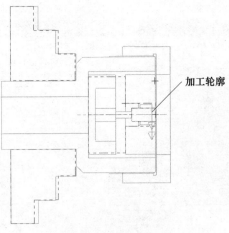

图 6-44　指定加工轮廓

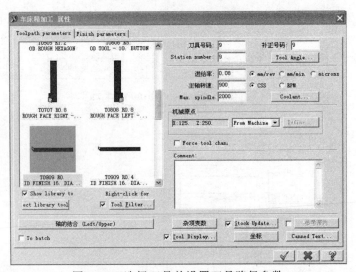

图 6-45　选择刀具并设置刀具路径参数

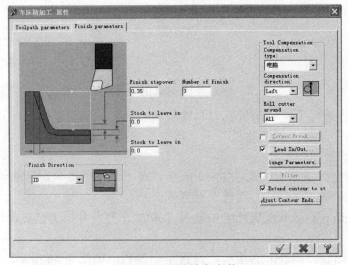

图 6-46　设置精车参数

5）在"车床精加工 属性"对话框中单击"确定"按钮 ，创建内台阶端面精车的刀具路径，如图 6-47 所示。

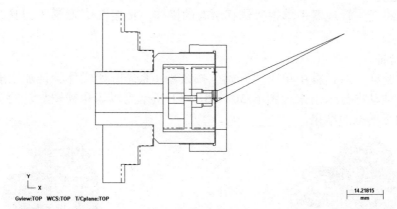

图 6-47　创建内台阶端面精车的刀具路径

（4）调头装夹车削加工另一端面及环槽　参照上述操作步骤（1），自动编程加工另一端面及环槽的刀具路径，如图 6-48 所示。

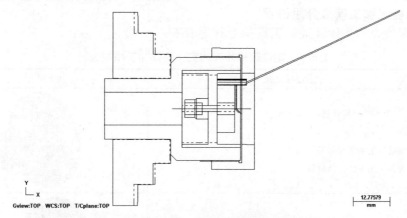

图 6-48　创建另一端面及环槽的刀具路径

（5）加工另一端内孔　参照上述操作步骤（2），自动编程加工另一端内孔的刀具路径，如图 6-49 所示。

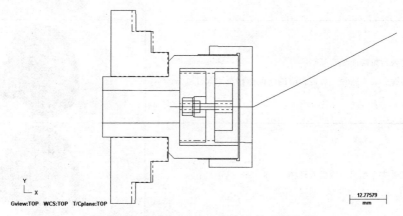

图 6-49　创建加工另一端内孔的刀具路径

6.2.4 实体验证加工模拟

1. 打开工具栏

在"刀具路径"管理器中单击"选择所有的操作"按钮 ，激活"刀具路径"管理器工具栏。

2. 实体验证

在"实体验证"对话框中单击"开始"按钮 ▶，系统开始实体验证加工模拟。每道工步的刀具路径被动态显示出来。图 6-50、图 6-51 所示为以等角视图显示的实体验证加工模拟和调面加工模拟的结果。

图 6-50 实体验证加工模拟的结果（定位陀螺外壳）   图 6-51 调面加工模拟的结果（定位陀螺外壳）

3. 实体验证加工模拟分段讲解

定位陀螺外壳的实体验证加工模拟过程见表 6-4。

表 6-4 定位陀螺外壳的实体验证加工模拟过程

序号	加工过程注解	加工过程示意
1	车削加工零件一端环槽 注意： 1）端面车削加工采用专用刀具 2）刀具采用 YG 刀具材料	
2	加工内孔 注意： 内孔加工尺寸精度要求较高，采用 ϕ4mm 键槽铣刀，安装在刀塔上进行内孔加工。自动编程采用钻孔刀具路径	
3	加工内台阶端面 采用镗孔刀具路径，将内台阶的端面槽精车到尺寸	
4	调头装夹车削另一端面及环槽	

（续）

序号	加工过程注解	加工过程示意
5	加工另一端内孔 注意： 　内孔加工采用 ϕ4mm 键槽铣刀，安装在刀塔上进行内孔加工，保证达到加工精度	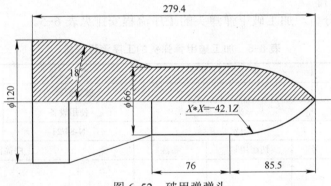

6.2.5　执行后处理

具体步骤参照 6.1.5　执行后处理。

6.3　破甲弹弹头加工实例

图 6-52 所示为破甲弹弹头。零件毛坯尺寸为 ϕ130mm×300mm，根据其结构和待加工部位的特点，选择较优的切削方式和刀具轨迹形式，在一定程度上能改善产品的加工质量，提高数控加工的效率。

图 6-52　破甲弹弹头

破甲弹弹头在破甲弹中起引导作用，用它引导击中目标，该零件包括外圆柱面、圆锥面、弹头部分的抛物线轨迹等加工要素，其外形精度要求较高。通过该实例介绍，掌握特形面车削加工编程的方法，而不采用宏程序编程的复杂方法。运用 Mastercam X 强大的计算模块功能，可以简单、快捷地编制出加工程序。本实例是对抛物线方程为 $X^2=-42.1Z$ 的轨迹零件的加工编程，具体操作如下。

6.3.1　打开绘图文件

打开保存的"破甲弹弹头"文件，显示零件实体图形，如图 6-53 所示。

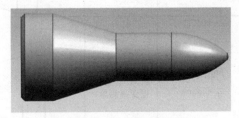

图 6-53　零件实体图形

6.3.2　破甲弹弹头的加工工艺流程分析

1．结构分析

如图 6-52 所示，该零件由 $\phi 66$ 和 $\phi 120$ 的圆柱面、36° 圆锥面及抛物线轨迹的弹头部分加工要素组成，结构简单，但抛物线为 $X^2 = -42.1Z$ 的轨迹加工时的编程较复杂，而运用 Mastercam X 对抛物线轨迹进行加工编程就相对简单得多。

2．定位及装夹分析

车削加工时，零件采用三爪装夹方法，根据零件的外部特征、尺寸精度设计以及相关的技术要求，该零件采用毛坯为 $\phi 130\text{mm} \times 300\text{mm}$ 的圆棒料。

3．加工工步分析

经过以上剖析，破甲弹弹头的加工顺序如下：

1）车端面。

2）夹持左端，粗车右端外圆。

3）精车右端外圆。

4）调头夹持右端外圆，车端面控制总长，粗、精车外圆。

4．工序流程安排

根据加工工艺分析，加工破甲弹弹头的工序流程安排见表 6-5。

表 6-5　加工破甲弹弹头的工序流程安排

单位名称		产品名称及型号		零件名称	零件图号
××大学				破甲弹弹头	076
工序	程序编号	夹具名称		使用设备	工件材料
	Lathe-76	自定心卡盘		N-84/21	45 钢
工步	工步内容	刀号	切削用量	备注	工序简图
1	车端面	T0101 外圆刀	n=900r/min f=0.2mm/r a_p=2mm	三爪装夹	
2	夹持左端，粗车右端外圆	T0101 外圆刀	n=900r/min f=0.2mm/r a_p=2mm		
3	精车右端外圆	T1111 外圆精车刀	n=900r/min f=0.1mm/r a_p=0.35mm	抛物线为 $X^2 = -42.1Z$ 的轨迹加工编程变得简单	

288

（续）

工步	工步内容	刀号	切削用量	备注	工序简图
4	车端面控制总长，粗、精车外圆	T1111 外圆精车刀	n=800r/min f=0.08mm/r a_p=0.5mm	调头夹持右端外圆	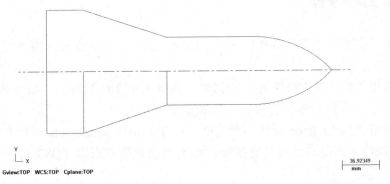 $X*X$=−42.1Z

6.3.3　破甲弹弹头加工自动编程的具体操作

1. 打开绘制的加工轮廓线

打开保存的"破甲弹弹头"零件轮廓线图层 1，关闭其他图素的图层，结果显示所需要的加工轮廓线，如图 6-54 所示。

图 6-54　加工轮廓线图

2. 设置加工群组属性

在"加工群组属性"对话框中包含材料设置、刀具设置、文件设置和安全区域四项内容。文件设置一般采用默认设置，安全区域根据实际情况设定，本加工实例主要介绍材料设置。

（1）打开设置对话框　选择"机床系统"→"车床"→"系统默认"选项后，弹出"刀具路径"管理器。在"刀具路径"管理器中含有"加工群组 1"树节菜单，选择"加工群组 1"树节点菜单中的"材料设置"选项，系统弹出"加工群组属性"对话框，并自动切换到"材料设置"选项卡。

（2）设置材料参数

在"材料设置"选项卡中设置如下内容：

1）在 Stock 选项组中选择"左转"，如图 6-55 所示。

图 6-55　设置 Stock 选项组

单击 Parameters 按钮，系统弹出 Bar Stock 对话框。设置符合预期的材料后，单击该对话框中的"确定"按钮☑。

2）"加工群组属性"对话框中 Chuck 选项组的设置参照 2.1.2　螺纹锥度轴加工自动编程的具体操作。单击该对话框中的"确定"按钮☑，完成实例零件工件毛坯和夹爪的设置，如图 6-56 所示。

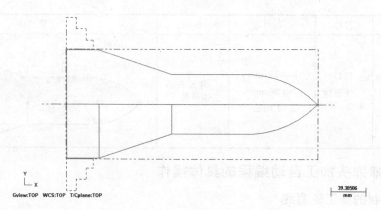

Y
└ X
Gview:TOP   WCS:TOP   T/Cplane:TOP

39.38506
mm

图 6-56   设置的工件毛坯和夹爪

3．自动编程具体步骤

（1）车端面

1）在菜单栏中选择"刀具路径"→"车端面"选项，或者直接单击"刀具路径"管理器左侧工具栏中的按钮 ▦。

2）系统弹出"输入新 NC 名称"对话框。输入新的 NC 名称为"破甲弹弹头"，单击"确定"按钮 ✓（有的版本可直接进入参数设置窗口）。

3）系统弹出"Lathe Face 属性"对话框。在 Toolpath parameters 选项卡中选择 T0101 外圆车刀，并按照工艺要求设置其他参数。此实例设置换刀点为（D80　Z20），如图 6-57 所示。

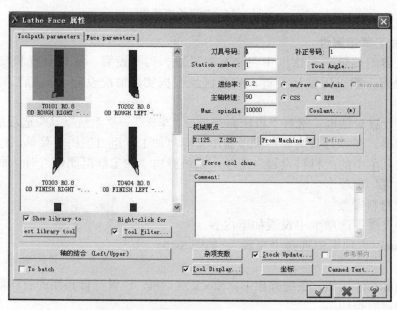

图 6-57   选择车刀并设置刀具路径参数

4）选择 Face Parameters 选项卡，在 Maximum number of finish 文本框中设置精车次数为 2，根据工艺要求设置车端面的其他参数，如图 6-58 所示。

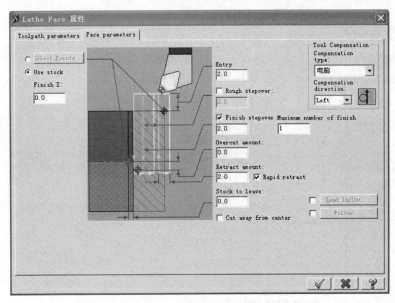

图 6-58　设置车端面的参数

5）使用下列方法之一选择车削端面区域。

① 选择 Select Points 单选按钮并单击，在绘图区分别选择车削端面区域对角线的两点坐标，确定后返回 Face parameters 选项卡。

② 选择 Use stock 单选按钮，在 Finish Z 文本框中输入零件端面 Z 向坐标（坐标系原点不同数据也不同）。

6）在"Lathe Face 属性"对话框中单击"确定"按钮 ，创建车端面的刀具路径，如图 6-59 所示。

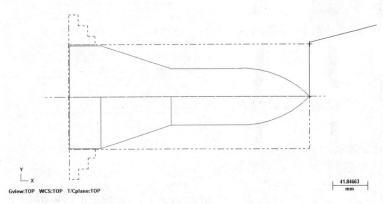

图 6-59　创建车端面的刀具路径

（2）夹持左端粗车右端外圆

1）在菜单栏中选择"刀具路径"→"粗车"选项。或者直接单击"刀具路径"管理器左侧工具栏中的按钮 。

2）系统弹出"串连选项"对话框，如图 6-60 所示。

单击"部分串连"按钮 ，并选择"等待"复选框，按顺序选择粗车轮廓外形，如图 6-61 所示。在"串连选项"对话框单击"确定"按钮 ，完成粗车轮廓外形的选择。

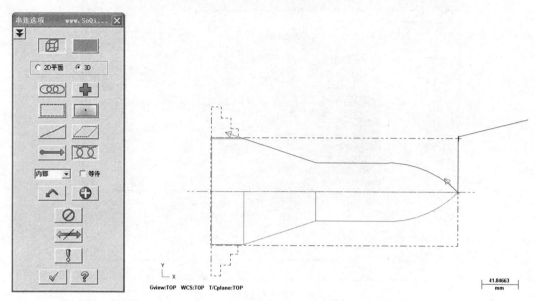

图 6-60 "串连选项"对话框 　　　　　　图 6-61 选择粗车轮廓外形

3）系统弹出"车床粗加工 属性"对话框。在 Toolpath parameters 选项卡中选择 T0101 外圆车刀，并根据工艺要求设置相应的进给率、下刀速率、主轴转速和 Max. spindle 等参数，如图 6-62 所示。

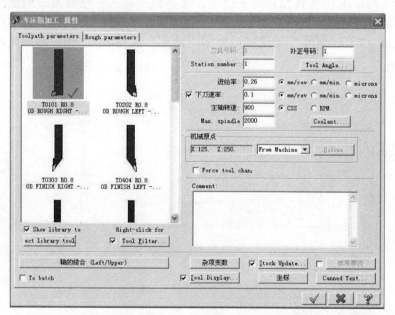

图 6-62 选择刀具并设置刀具路径参数（右端外圆）

4）选择 Rough parameters 选项卡，根据工艺分析设置粗车参数，本实例采用系统默认设置。

5）在"车床粗加工 属性"对话框单击"确定"按钮 ✓ ，创建粗车右端外圆的刀具路径，如图 6-63 所示。

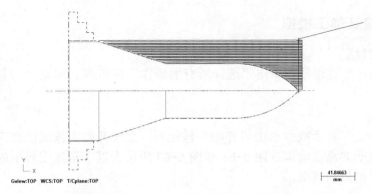

图 6-63　创建粗车右端外圆的刀具路径

（3）夹持左端精车右端外圆　在菜单栏中选择"刀具路径"→"精车"选项，或者直接单击"刀具路径"管理器左侧工具栏的按钮 ，其余步骤参考上述介绍的步骤（2），创建精车右端外圆的刀具路径，如图 6-64 所示。

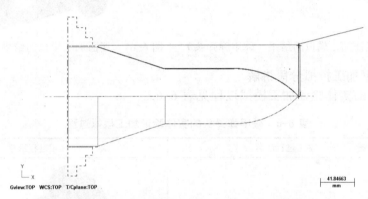

图 6-64　创建精车右端外圆的刀具路径

（4）车端面、控制总长　调头夹持右端外圆，车削加工端面，控制总长。车端面及粗、精车外圆的操作参照上述介绍步骤，创建的加工刀具路径如图 6-65 所示。

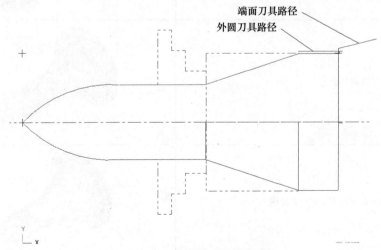

图 6-65　创建的加工刀具路径

6.3.4 实体验证加工模拟

1. 打开工具栏

在"刀具路径"管理器中单击"选择所有的操作"按钮 ，激活"刀具路径"管理器的工具栏。

2. 实体验证

在"实体验证"对话框中单击"开始"按钮 ▶，系统开始实体验证加工模拟。每道工步的刀具路径被动态显示出来。图 6-66 和图 6-67 所示为以等角视图显示的实体验证加工模拟和调面加工模拟的结果。

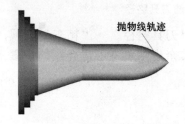

抛物线轨迹

图 6-66　实体验证加工模拟的结果（破甲弹弹头）　　图 6-67　调面加工模拟的结果（破甲弹弹头）

3. 实体验证加工模拟分段讲解

破甲弹弹头的实体验证加工模拟过程见表 6-6。

表 6-6　破甲弹弹头的实体验证加工模拟过程

序号	加工过程注解	加工过程示意
1	车端面	
2	粗车右端外圆	
3	粗车抛物线 $X^2 = -42.1Z$ 轮廓	

（续）

序号	加工过程注解	加工过程示意
4	精车右端外圆至尺寸	
5	调头夹持，车端面控总长	
6	调头夹持右端外圆，车削加工外圆	

6.3.5　执行后处理

具体步骤 6.1.5　执行后处理。

第7章 多轴铣削加工复杂零件难点分析实例

本章通过实例介绍综合运用二维铣削加工、三维铣削加工刀具路径解决复杂形状零件的加工问题，除了介绍三轴或三轴以下的加工方法外，还介绍四轴、五轴加工的方法。

Mastercam X 除了提供三轴或三轴以下的加工方法外，还提供了四轴、五轴加工。通常将三轴以上的加工称为多轴加工，如四轴加工、五轴加工。四轴加工指在三轴加工的基础上增加一个旋转轴，可以加工具有旋转轴的零件或沿某一个轴四周需加工的零件；五轴加工是在三轴加工的基础上添加两个回转轴来加工。从原理上来讲，五轴加工可同时使五轴连续独立运动，可以加工特殊五面体和任意形状的曲面。

对复杂型面零件进行自动编程，运用 Mastercam X 提供的二维铣削加工、三维铣削加工刀具路径，包括曲面粗加工方法和曲面精加工方法等，其中曲面粗加工方法有平行铣削粗加工、放射状铣削粗加工、投影铣削粗加工、曲面流线铣削粗加工、等高外形铣削粗加工、残料铣削粗加工、挖槽铣削粗加工和钻削式铣削粗加工，曲面精加工方法有平行铣削精加工、陡斜面精加工、放射状精加工、投影精加工、曲面流线精加工、等高外形精加工、浅平面精加工、交线清角精加工、残料清角精加工、环绕等距精加工和熔接精加工。

对复杂型面零件的工艺分析，首先是从图样入手，根据零件的二维图，对零件进行零件图样分析（尺寸精度分析、几何精度分析）、零件结构分析及零件毛坯尺寸工艺分析；然后根据分析结果，将其分解成多次简单加工的加工方式，如外形铣削、型腔加工、钻孔加工、平面加工、曲面加工、实体加工以及多轴加工。其步骤一般为绘制图形、建模和生成程序。

本章通过综合实例的形式来介绍三轴或三轴以上的加工方法的应用知识及实战技巧，特别是曲面加工中避免运用曲面铣削加工的刀具路径，这样既简化了自动编程的操作步骤，又使自动编程的复杂程度降低，缩短了编程时间，是高级编程员必须掌握的技巧之一。

7.1 曲面内腔加工实例

图 7-1 所示为由曲面内腔构成的零件。底部为圆弧曲面，槽壁设有加强肋。加强肋由 4 个大直径圆柱和 4 个小直径圆柱组成，大直径圆柱与小直径圆柱均匀排布，其加工涉及铣削模块的三维曲面加工，包括曲面粗加工挖槽、曲面粗加放射状、曲面精加工平行铣削和曲面精加工交线清角。

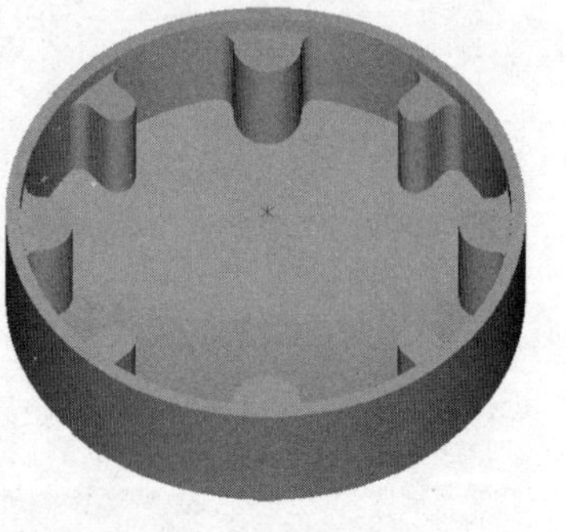

图 7-1 曲面内腔零件

对曲面内腔加工，如果手工编程，将会很复杂，根据工艺要求运用 Mastercam X 进行自动编程，则可以简单、方便、快捷地加工出零件。

7.1.1　曲面内腔加工自动编程前的准备

1．打开文件

启动 Mastercam X，激活创建文件功能，打开"曲面内腔加工.mcx"文件。

2．零件图分析

如图 7-1 所示，该零件结构较为简单，加工主要内容为铣削加工圆柱形状的凸起曲面和圆弧形状的凹型槽。

3．配合要求分析

该零件几何公差要求平面与曲面内腔加工时"一刀下"，对尺寸要求不高。

4．工艺分析

根据曲面内腔造型的特点，首先确保机床加工系统（在菜单中选择"机床类型"→"铣床"→"系统默认"命令），接着进行相应的曲面粗加工和曲面精加工操作。在进行铣削加工时，通常曲面精加工采用比曲面粗加工直径更小的刀具，具体加工工步如下：

（1）保证一次装夹完成加工，装夹时校平

（2）采用下列铣削加工形式

1）曲面粗加工挖槽铣削加工。

2）曲面粗加工放射状铣削加工。

3）曲面精加工平行铣削加工。

4）曲面精加工交线清角铣削加工。

7.1.2　曲面内腔加工自动编程的具体操作

1．设置工件材料

1）设置机床为默认的铣床加工系统。

2）在"加工群组属性"对话框中设置工件材料参数，如图 7-2 所示。单击"确定"按钮，完成加工群组属性设置。

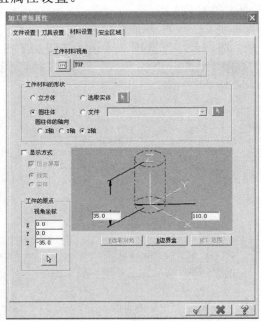

图 7-2　设置工件材料参数

3）工件材料设置完成后，根据工艺安排依次进行曲面加工自动编程操作，具体工步如图 7-3 所示。铣削加工完成操作创建的铣削加工刀具路径如图 7-4 所示。

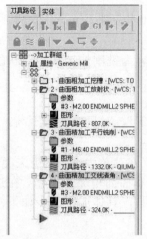

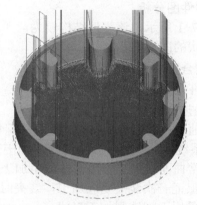

图 7-3　铣削加工具体工步（曲面内腔）　　　图 7-4　铣削加工的刀具路径（曲面内腔）

2．自动编程具体步骤

（1）曲面粗加工挖槽铣削加工

1）在菜单栏中选择"刀具路径"→"曲面粗加工"→"挖槽"选项。

2）系统弹出"选取曲线去投影 1"提示框，使用鼠标框选所有的曲面，按 Enter 键或者单击按钮 ⬤ 确认。

3）在"刀具路径的曲面选取"对话框中单击"确定"按钮 ☑。

4）系统弹出"曲面粗加工挖槽"对话框。选择"刀具参数"选项卡，单击"选取刀库"按钮，系统弹出"刀具选择"对话框，从 Steel-MM.TOOLS 刀具库的刀具列表框中选择 φ8mm 的球刀，然后单击"刀具选择"对话框中的"确定"按钮 ☑，并根据工艺分析要求设置进给率、主轴转速和下刀速率等参数。

5）选择"曲面参数"选项卡，设置曲面参数。

6）选择"粗加工参数"选项卡，设置图 7-5 所示的粗加工参数。

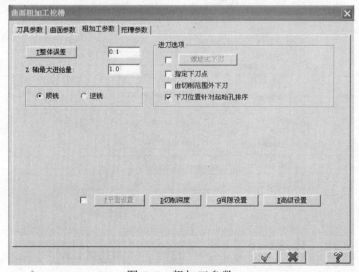

图 7-5　粗加工参数

7）选择"挖槽参数"选项卡，设置挖槽参数。

8）在"曲面粗加工挖槽"对话框中单击"确定"按钮☑，创建曲面粗加工挖槽的刀具路径如图 7-6 所示，实体验证加工模拟如图 7-7 所示。

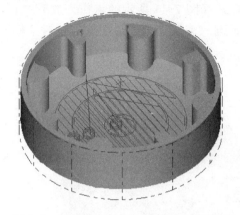

图 7-6　创建曲面粗加工挖槽的刀具路径

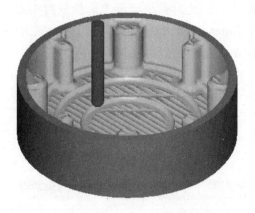

图 7-7　实体验证加工模拟（挖槽）

（2）曲面粗加工放射状铣削加工

1）选择"刀具路径"→"曲面粗加工"→"放射状"选项。

2）系统弹出"选取工件的形状"对话框。选择"凹"单选按钮，如图 7-8 所示；然后单击"确定"按钮☑。

3）系统弹出"选取加工曲面"提示框，使用鼠标框选所有的曲面，按 Enter 键或者单击按钮●确认。系统弹出图 7-9 所示的"刀具路径的曲面选取"对话框。

图 7-8　"选取工件的形状"对话框

图 7-9　"刀具路径的曲面选取"对话框

4）在"刀具路径的曲面选取"对话框的"干涉曲面"选项组中单击"显示"按钮，弹出"刀具路径/曲面资料"对话框，显示干涉面检查结果，如图 7-10 所示。单击"确定"按钮✓。

5）在"刀具路径的曲面选取"对话框的"选取放射中心点"选项组中单击"中心点"按钮🖫，此时系统提示"选择放射中心"。使用鼠标选择图 7-11 所示的点作为放射中心，按 Enter 键确认，从而将原点作为放射中心；然后返回"刀具路径的曲面选取"对话框，单击"确定"按钮✓。

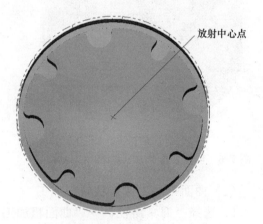

放射中心点

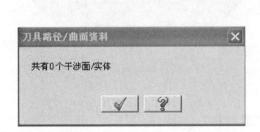

图 7-10　干涉面检查结果　　　　　　　　　　图 7-11　选择放射中心

6）系统弹出"曲面粗加工放射状"对话框。从刀具库中选择 ϕ2mm 硬质合金球刀，并设置进给率、下刀速率和主轴转速等参数。

7）选择"曲面参数"选项卡，设置曲面参数。选择 N 进/退刀向量复选框并单击该按钮，系统弹出"进/退刀向量"对话框，设置图 7-12 所示的参数。适当将进/退刀的引线长度和切入切出圆弧的半径设置得小一些，以减少空刀路径，单击"确定"按钮✓。

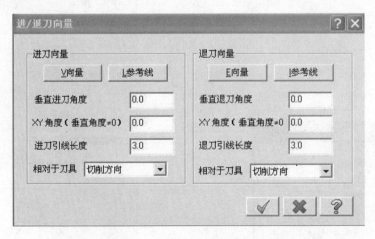

图 7-12　设置进/退刀向量参数

8）选择"放射状粗加工参数"选项卡，设置图 7-13 所示的放射状粗加工参数。依次单击"D 切削深度""G 间隙设置""E 高级设置"按钮，设置相应符合工艺要求的参数；然后单击"确定"按钮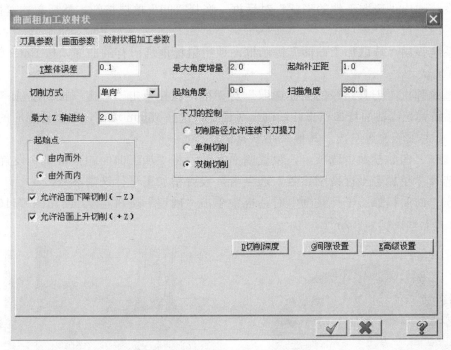。

图 7-13　设置放射状粗加工参数

9）在"曲面粗加工放射状"对话框中单击"确定"按钮，创建曲面放射状粗加工的刀具路径如图 7-14 所示。

单击按钮，隐藏创建的刀具路径。

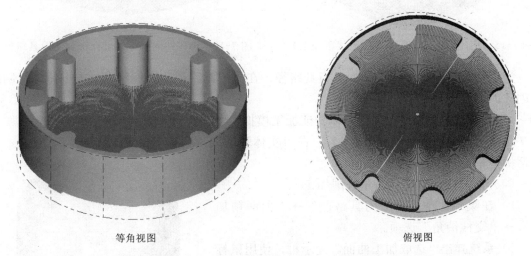

等角视图　　　　　　　　　　　　俯视图

图 7-14　创建曲面放射状粗加工的刀具路径

10）进行实体验证加工模拟操作，如图 7-15 所示。

（3）曲面精加工平行铣削加工　其自动编程的具体步骤参照 5.1.3　底板盒加工自动编程的具体操作。

1）在菜单栏中选择"刀具路径"→"曲面精加工"→"平行铣削"选项。

2）系统弹出"选取工件的形状"对话框。选择"凹"单选按钮，然后单击"确定"按钮 。

3）系统弹出"选取加工曲面"提示框，使用鼠标框选所有的曲面，按 Enter 键或者单击按钮 确认。

4）系统弹出"刀具路径的曲面选取"对话框，直接单击"确定"按钮 。

5）系统弹出"曲面精加工平行铣削"对话框，选择ϕ6mm 球刀，并设置相应的进给率、下刀速率及主轴转速等参数，其他采用默认值。

6）选择"曲面参数"选项卡，设置曲面参数，将"加工曲面的预留量"设置为 0。

7）选择"精加工平行铣削参数"选项卡，设置精加工平行铣削参数。

8）在"曲面精加工平行铣削"对话框中单击"确定"按钮 。创建图 7-16 所示的曲面精加工平行铣削刀具路径。

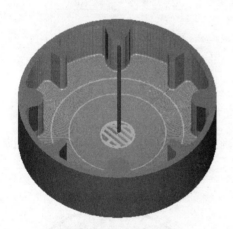

图 7-15　实体验证加工模拟（放射状粗加工）

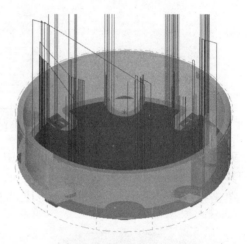

图 7-16　创建曲面精加工平行铣削的刀具路径

为了便于观察后续创建的加工刀具路径，在"刀具路径"管理器中单击按钮 ，隐藏新创建的刀具路径。

9）选择该刀具路径，进行实体验证加工模拟，如图 7-17 所示。完成刀具路径模拟后，在"实体验证"对话框中单击"确定"按钮 。

（4）曲面精加工交线清角铣削加工

1）在菜单栏中选择"刀具路径"→"曲面精加工"→"交线清角"选项。

2）系统弹出"选取加工曲面"提示框，使用鼠标框选所有的曲面，按 Enter 键或者单击按钮 确认。

3）系统弹出图 7-18 所示"刀具路径的曲面选取"对话框，单击"确定"按钮 。

4）系统弹出"曲面精加工交线清角"对话框。选

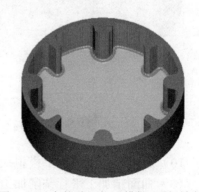

图 7-17　实体验证加工模拟（平行铣削）

择"刀具参数"选项卡，设置图 7-19 所示的刀具参数，其中刀具选择 $\phi2mm$ 的硬质合金球刀。

图 7-18　"刀具路径
的曲面选取"对话框

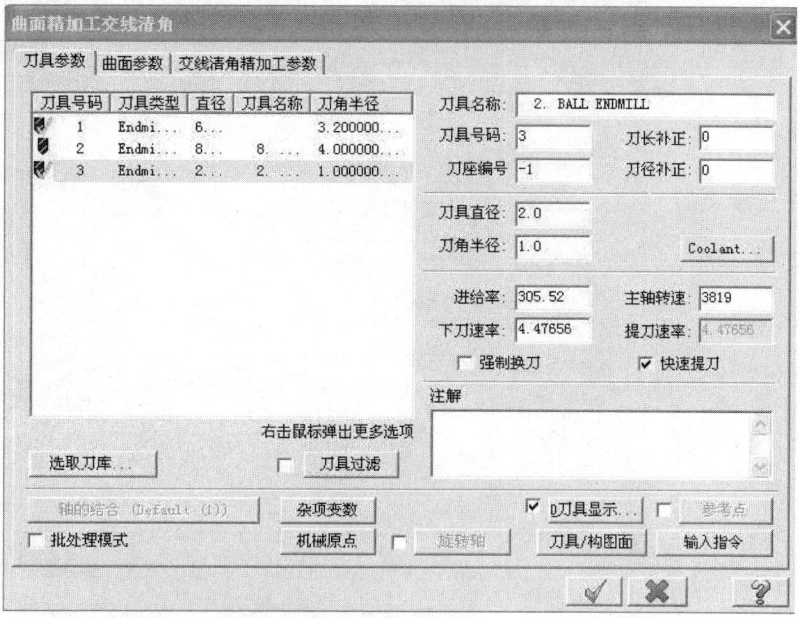

图 7-19　选择刀具并设置刀具参数（交线清角）

5）选择"曲面参数"选项卡，设置图 7-20 所示的曲面参数。

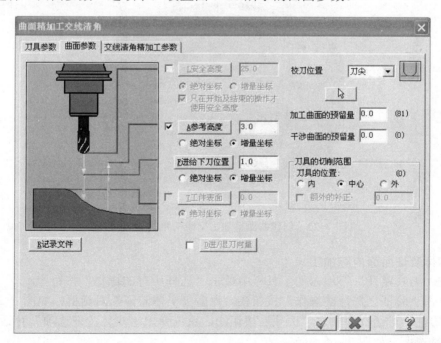

图 7-20　设置曲面参数（交线清角）

6）选择"交线清角精加工参数"选项卡，设置图 7-21 所示的交线清角精加工参数。

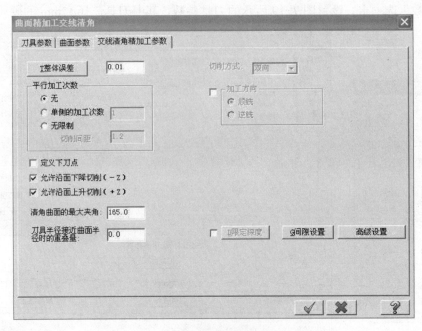

图 7-21　设置交线清角精加工参数

7）在"曲面精加工交线清角"对话框中单击"确定"按钮 ，创建曲面精加工交线清角的刀具路径如图 7-22 所示。

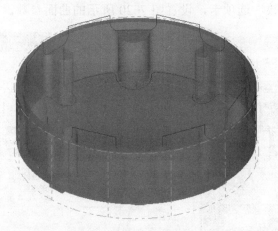

图 7-22　创建曲面精加工交线清角的刀具路径

3. 实体验证曲面内腔加工

1）在"刀具路径"管理器的工具栏中单击"选择所有的操作"按钮 。

2）单击"验证已选择的操作"按钮 ，弹出"实体验证"对话框，如图 7-23 所示。在"实体验证"对话框中单击"选项"按钮 ，系统弹出"实体验证选项"对话框。选择"排屑"复选框，如图 7-24 所示。

3）单击"C 设置颜色"按钮，系统弹出"着色验证的颜色设置"对话框，如图 7-25 所示。完成设置后单击"确定"按钮 。

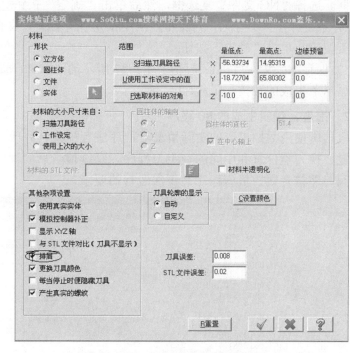

图 7-23　"实体验证"对话框　　　　　　　图 7-24　设置实体验证选项

　　4）在"实体验证"对话框中单击"机床开始执行加工模拟"按钮 ▶，系统开始实体验证加工模拟。每道工步的刀具路径被动态显示出来。图 7-26 所示为以等角视图显示的实体验证加工模拟结果。

　　5）单击"确定"按钮 ✔，结束实体验证加工模拟操作。

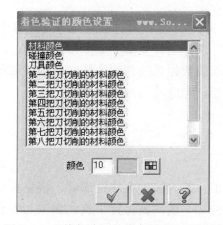

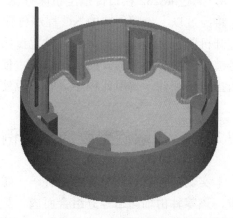

图 7-25　"着色验证的颜色设置"对话框　　　图 7-26　实体验证加工模拟的结果（曲面内腔）

7.1.3　执行后处理

1．保存生成的 NC 程序

1）在"刀具路径"管理器中单击"后处理程式"按钮 G1，系统弹出"后处理程式"

对话框。选择"NC 文件"复选框，然后单击"确定"按钮 ✓。

　　2）系统弹出"另存为"对话框，从中指定保存位置、文件名（本实例为曲面内腔）及保存类型等，单击"确定"按钮 ✓。

　　3）保存 NC 文件后，系统弹出图 7-27 所示的"Mastercam X 编辑器"。在该编辑器窗口中显示了生成的数控加工程序。

2. 检查、编辑生成的 NC 程序

　　根据所使用数控机床的实际情况对程序进行检查、修改，包括 NC 程序的代码、起刀点位置、换刀点位置和中间的空走刀程序。经过检查后的程序，要求减少空行程，缩短加工时间，并符合数控机床程序及正常运行的要求。

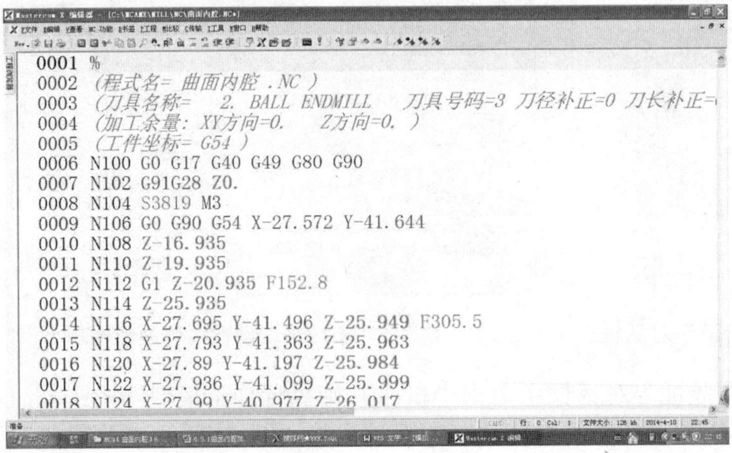

图 7-27　"Mastercam X 编辑器"窗口

3. 通过 RS232 接口传输至机床存储

　　将经过以上步骤创建的 NC 程序传输至数控机床，具体步骤：通过 RS232 联系功能窗口打开机床传送功能，机床参数设置参照机床说明书，选择软件菜单栏中"传送"功能。传送前，调整后处理程式的数控系统，使之与数控机床的数控系统匹配，传送的程序即可在数控机床存储。调用此程序，即可驱使数控机床运行，完成曲面内腔的加工。

7.2　石蜡模螺旋型腔加工实例

　　本实例零件是石蜡模配合组件——螺旋型腔的加工，其内腔为大螺距螺纹。根据模具要求，该零件由轴向三等分组合而成，型腔径向三等分之一的两侧保持平整，保证与中心平面的对称度。

　　图 7-28 所示为型腔的径向三等分之一图样，图 7-29 所示为建模实体效果图。三个组件构成型腔的零件，铣削加工底部为平面，内腔为大螺距螺纹，其加工涉及铣削模块的三维曲面加工刀具路径，包括曲面粗加工平行铣削、挖槽、刀具路径，曲面精加工平行铣削、陡斜面、交线清角刀具路径。

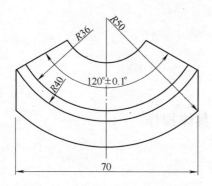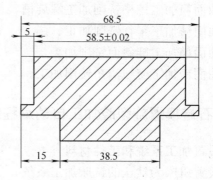

两侧平面铣削时，保证与中心平面的对称。

图 7-28　径向三等分之一的型腔部件

图 7-29　建模实体效果图

螺旋型腔的零件加工程序复杂，但运用 Mastercam X 软件可以简单、方便、快捷地进行自动编程，完成零件加工。

7.2.1　石蜡模螺旋型腔加工自动编程前的准备

1．打开文件
启动 Mastercam X，激活创建文件功能，打开"石腊模螺旋型腔加工.mcx"文件。

2．零件图分析
该零件结构简单，主要是铣削加工大螺距螺旋型腔。铣削加工型腔采用在一段材料上加工三个径向三等分之一部件，侧面成 120°夹角，车削加工 $\phi80^{+0}_{-0.01}$ mm 外圆柱；铣削加工以底部平面为定位基准，对表面质量要求较高。

3．工艺分析
根据该螺旋型腔造型的特点，具体加工工步如下：
1）曲面粗加工平行铣削加工侧面（成 120°夹角）。
2）曲面精加工平行铣削加工侧面。

3）曲面粗加工挖槽铣削加工螺旋槽。

4）曲面精加工平行铣削加工。

5）曲面精加工陡斜面铣削加工。

6）曲面精加工交线清角铣削加工。

7.2.2 石蜡模螺旋型腔加工自动编程的具体操作

1. 设置加工系统和工件材料

1）设置机床为默认的铣床加工系统。

2）在"加工群组属性"对话框中设置工件材料参数。

3）工件材料设置完成后，按照工艺要求进行自动编程操作，其具体工步如图 7-30 所示。完成自动编程操作创建的铣削加工刀具路径如图 7-31 所示。

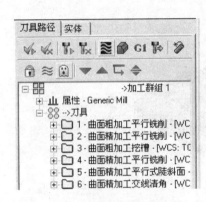

图 7-30 铣削加工的具体工步
（石蜡模螺旋型腔）

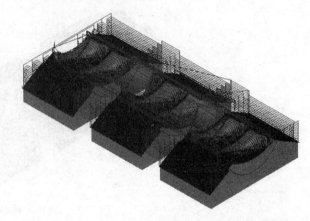

图 7-31 铣削加工的刀具路径（石蜡模螺旋型腔）

2. 自动编程具体步骤

（1）曲面粗加工平行铣削加工侧面（成 120°夹角）

1）在菜单栏中选择"刀具路径"→"曲面粗加工"→"平行铣削"选项。

2）系统弹出"选取工件的形状"对话框。选择"凹"单选按钮，单击"确定"按钮 ✓。

3）系统弹出"选取加工曲面"提示框，使用鼠标框选所有的曲面，按 Enter 键或者单击按钮 ● 确认。

4）系统弹出"刀具路径的曲面选取"对话框，直接单击"确定"按钮 ✓。

5）系统弹出"曲面粗加工平行铣削"对话框。选择 ϕ8mm 球刀，并设置相应的进给率、下刀速率和主轴转速等参数，其他采用默认值。

6）选择"曲面参数"选项卡，设置曲面参数，将"加工曲面的预留量"设置为 0.5。

7）选择"粗加工平行铣削参数"选项卡，设置图 7-32 所示的粗加工平行铣削参数。依次单击"<u>D</u> 切削深度""<u>G</u> 间隙设置""<u>E</u> 高级设置"按钮，进入对话框并设置相应参数。

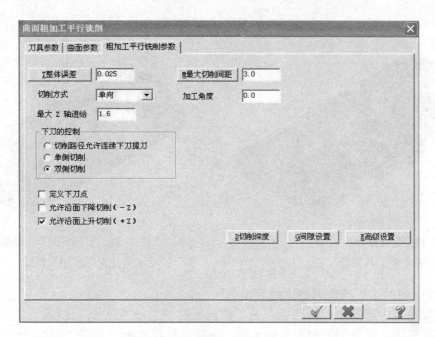

图 7-32　设置粗加工平行铣削参数

8）在"曲面粗加工平行铣削"对话框中单击"确定"按钮 ✓，创建图 7-33 所示的曲面粗加工平行铣削刀具路径。

为了便于观察后续创建的加工刀具路径，单击按钮 ≋，隐藏新创建的刀具路径。

9）选择该刀具路径，进行实体验证加工模拟，如图 7-34 所示。完成刀具路径模拟后，在"实体验证"对话框中单击"确定"按钮 ✓。

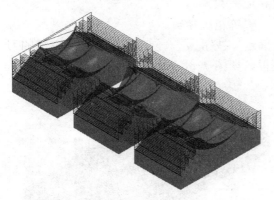

图 7-33　创建曲面粗加工平行
铣削的刀具路径

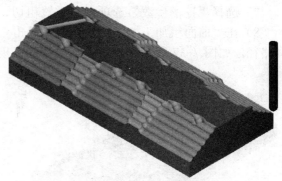

图 7-34　实体验证加工模拟
（平行铣削粗加工侧面，120°）

（2）曲面精加工平行铣削加工侧面

1）参照以上操作步骤，创建图 7-35 所示的曲面精加工平行铣削刀具路径。

2）选择该刀具路径，进行实体验证加工模拟，如图 7-36 所示。完成刀具路径模拟后，在"实体验证"对话框中单击"确定"按钮 ✓。

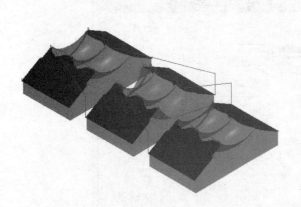

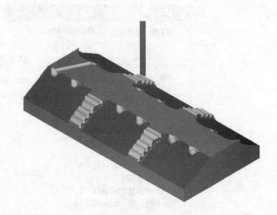

图 7-35　创建曲面精加工平行
铣削的刀具路径

图 7-36　实体验证加工模拟
（平行铣削精加工侧面）

（3）曲面粗加工挖槽铣削加工螺旋槽

1）在菜单栏中选择"刀具路径"→"曲面粗加工"→"挖槽"选项。

2）系统弹出"选取加工曲面"提示框，使用鼠标框选所有的曲面，按 Enter 键或者单击按钮 ⬤ 确认。

3）在"刀具路径的曲面选取"对话框中单击"确定"按钮 ✅ 。

4）系统弹出"曲面粗加工挖槽"对话框。选择 ϕ8mm 的球刀，并根据工艺分析要求设置进给率、主轴转速和下刀速率等参数。

5）选择"曲面参数"选项卡，设置曲面参数。

6）选择"粗加工参数"选项卡，设置粗加工参数；依次单击"D 切削深度""G 间隙设置""E 高级设置"按钮，进入对话框并设置相应参数。

7）选择"挖槽参数"选项卡，设置粗切、精修等相应参数。

8）在"曲面粗加工挖槽"对话框中单击"确定"按钮 ✅ ，创建曲面粗加工挖槽的刀具路径，如图 7-37 所示。进行实体验证加工模拟，如图 7-38 所示。

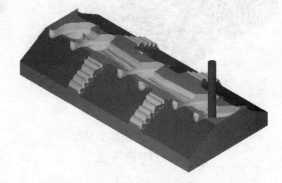

图 7-37　创建曲面粗加工挖槽的刀具路径

图 7-38　实体验证加工模拟（挖槽）

（4）曲面精加工平行铣削加工内腔

1）参照以上操作步骤，创建图 7-39 所示的曲面精加工平行铣削刀具路径。

2）选择该刀具路径，进行实体验证加工模拟如图 7-40 所示。

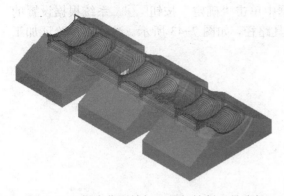

图 7-39 创建曲面精加工平行铣削刀具路径　　　　图 7-40 实体验证加工模拟（平行铣削精加工）

（5）曲面精加工陡斜面铣削加工

1）在菜单栏中选择"刀具路径"→"曲面精加工"→"陡斜面"选项。

2）系统提示"选择加工曲面"，使用鼠标选取曲面，按 Enter 键或者单击按钮 ⬤ 确认。

3）系统弹出"刀具路径的曲面选取"对话框，直接单击"确定"按钮 ☑。

4）系统弹出"曲面精加工平行式陡斜面"对话框。在刀具库中选择 ϕ4mm 球刀，并设置相应的进给率、主轴转速和提刀速率等参数。

5）选择"曲面参数"选项卡，设置曲面参数。

6）选择"陡斜面精加工参数"选项卡，设置图 7-41 所示的陡斜面精加工参数。

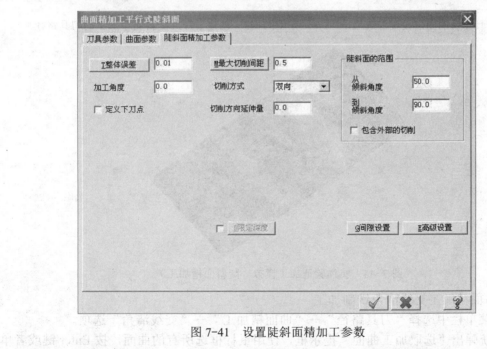

图 7-41 设置陡斜面精加工参数

单击"G 间隙设置"按钮，弹出图 7-42 所示的"刀具路径间的设置"对话框。设置完参数后，单击"确定"按钮 ☑。

单击"曲面精加工平行式陡斜面"对话框中的"E 高级设置"按钮，设置"高级设置"参数，单击"确定"按钮 ☑。

7）在"曲面精加工平行式陡斜面"对话框中单击"确定"按钮☑。系统根据设置的相关数据，创建所需的平行式陡斜面精加工刀具路径，如图 7-43 所示。进行实体验证加工模拟，如图 7-44 所示。

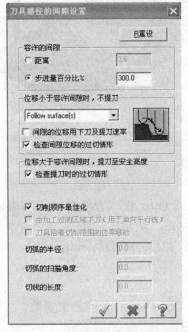

图 7-42 "刀具路径的间隙设置"选项卡

图 7-43 创建平行式陡斜面精加工的刀具路径

图 7-44 实体验证加工模拟（陡斜面精加工）

（6）曲面精加工交线清角铣削加工

1）在菜单栏中选择"刀具路径"→"曲面精加工"→"交线清角"选项。

2）系统弹出"选取加工曲面"提示框，使用鼠标框选所有的曲面，按 Enter 键或者单击按钮⬤确认。

3）系统弹出"刀具路径的曲面选取"对话框，直接单击"确定"按钮☑。

4）系统弹出"曲面精加工交线清角"对话框。选择"刀具参数"选项卡，设置刀具参数，其中刀具选择ϕ2mm 的硬质合金球刀。

5）选择"曲面参数"选项卡，设置曲面参数。

6）选择"交线清角精加工参数"选项卡，设置相应的加工参数。

7）在"曲面精加工交线清角"对话框中单击"确定"按钮 ✔，创建曲面精加工交线清角的刀具路径如图 7-45 所示。进行实体验证加工模拟，如图 7-46 所示。

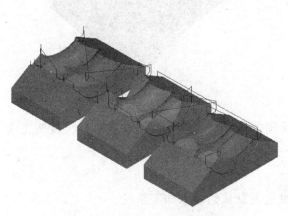

图 7-45　创建精加工交线清角的刀具路径　　　　图 7-46　实体验证加工模拟（交线清角精加工）

3．实体验证螺旋型腔加工

具体方法参照 7.1.2　曲面内腔加工自动编程的具体操作。

7.2.3　执行后处理

具体方法参照 7.1.3　执行后处理。

7.3　叶片五轴加工实例

随着数控加工技术的快速发展，多轴加工数控设备也得到了普遍应用。多轴加工指加工轴数为三轴以上的加工，主要包括四轴加工和五轴加工。在现代制造中，常采用多轴加工方法来加工一些形状特别或具有复杂曲面的零件。

常用多轴刀具路径的功能应用见表 7-1。

表 7-1　常用多轴刀具路径的功能应用

序号	多轴刀具路径	功能应用
1	曲线五轴加工	用于 2D、3D 曲线或曲面边界产生五轴加工的刀具路径，可以加工出非常漂亮的图案、文字和各种曲线，其刀具位置和控制设置更灵活
2	钻孔五轴加工	用于在曲面上不同的方向进行钻孔加工
3	沿边五轴加工	利用刀具的侧刃顺着工件侧壁进行切削，即可以设定沿着曲面边界进行加工
4	多曲面五轴加工	用于一系列的 3D 曲面或实体上产生多轴粗加工和精加工刀具路径，特别适合用在复杂、高质量和高精度要求的加工场合
5	沿面五轴加工	能够顺着曲面产生五轴加工的刀具路径
6	旋转四轴加工	适合加工近似圆柱的工件，其刀具轴可以在垂直于设定轴的方向上旋转
7	通道五轴加工/薄片五轴加工	主要用于加工特殊造型和一些拐弯形接口的零件，其操作方法与其他类型的五轴加工类似

如图 7-47 所示，叶片模型由叶片与连接轴组成。通过实例介绍运用铣削模块中多曲面五轴创建铣削加工叶片的刀具路径。

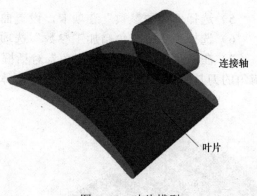

连接轴

叶片

7.3.1 叶片五轴加工自动编程前的准备

1．打开文件

启动 Mastercam X，激活创建文件功能，打开"叶片加工.mcx"文件。

2．零件加工装夹分析

图 7-47　叶片模型

根据该叶片的造型特点，进行叶片曲面铣削加工时，采用小直径球刀，一次装夹完成加工，保证加工刚性。

3．设置加工系统和工件材料

（1）设置加工系统　确保机床加工系统设置为默认的铣床加工系统。

（2）设置材料边界

1）在"刀具路径"管理器中打开"加工群组 1"树形菜单节点，选择其中的"材料设置"选项。

2）系统弹出"加工群组属性"对话框并自动切换至"材料设置"选项卡。单击"B 边界盒"按钮（见图 7-2），系统弹出"边界盒选项"对话框。在该对话框中进行设置，单击"确定"按钮√，完成工件材料设置，如图 7-48 所示。

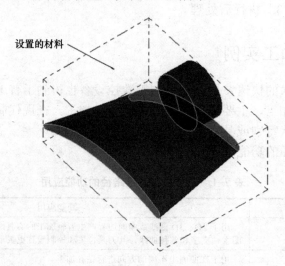

设置的材料

图 7-48　设置工件材料

7.3.2 叶片五轴加工自动编程的具体操作

1．自动编程具体步骤

1）在菜单栏中选择"刀具路径"→"多轴刀具路径"→"多曲面五轴加工"选项。

2）系统弹出图 7-49 所示的"多曲面五轴"对话框。在"输出的格式"选项组中选择"5 轴"单选按钮，在"切削的样板"选项组中选择"曲面"单选按钮，在"刀具轴向的控制"选项组选择"样板曲面"单选按钮。在"加工面"选项组中选择"使用切削样板"单选按钮。

3）在"多曲面五轴"对话框的"切削的样板"选项组中单击"曲面"按钮，使用鼠标以窗口选择方式选择加工曲面，如图 7-50 所示。按 Enter 键或者单击按钮 结束。

4）返回"多曲面五轴"对话框，单击"确定"按钮 。

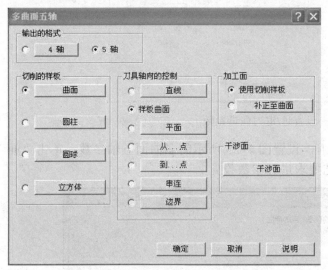

图 7-49　"多曲面五轴"对话框

图 7-50　选择加工曲面

5）系统弹出"多曲面五轴加工"对话框。选择"刀具参数"选项卡，选择ϕ10mm 的球刀并设置相应参数。

6）选择"多轴加工参数"选项卡，设置图 7-51 所示的多轴加工参数。

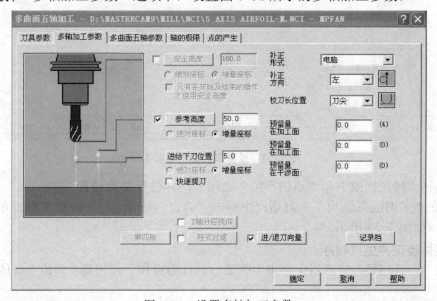

图 7-51　设置多轴加工参数

7）打开"进/退刀向量"对话框，分别设置"进入"和"离开"参数，如图 7-52 所示。设置好了之后，单击"进/退刀向量"对话框中的"确定"按钮 ✓ 返回。

图 7-52　设置进/退刀向量参数

8）选择"多曲面五轴参数"选项卡，设置图 7-53 所示的多曲面五轴参数。单击"间隙设定"按钮，进入对话框并根据工艺要求进行参数设置。

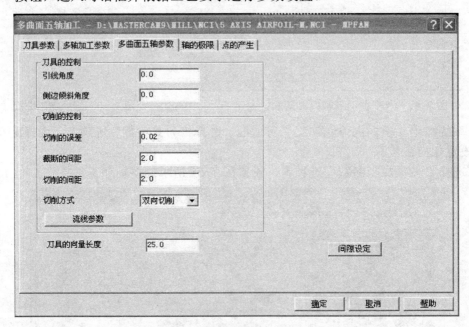

图 7-53　设置多曲面五轴参数

9）选择"轴的极限"和"点的产生"选项卡，并进行参数设置。

10）在"多曲面五轴加工"对话框中单击"确定"按钮 ✓，创建多曲面五轴加工的刀具路径，如图 7-54 所示。

2．实体验证并生成程序

1）在"刀具路径"管理器中单击"验证已选择的操作"按钮 🖲，弹出"实体验证"对话框。

2）在"实体验证"对话框中设置图 7-55 所示的选项及参数。

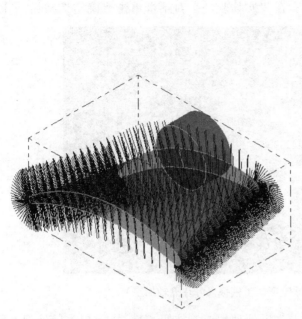

图 7-54　创建多曲面五轴加工的刀具路径　　　　　　　图 7-55　设置实体验证参数

3）在"实体验证"对话框中单击"选项"按钮，系统弹出"实体验证选项"对话框，设置图 7-56 所示的选项，并在"其他杂项设置"选项组中选择"排屑"复选框，单击"确定"按钮。

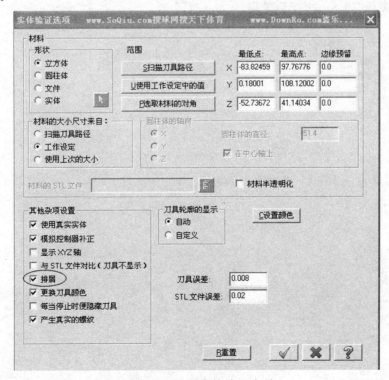

图 7-56　设置实体验证选项

317

4）在"实体验证"对话框中单击单击"机床开始执行加工模拟"按钮 ▶，系统开始实体验证加工模拟，如图 7-57 所示。在"实体验证"对话框单击"确定"按钮 ✔ 。

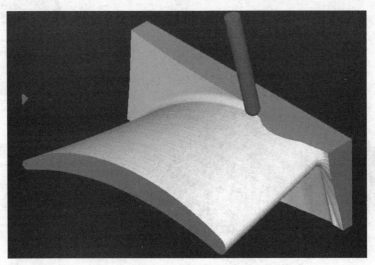

图 7-57　实体验证加工模拟（叶片五轴加工）

5）在"刀具路径"管理器中单击"后处理程式"按钮 G1，执行相关后处理参数的设置来生成该刀具路径的数控加工程序。

7.3.3　执行后处理

具体方法参照 7.1.3　执行后处理。

参 考 文 献

[1] 华茂发. 数控机床加工工艺[M]. 北京：机械工业出版社，2004.

[2] 梁炳文. 机械加工工艺与窍门精选[M]. 北京：机械工业出版社，2004.

[3] 数控加工技师手册编委会. 数控加工技师手册[M]. 北京：机械工业出版社，2005.

[4] 静恩鹤. 车削刀具技术及应用实例[M]. 北京：化学工业出版社，2006.

[5] 丛娟. 数控加工工艺与编程[M]. 北京：机械工业出版社，2007.

[6] 何满才. Mastercam X 基础教材[M]. 北京：人民邮电出版社，2006.

[7] 张思弟，贺曙新. 数控编程加工技术[M]. 北京：化学工业出版社，2005.

[8] 刘蔡保. 数控车床编程与操作[M]. 北京：化学工业出版社，2009.

[9] 葛文军. 车削加工[M]. 北京：机械工业出版社，2011.

[10] 顾雪艳，等. 数控加工编程操作技巧与禁忌[M]. 北京：机械工业出版社，2007.

[11] 吴长德. Mastercam 9.0 系统学习与实训[M]. 北京：机械工业出版社，2003.

[12] 钟日铭. Mastercam X3 三维造型与数控加工[M]. 北京：清华大学出版社，2009.

[13] 康亚鹏. 数控编程与加工——Mastercam X 基础教程[M]. 北京：人民邮电出版社，2007.

[14] 徐国胜. 数控车典型零件加[M]. 北京：国防工业出版社，2012.

[15] 葛文军. 数控车削加工[M]. 北京：机械工业出版社，2013.